イラストレイテッド
光の科学

大津元一 [監修]　田所利康・石川 謙 [著]

朝倉書店

刊行にあたって

　光の性質を詳しく説明した本が古くから出版されており，これらは名著として長く読み継がれています．最近では初学者用にその内容をさらにやさしく説明した本も多く出版されています．ただしこれらの本は主に光の性質についての「知識」を整理して提供するために書かれているので，光を何かに使うためのアイデアを見つけようと思って読んでも，それらを見つけるのは容易ではないでしょう．また，光の性質は長年にわたり詳しく調べられてきましたが，いまだにわかっていないこともあり，謎が残されているのです．アイデアを見つけたり謎を解くにはこれらの本を読んで「知識」を身につけるだけでなく，「知恵」を得ることが大切です．

　自然界には光にまつわる美しい現象が多くあるので，「知恵」を得る手助けとするにはこれらの現象に関する絵や写真を使うのが有効と思われます．この考えのもとに執筆されたのが本書であり，いわば絵と写真で謎解きをしていく「光の絵本」です．本書に掲載するために執筆者自ら現場取材を繰り返して工夫を凝らした絵と写真を多数用意しました．この取材にはいろいろな苦労話やエピソードが伴うのですが，それらは別の機会にご披露しましょう．

　さらに，「わかりやすさ」を優先するために執筆者には光の多くの性質や現象のうち主なものだけを厳選した上で執筆していただきました．つまり「何を書くか？」ではなく「何を書かないか？」という大胆な配慮をお願いしたのです．幸いにも執筆者は授業や講習を多く実施し豊富な経験を持っていることから，このお願いに対してうまく応えてくださいました．読者の皆様が本書を読んで謎解きを楽しみ，さらには「知恵」を得て，いつかあるとき「ハッ！」とひらめき，よいアイデアを見つけてくださることを願っています．

　出来上がった原稿を通読すると，長年にわたり光とつきあってきた私でも「ハッ！」とする内容がいくつか見つかりました．これは執筆者の優れた見識の賜物であり，これまでの多くの努力に敬意を表します．また，朝倉書店編集部の皆様には長きにわたり出版作業をご支援いただきました．ありがとうございました．

　2014 年 8 月

　　　　　　　　　　　　　　　　　　　　　　　　　　　　　　　　　　　　　大津元一

まえがき

　本書は，様々な光学現象の中で光がどのように振る舞っているのかを，絵と写真で謎解きしていく「光学の絵本」です．本書では，光学の知識や法則を憶えるのではなく，光の振る舞いについて理解することを主眼に，身近な光学現象を取り上げて，高等学校で物理を勉強した人が読み通せるように図解しました．

　まず，本書の出版に至る背景を説明します．執筆者の1人である田所は，監修の大津元一教授と共に，特定非営利活動法人（NPO）ナノフォトニクス工学推進機構主催の光学セミナー「ナノフォトニクス塾」を，2006年から実施してきました．ナノフォトニクス塾は，産業界の光技術者などを対象とした光学セミナーであり，「光技術についての基礎知識を増やすだけではなく，むしろ知恵を深める学習が必要である」との理念に基づいたカリキュラムで，現在も，年1回程度の講義や光学実験実習を行っています．ナノフォトニクス塾における田所の担当は，波動光学を中心とした入門編で，その講義内容をまとめたものが，前著，大津元一・田所利康『光学入門』（朝倉書店，2008）です．セミナー終了後に毎回とられるアンケートでは，多くの受講者から「光学現象の物理的イメージと数式の関連がよく理解できた」などの高い評価をいただいている一方で，「数式が分からなかった」と回答される方が必ず2～3割はいらっしゃることが，セミナー開始当初から気になっていました．そのため，回を重ねるごとに，基本的な光の振る舞いを，数式を使わずに，絵や写真と簡単な文章だけで説明する「光学の絵本」の必要性を強く感じるようになっていたのです．幸い，朝倉書店編集部のご賛同をいただき，2010年，本書の企画を具体化させることができました．

　本書は，光の基本的な性質から色彩にまつわる話題の解説まで，4つの章，25のセクションで構成されています．各セクションは，4ページの読み切りです．第1章「波としての光の性質」では，電磁波としての光の性質，波の表し方，波の足し合わせ方などを学んでいきます．この章では，全編を通して重要な役割を演じる「ストップウォッチの矢印」の使い方に慣れていただきたいと思います．第2章「ガラスの中で光は何をしているのか」では，膨大な数の光と電子のやりとりによってガラスの屈折率（媒質中の光の伝搬速度 v と真空中の光速 c との比 c/v）が決まる様子を，順を追って見ていきます．第3章「光の振る舞いを調べる」では，透過，反射，屈折，干渉，回折などの基本的な光学現象について考察していきます．日常見られる大方の光学現象は，突き詰めると，波である光が足し合わされた結果であることを，このセクションで理解していただけるはずです．第4章「なぜヒマワリは黄色く見えるのか」では，色彩に関するトピックスを集めて解説します．私たちの目に映る「色」が，どのようなプロセスで作り出されているのかを確認していきましょう．また，この章では，光と物質が織り成す美しい色彩を楽しんでください．

　本書の執筆に当たって，心掛けたことがいくつかあります．まず一つ目は，光学現象の絵や写真を眺めるだけでも楽しめて，それぞれの読者にとってそれぞれの視点で小さな発見があるような紙面作りを目指したことです．そのため，現象を概念図で説明するだけにとどめず，できるだけ，美しい写真，実験画像，測定スペクトルなども合わせて掲載するようにしました．二つ目として，「法則ありき」で光学現象を解説することはせず，先入観なく光の振る舞いについて考察することができるように，構成や説明を工夫しました．学校では，光学現象や光学法則の概要について教わります．これは，光学の基礎知識の習得です．例えば，光の屈折について，「屈折率が高いほど光の速度は遅くなる」，「光は屈折によって曲がる」，「屈折角は屈折の法則で決まる」といったことを教わります．しかし，残念ながら，「何が物質中の光の速度を決めるのか」といった根本的な部分は教えてもらえません．本書では，光の透過や屈折といった当たり前とも思える光学現象を，光と電子のやりとりまで掘り下げて考察していきます．こうした光の捉え方は，高等学校で物理を教える先生にも，参考にしていただけるのではないでしょうか．三つ目は，光の振る舞いをストップウォッチの矢印を使って表現することで，光学現象に対する説明が全編に渡って一貫するように心掛けたことです．こ

のストップウォッチの矢印を用いた説明は，数式を用いた記述と矛盾するところがありません．実は，光を表す数式を図に置き換えたものが，ストップウォッチの矢印なのです．本書でストップウォッチの矢印に慣れておけば，読者の皆さんがさらに上を目指して光学を勉強するときに，光の振る舞いと数式の関係を無理なく理解できることでしょう．

　紙面の都合でやむを得ず掲載を断念した画像や削減した文章が相当数あり，不本意ながら，説明不足の箇所がいくつか生じてしまったことを，予め，お詫びしておきます．また，筆者らの浅学非才ゆえ，不適当な記述や誤った表記が残っている可能性もあります．不測の誤謬につきましては，読者の皆様から忌憚なきご意見・ご批評をいただければ幸いです．

　本書の出版は，実は，予定より1年以上も遅れてしまいました．これは，東日本大震災の数ヶ月後に田所が足を骨折し入院したこともその原因の一つではありますが（本編に証拠写真が掲載されています），主には，鑑賞に堪える美しい写真，サンプルを入手して行う光学実験画像，納得できる説明図などを準備するのに，多くの方々のご協力と相当の時間を必要としたためです．この場をお借りして，貴重なサンプル，画像，情報などをご提供くださいました諸氏・諸機関に，心より感謝いたします．また，出版に漕ぎ着くまでの長い間，辛抱強くサポートしてくださいました朝倉書店編集部の皆様に，この場をお借りしてお礼を申し上げます．

　　2014年8月

　　　　　　　　　　　執筆者代表　田所利康

目　次

第 1 章　波としての光の性質 ― 1
- 身の周りの光　2
- 光は電磁波　6
- 進む光の表し方　10
- 波の重ね合わせ　14
- 偏った光 / 自然の光　18

第 2 章　ガラスの中で光は何をしているのか ― 23
- 光と電子はダンスを踊る　24
- 振動する電子は光を放出する　28
- 重ね合わせが決める波の進み方　32
- 空の青, 雲の白, 夕焼けの赤　36
- 周波数で変わる光の伝搬速度　40

第 3 章　光の振る舞いを調べる ― 45
- 多数決で進む光　46
- 向きを変える光　50
- 遅くなる光　54
- 完全に反射する光　58
- 強め合う光 / 弱め合う光　62
- 回り込む光　66
- 閉じ込めると広がる光　70

第 4 章　なぜヒマワリは黄色く見えるのか ― 75
- 眼が感じる色彩　76
- 色を重ねる　80
- 吸収が決める物の色　84
- 光源で変わる色の見え方　88
- 虹の不思議　92
- 周期構造が色を作る　96
- 「色彩」は自然に学べ　100
- 偏った光が色彩を生む　104

キーワード解説 ― 109
あとがき ― 114
索　引 ― 116

コラム
- スペクトルを測定する　22
- 透けて見える LCD　22
- 半月の偏光写真　44
- 球状シリカ微粒子の多様な色彩　44
- 曲がる光の実験　74
- セロハンテープのステンドグラスを作ろう　108
- 光の一方通行路　108

執筆協力 (敬称略)

浅見卓也（オーシャンフォトニクス株式会社）	嶋田　勝（ＪＳＷアフティ株式会社）
天野　高（分光計器株式会社）	杉山常俊（株式会社ライトフォーウェーブ）
天羽正道	鈴木道夫（ジェー・エー・ウーラム・ジャパン株式会社）
石井順太郎（独立行政法人 産業技術総合研究所）	堤　浩一（ジェー・エー・ウーラム・ジャパン株式会社）
一峰法和	津留俊英（山形大学）
内野真治（株式会社ナラハラオートテクニカル）	東京ガス株式会社
江島丈雄（東北大学）	中川周平（株式会社ニコンインステック）
奥　修（ミクロワールドサービス）	納谷昌之（富士フイルム株式会社）
小野篤司（ダイブサービス小野にぃにぃ）	長谷川能三（大阪市立科学館）
株式会社オプトライン	原田建治（北見工業大学）
河地正伸（独立行政法人 国立環境研究所）	東　伸（株式会社オプトクエスト）
北　和門（シグマ光機株式会社）	富士化学株式会社
鯨　雅之（茨城県立下館第一高等学校）	町田　正（ビリヤードチャンピオン）
古代オリエント博物館	宮武　稔（日東電工株式会社）
小松重彦（シグマ光機株式会社）	宮原諄二
近藤幸廣	明星大学 連携研究センター
斎木敏治（慶應義塾大学）	立教大学
さる @gooner	

引用文献

1) 柴田清孝：光の気象学，応用気象学シリーズ1，朝倉書店（1999）
2) 歌川　健：デジタルイメージング，光学ライブラリー5，朝倉書店（2013）
3) R. F. C. Mantoura, Scott W. Wright（著），S. W. Jeffrey（編）：Phytoplankton Pigments in Oceanography, Unesco（1997）
4) 宮原諄二：「白い光」のイノベーション，朝日新聞社（2005）
5) 中谷宇吉郎：霧退治―科学物語―，岩波書店（1950）
6) 西條敏美：虹 その文化と科学，恒星社厚生閣（1999）
7) 木下修一：モルフォチョウの碧い輝き―光と色の不思議に迫る―，化学同人（2005）
8) 木下修一：生物ナノフォトニクス―構造色入門―，シリーズ〈生命機能〉1，朝倉書店（2010）
9) アンドリュー・パーカー（著），渡辺政隆，今西康子（訳）：眼の誕生―カンブリア紀大進化の謎を解く―，草思社（2006）
10) E. D. Palik（編）：Handbook of Optical Constants of Solids, Academic Press（1985）

参考文献

1) 大津元一，田所利康：光学入門，先端光技術シリーズ1，朝倉書店（2008）
2) リチャード・P・ファインマン（著），釜江常好，大貫昌子（訳）：光と物質のふしぎな理論学入門―私の量子電磁気学―，岩波書店（2007）
3) ユージン・ヘクト（著），尾崎義治，朝倉利光（訳）：ヘクト光学Ⅰ 基礎と幾何光学，丸善（2004）
4) ユージン・ヘクト（著），尾崎義治，朝倉利光（訳）：ヘクト光学Ⅱ 波動光学，丸善（2004）

第 1 章

波としての光の性質

サッカースタジアムのウェーブ　　　　　　　　　　　　　　　　　　　　撮影：さる @gooner

　科学好きが 3 人集まると，グラスを片手に，「光は粒子なのか，はたまた波なのか」といった議論が始まる．そういったことが，ニュートンの時代から繰り返されてきたのではないだろうか．光は，粒子的な性質と波動的な性質を併せ持っている．光の吸収や発光など，光と物質の間でエネルギーがやりとりされる現象では，光は粒子的に振る舞うが，私たちの身近に見られるほとんどの光学現象は，光の波動性で完璧に説明することができる．本章では，波としての光にフォーカスして，その性質について確認していくことにする．

身の周りの光

東京駅赤レンガ駅舎
2012年10月1日復元

　私たちの周りには，光が満ちあふれている．しかし，光に包まれた生活の中で，私たちは，あまり光を意識することはない．本書の主役は，「光」である．本書では，日頃見過ごされがちな光学現象に目を向け，その中で，光がどのような役割を演じているのかを，探っていくことにする．

風景の中の光
　太陽の光と影，水に映る風景，青い空と白い雲，草木の緑，石の灰色，…… この何気ない風景は，光の透過，反射，屈折，吸収，散乱といった様々な光学現象の組み合わせで成り立っている．

見慣れたグラスの光と影
　ありふれたグラスでも，光の当たり方によって，思わぬ光と影を見せてくれる．虹色に輝いたり，透明な水が完全に黒い影を作ったり，帯状や星状に光が集まったりする．その見え方は，グラスの形，光の当たり方，見る角度などの条件によって変化し，再び同じ光と影に巡り会うことはまずない．

青い空 / 白い雲

　青空の青や雲の白は，いずれも光の散乱によってもたらされる色である．同じ光散乱現象でありながら，光散乱を起こす「もの」のサイズが違うと，全く異なる色を発する．それでは，散乱する「もの」のサイズによっては，緑色や赤色が特に強く散乱されることもあるのだろうか．

光は真っ直ぐ進む

　「光は真っ直ぐ進む」．この当たり前ともいえる概念は，常に成り立つのだろうか．実は，そうとは限らない．普段の生活の中でも，時に，光が曲がって進む現象に遭遇する．例えば，夏の炎天下に現れる逃げ水である．光は，どのようにして進む道を決めているのだろうか．

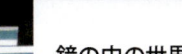

鏡の中の世界

　光は，鏡の表面で跳ね返される．つまり，反射される．曇りのない鏡を覗き込むと，その中には，現実を映す「鏡の中の世界」が広がっている．その時，人は，鏡そのものの表面を見ていない．鏡がそこにあることを意識するのは，表面に指紋がついて汚れているときである．

永遠の輝きはどこから？

　人々を魅了するダイヤモンドの輝きは，どこから来るのだろうか．ブリリアントカットされたガラスは，ダイヤモンドと見分けが付くのだろうか．それとも，カットが同じなら見え方は一緒なのだろうか．宝石としての価値は別にして，ダイヤモンドとガラスは，光学的に何が違うのだろうか．

シャボン玉飛んだ

誰しもが遊んだことのあるシャボン玉だが，シャボン膜の厚さは数百 nm しかないことをご存じだろうか．シャボン玉の鮮やかな色彩の起源は，光の波長程度しかない膜の厚さにある．シャボン膜表面からの反射光と膜を往復する裏面からの反射光が足し合わされて，特有の色彩が作り出されている．

色々な「色」

ものには，固有の色がある．カラフルなチョコレートは，それぞれの粒が異なる色を持っている．ものの色は，色の引き算で決まる．光源の光がものに当たると，特定の色が吸収で失われ，残った光によって色が作り出されるのである．

木々は緑が好き？

初夏，木々は瑞々しい緑色の葉を茂らす．一見，植物は自ら好んで，緑色を身にまとっているように思える．しかし，実際は逆で，光合成で吸収されなかった不要な光が緑色なのである．植物は，むしろ「緑色が嫌い」と言ってよいだろう．

人類と共に 80 万年

人類は，約 80 万年もの長い間，光を照明として利用してきた．ほの暗い炎の明かりから発光ダイオード（LED）の照明へ，時代と共に照明の主役は移り変わっている．

1. 波としての光の性質

虹の根元には財宝がある

虹は人を引きつける自然現象であり，洋の東西を問わず，多くの神話や言い伝えが存在する．通常，虹の色彩は，「太陽の光が，水滴の中で屈折/反射することにより生じる」と説明される．しかし，実際の虹は，状況によって様々に変化し，水滴内での屈折/反射だけでは説明しきれない不思議な現象である．

繰り返し構造が色を生む

DVDやCDを光にかざすと，虹色の色彩が現れる．これは，ディスクに刻まれた微細な繰り返し構造によって，光が回折されるためである．一見同じに見えるCD，DVD，Blu-rayだが，よく観察すると，色の見え方が異なることに気が付く．

「色彩」は自然に学べ

クジャク，玉虫，モルフォ蝶など，輝く色彩を持った生物は少なくない．彼らが持つ鮮やかな色彩は，CDなどと同様，光の波長程度の微細な繰り返し構造によって作り出されており，構造色と呼ばれている．自然は，人間が微細加工技術を手にする遙か昔から，構造色を完成させていたのである．

偏光なしでは見えない色彩

偏った振動をする光，すなわち「偏光」を使って透明なDVDケースを見ると，普段目にすることのできない色彩が現れる．これは，複屈折性（方向によって屈折率が異なる性質）を持つプラスチックなどを，偏光で観察した場合に見られる現象である．それでは，どうして偏光を使うと色が付くのであろうか．

光は電磁波

蛍光灯の発光スペクトル写真

白く見える太陽光をプリズムで分けると，虹色のスペクトルが現れることを，アイザック・ニュートンが最初に示した．太陽光には，波長が異なる多くの光が含まれているのである．

スペクトルとは，光の波長 λ（ラムダ）や周波数 ν（ニュー）を横軸にして，光強度の波長分布，周波数分布を表したグラフや写真のことである．図1のように，太陽光のスペクトルを見れば太陽光に含まれる各波長の光強度分布が分かり，レーザーのスペクトルを見れば発振波長を知ることができる．

光は電磁波という波である

ここで，「波長」，「周波数」という言葉が出てきたが，これらは，光が電磁波という波だからこそ使える言葉である．電磁波とは，図2のように，正弦波状の電場と磁場が，互いに直交関係を保ったまま，光速 c で進む横波である．正弦波の空間的な周期を波長という．また，図2のように，光が左から右に進むとき，観測者の前を1秒間に通過する波の数を周波数という．周波数と波長を掛け合わせれば，光速が1秒間に進む距離になる．

太陽
金星の日面通過
2012年6月6日 11：58

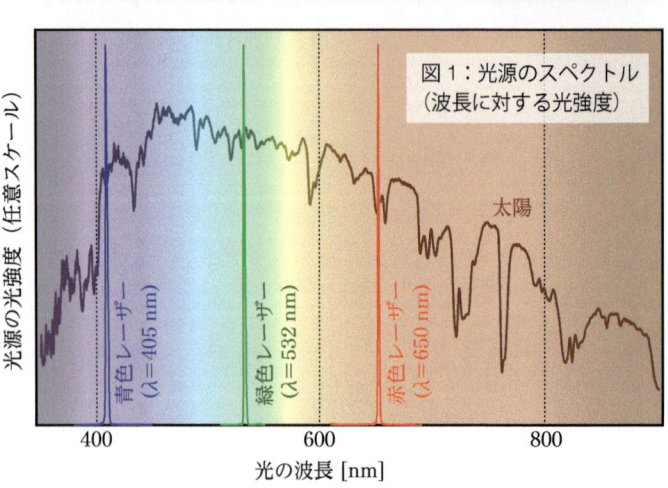

図1：光源のスペクトル
（波長に対する光強度）

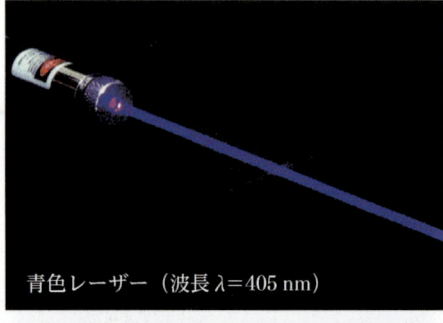

青色レーザー（波長 λ = 405 nm）

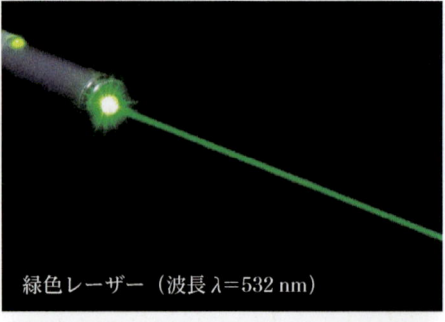

緑色レーザー（波長 λ = 532 nm）

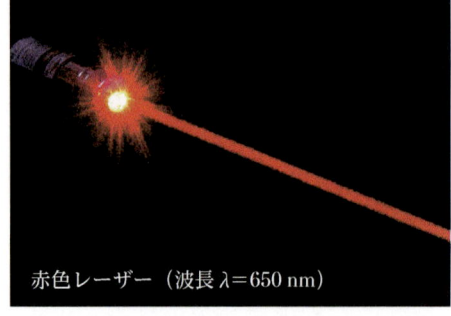

赤色レーザー（波長 λ = 650 nm）

1. 波としての光の性質

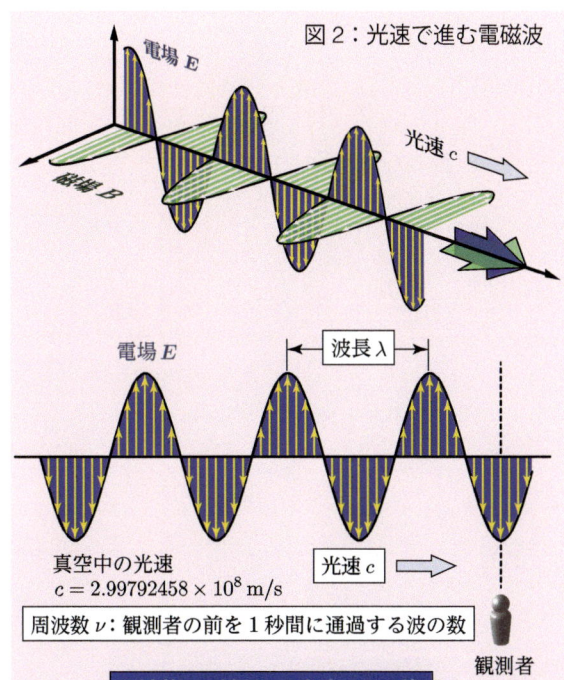

図2：光速で進む電磁波

見える光/見えない光

　電磁波の周波数は、図3のように広い範囲に広がっている。その中で、波長が1 nmから1 mmの電磁波を、特に「光」と呼ぶ。私たちの目は、太陽光が最も強い可視領域（波長：約400〜800 nm）だけにしか感度がない。私たちに見ることができる光は、科学者が定義する「光」の中のごく一部の波長領域であり、大部分の「光」は見えない光なのである。

　光のエネルギーは周波数に比例し、短波長（高周波数）ほどエネルギーが高くなる。例えば、可視領域の短波長側400 nmの光は、800 nmの光の2倍のエネルギーである。波長400 nm以下の紫外光は、分子結合を切るほどエネルギーが高く、光化学反応が起こり、殺菌効果があり、半導体の微細パターンを転写するリソグラフィー技術に利用される。可視領域における光のエネルギーの違いは、人間の眼には、色の違いとして認識される。

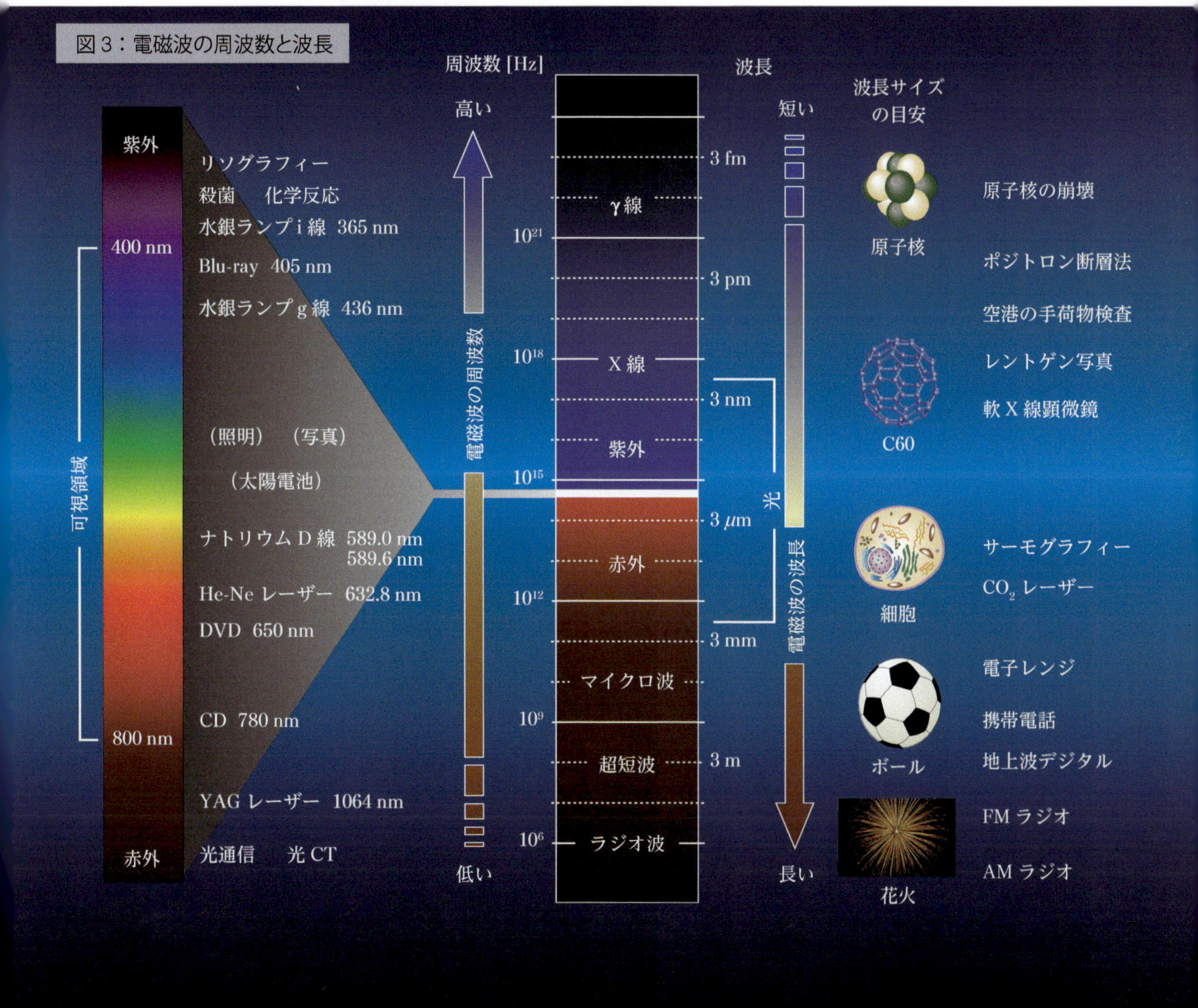

図3：電磁波の周波数と波長

光の仲間たち

可視領域（波長：約 400～800 nm）の外側には，ラジオ波からガンマ線（γ線）に至る広い周波数範囲で，電磁波が存在する．電磁波の伝搬は，周波数によらず，同じマクスウェルの方程式で記述されるが，その性質は，周波数によって大きく異なる．

電磁波は，周波数が低いほど波としての性質（波動性）が強くなる．周波数が低いラジオ波や超短波の領域では，電磁波は振動する電場としてアンテナから放出され，アンテナで受信される．この領域の電磁波は，周波数 [Hz] で表現される．

一方，周波数が高くなると粒子としての性質（粒子性）が強くなって，γ線の領域ではエネルギーの塊（光子）として振る舞う．この領域の電磁波は，エネルギー [eV～MeV] で表現されるのが一般的である．

中間的な周波数を持つ可視領域では，波動として振る舞う現象，光子として振る舞う現象の両方を見ることができる．可視領域付近の電磁波は，一般的に，波長 [nm, μm] で表される．

赤外線サーモグラフィー
3～5 μm, 8～14 μm
協力：石井順太郎氏（（独）産業技術総合研究所）

電波望遠鏡
1～150 GHz

電子レンジ　2.45 GHz

携帯電話
0.7～2 GHz
協力：(株)ナラハラオートテクニカル

FM放送　79～90 MHz

AM放送　526.5～1606.5 kHz

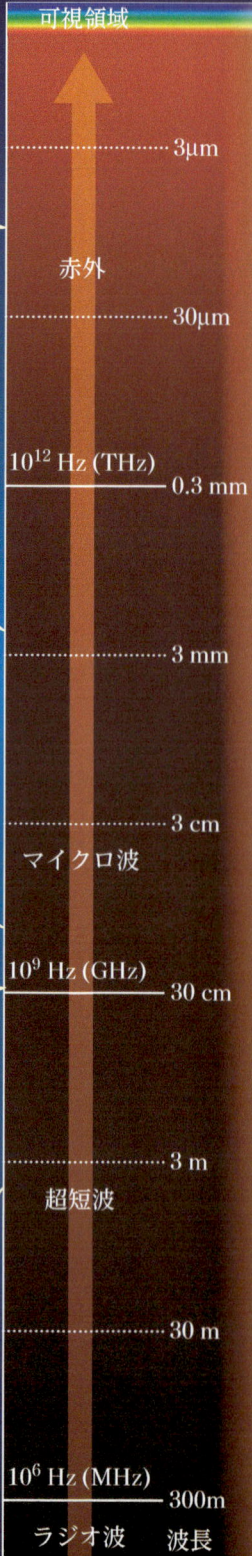

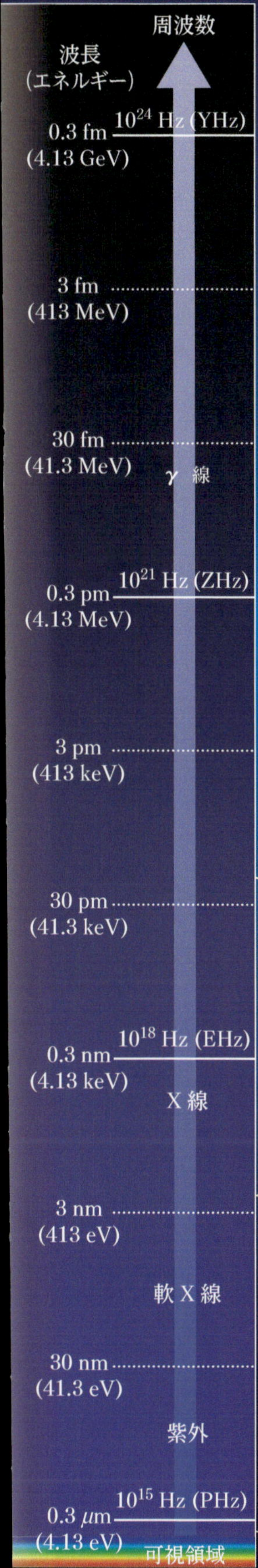

1. 波としての光の性質

10の乗数を表す接頭辞

名称	記号	大きさ	名称	記号	大きさ
yotta（ヨタ）	Y	10^{24}	milli（ミリ）	m	10^{-3}
zetta（ゼタ）	Z	10^{21}	micro（マイクロ）	μ	10^{-6}
exa（エクサ）	E	10^{18}	nano（ナノ）	n	10^{-9}
peta（ペタ）	P	10^{15}	pico（ピコ）	p	10^{-12}
tera（テラ）	T	10^{12}	femto（フェムト）	f	10^{-15}
giga（ギガ）	G	10^{9}	atto（アト）	a	10^{-18}
mega（メガ）	M	10^{6}	zepto（ゼプト）	z	10^{-21}
kilo（キロ）	k	10^{3}	yocto（ヨクト）	y	10^{-24}

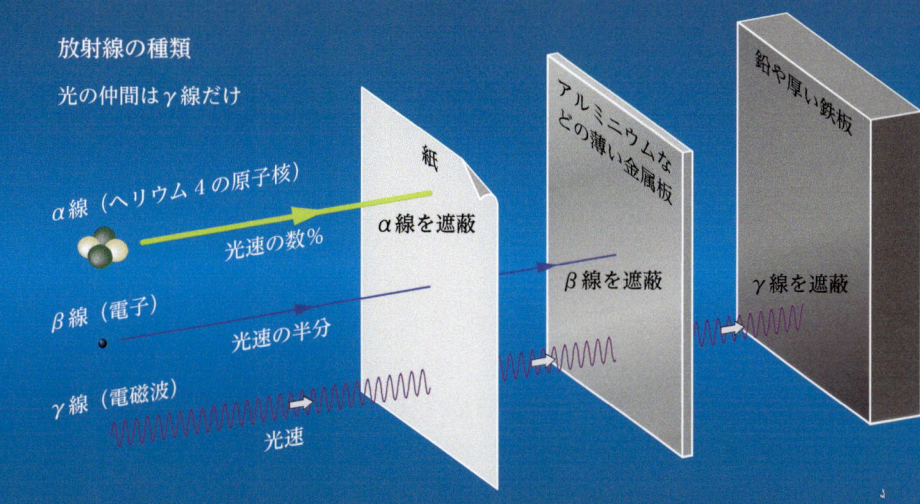

放射線の種類
光の仲間はγ線だけ

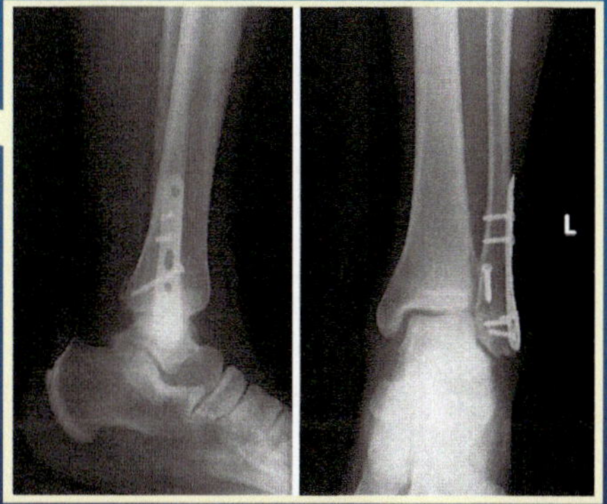

α線（ヘリウム4の原子核） 光速の数%　紙 α線を遮蔽
β線（電子） 光速の半分　アルミニウムなどの薄い金属板 β線を遮蔽
γ線（電磁波） 光速　鉛や厚い鉄板 γ線を遮蔽

波長（エネルギー） 周波数

- 0.3 fm 10^{24} Hz (YHz) (4.13 GeV)
- 3 fm (413 MeV)
- 30 fm (41.3 MeV) γ線
- 0.3 pm 10^{21} Hz (ZHz) (4.13 MeV)
- 3 pm (413 keV)
- 30 pm (41.3 keV)
- 0.3 nm 10^{18} Hz (EHz) (4.13 keV) X線
- 3 nm (413 eV)
- 軟X線
- 30 nm (41.3 eV)
- 紫外
- 0.3 μm 10^{15} Hz (PHz) (4.13 eV)
- 可視領域

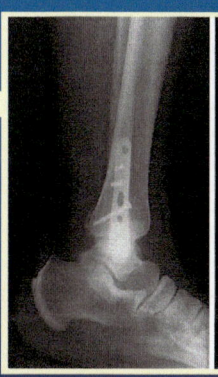

レントゲン写真　エネルギー：10〜120 keV

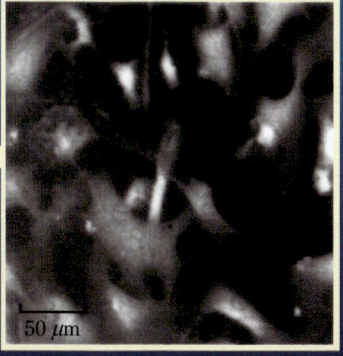

軟X線顕微鏡　波長：2.3 nm
50 μm
マウス精巣ライディッヒ細胞
提供：江島丈雄准教授（東北大学）

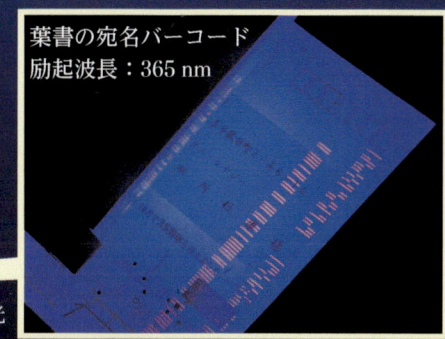

葉書の宛名バーコード
励起波長：365 nm

ブラックライト照射による蛍光発光

進む光の表し方

電磁波の一種である光の振る舞いを理解するには，波の伝搬とその表し方について知っておく必要がある．ここでは，進む光の表し方について考察していこう．

光では電場が主役

光は，電磁波の一種であり，正弦波状の電場と磁場が，互いに直交関係を保ったまま，光速 c で進む横波である．ここでは，図1のように，光を電場の正弦波として描く．何故なら，光と物質の相互作用では，主役となるのが電場であり，電場の振動方向が光の振動方向と定義されるからである．

平面波と球面波

空間を進む波の中で，最も一般的なのが，図2に示す平面波と球面波である．平面波は，波形上で同じ位相の点（例えば，波の山）の集合である波面が，波の進行方向と垂直な平面になっている波である．タイトルの背景写真のような，広がらずに進むレーザー光を思い浮かべればよい．一方，球面波は，点光源から発せられた光が時間と共に空間に広がっていくようす，または，レンズを通った光が焦点に集まっていくようすを思い浮かべればよい．

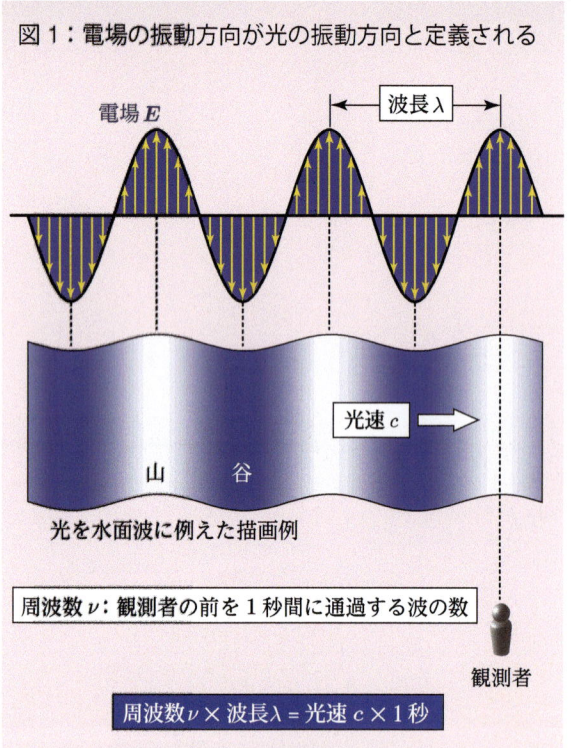

図1：電場の振動方向が光の振動方向と定義される

周波数 ν ×波長 λ ＝光速 c ×1秒

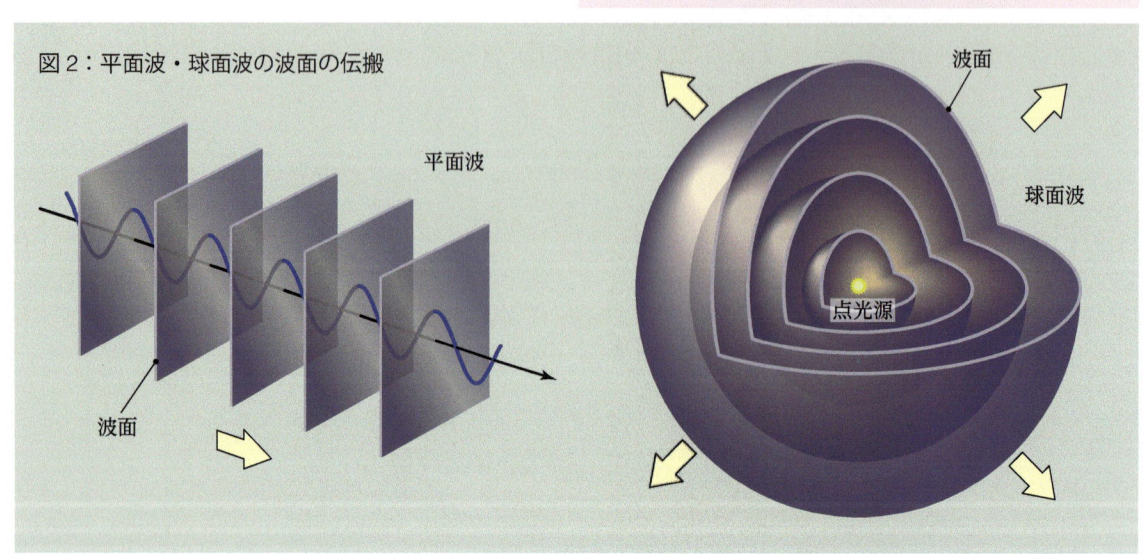

図2：平面波・球面波の波面の伝搬

光の波長と周波数

図3は,「光」と呼ばれる波長領域(波長:1 nm〜1 mm)における電磁波の波長と周波数の関係を示している.まず,可視域の光から見ていこう.波長は,例えば,波長 800 nm が 80 mm という具合に,10万倍にして描いてある.周波数と波長の積は,1秒間に光が進む距離に等しいので,波長と光速 c から周波数を求めることができる.周波数と波長は反比例し,波長が倍になれば周波数は半分になる.波長 400 nm と 800 nm の周波数で確認しておこう.

波長 1 nm の X 線は,波長を 1000 万倍にして描いてあり,可視域の波長に比べると 2 桁から 3 桁短い.一方,波長 1 mm のミリ波では,波長を 100 倍にして描いてあり,可視域の波長に比べると約 3 桁長い.

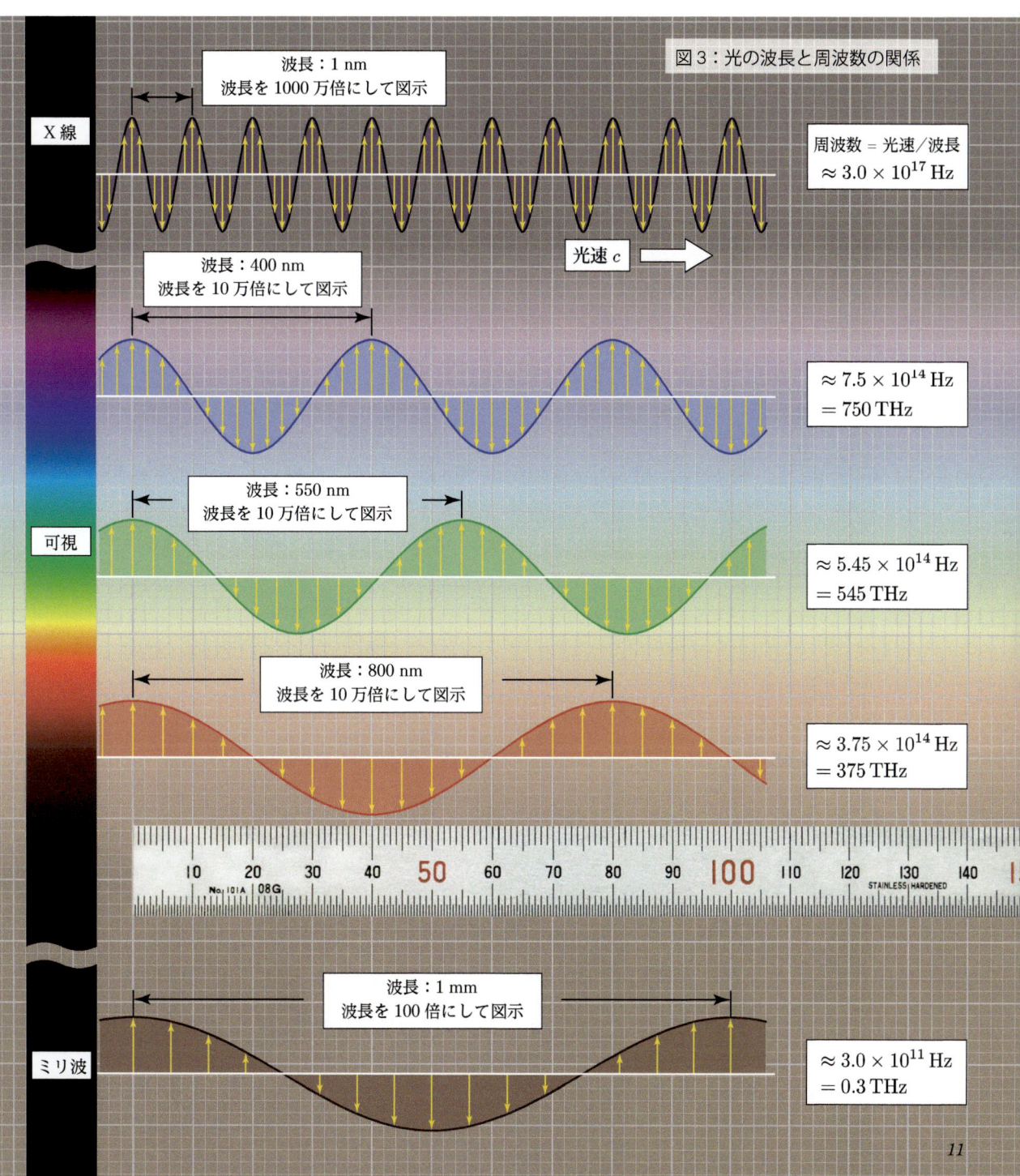

図3:光の波長と周波数の関係

進む光をストップウォッチの矢印で表す

光の進み方を表す方法について説明しよう．図4は，平面波がレンズによって集光されるようすを，一般的な表現法で描いたものである．(a) 光を波として表す場合，波の山と谷の波面（同位相面）を，平面波は直線，球面波は円弧で表現する．一方，光の進行方向を表す光線を用いて図示すると，(b) の描き方になる．(a) では光の波長が明示されているが，(b) では分からない．波長の大きさを問題にしない幾何光学では，一般的に，光を光線として描く．

光の進み方を，図5のような矢印が回転する仮想ストップウォッチで表す方法について説明する．図6のように，観測者の前を光が左から右に進むとする．ストップウォッチの矢印は，波の山谷が観測者の前をよぎるのに同期して左回りに回転し，波の山が横切るときにプラス，谷が横切るときにマイナスを指す．図6のように，(a) 周波数が高い波では速く，(b) 周波数が低い波ではゆっくり回転し，(c) 振幅が小さい波では矢印が短く，(d) 振幅が大きい波では矢印が長い．

ウェーブの進行を矢印の回転に置き換えて考える

図7で，ストップウォッチの矢印の動きを確認していこう（以降，仮想ストップウォッチの矢印を，矢印と略す）．ここでは，サッカースタジアムで巻き起こるウェーブを思い浮かべてほしい．(a)〜(i) は，時間の経過と共に右方向に進むウェーブを，連続撮影したスナップショット写真と考えればよい．

まず，赤い人の動きに注目しよう．(a) では伸び上がった状態（波の山）なので，矢印はプラスを指している．時間の経過と共に，ウェーブは右に進み，矢印

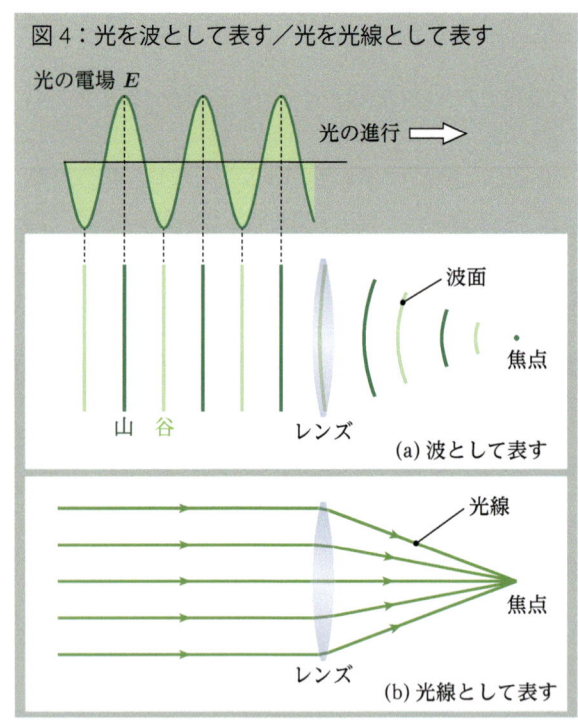

図4：光を波として表す／光を光線として表す

(a) 波として表す

(b) 光線として表す

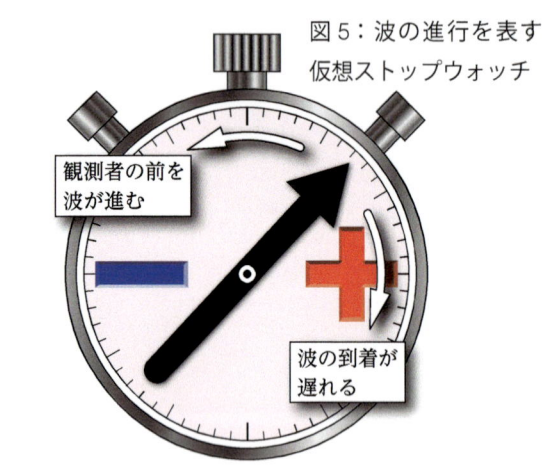

図5：波の進行を表す仮想ストップウォッチ

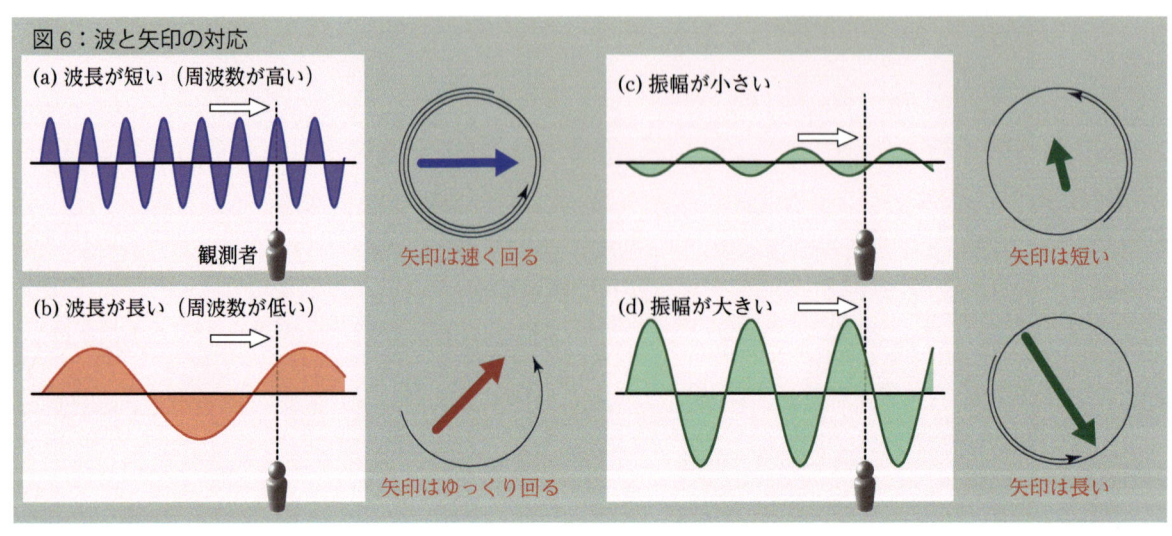

図6：波と矢印の対応

1. 波としての光の性質

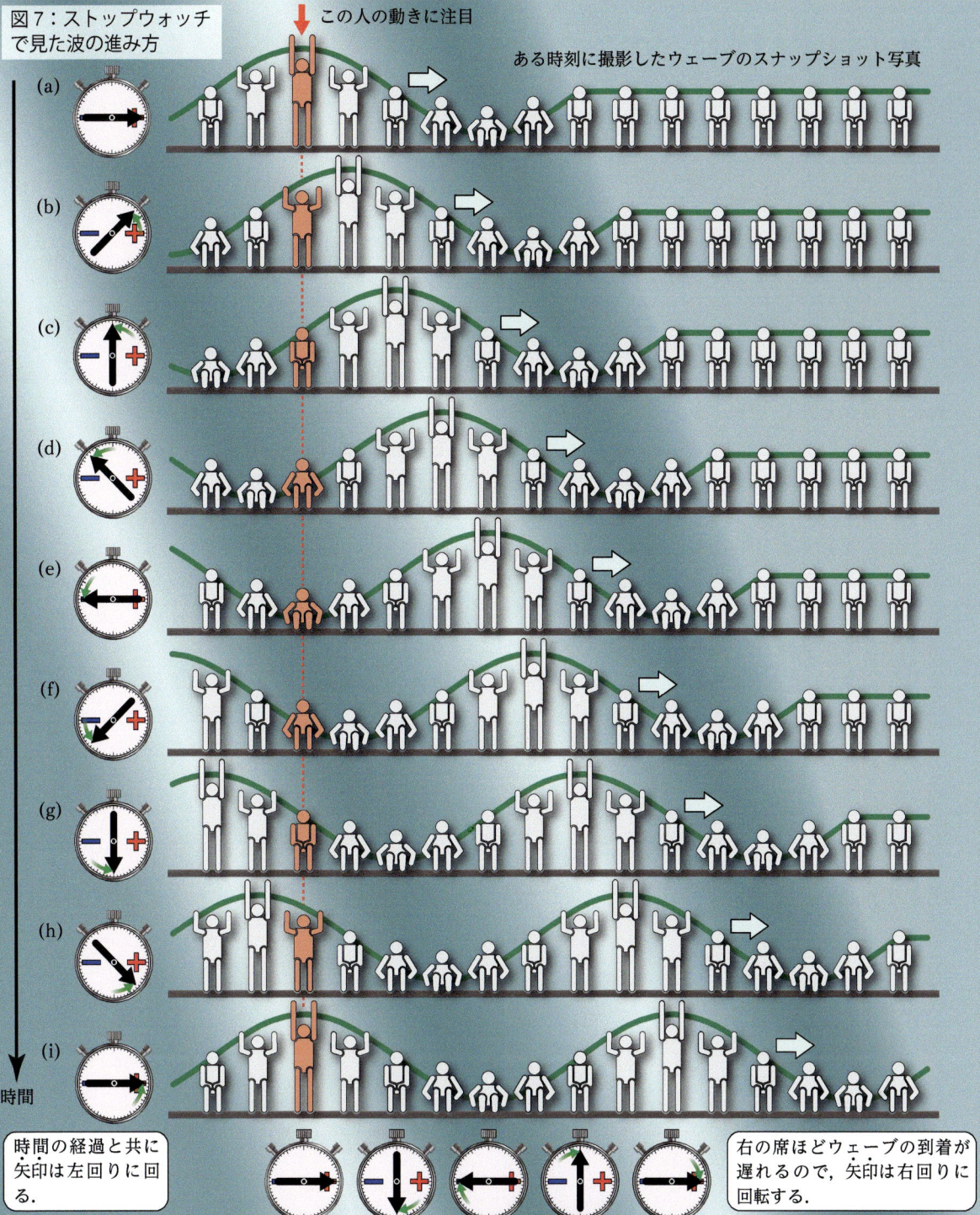

図7：ストップウォッチで見た波の進み方　↓この人の動きに注目　　ある時刻に撮影したウェーブのスナップショット写真

時間

時間の経過と共に矢印は左回りに回る．

右の席ほどウェーブの到着が遅れるので，矢印は右回りに回転する．

は左回りに回転する．(c) 座った状態（振幅原点）で矢印は12時方向，(e) 最もしゃがみ込んだ状態（波の谷）でマイナス方向，波が1波長進んだ (i) では矢印が左回りに1回転して再びプラスを指す．

　今度は，時刻 (i) におけるスナップショット写真で，波の横方向に注目しよう．向かって右の人ほど，ウェーブは遅れて到着する．波が遅れる場合は，矢印は右回りに回転する．赤い人から一つ右の席に移動すると，ウェーブは少し遅れ，矢印は右回りに少し回転する．右へ右へと席を移動して行き，1波長分移動した席では，再び伸び上がった状態（波の山）になって，矢印は右回りに1回転して再びプラスを指す．

波の重ね合わせ

重ね合わせの原理

　光や音などの波に共通する特徴の一つは，「重ね合わせの原理」に従うことである．重ね合わせの原理が成り立つ場合，ある時刻ある場所で，いくつかの波（これらを成分波と呼ぶ）が出会うと，合成された波（合成波と呼ぶ）の振幅は成分波の振幅を全て足し合わせたものになる．

　二つの波が出会う場合の波の重ね合わせを見ていこう．図1のように，水面のある場所に浮かんだビーチボールに向かって，左下から三角形の波（成分波1），右上から半円形の波（成分波2）が進んできたとする．(a)〜(g)は，時間の経過と共に変化する波の状態を撮影した連続写真だと考えればよい．ある時刻におけるビーチボールの高さを決めるのは，その時，ビーチボールの位置に存在する全ての成分波の振幅の和である．ビーチボールに波の裾が掛かると，徐々に，ビーチボールは持ち上げられ始める．成分波1の最大振幅と成分波2の最大振幅が重なる(d)では，最も高い位置までビーチボールは持ち上げられ，それぞれの波が通過すると，徐々に元の水面高さまで戻っていく．その間，二つの成分波は，それぞれ独立に進んでいて，進行方向，進行速度，波形は変化しない．

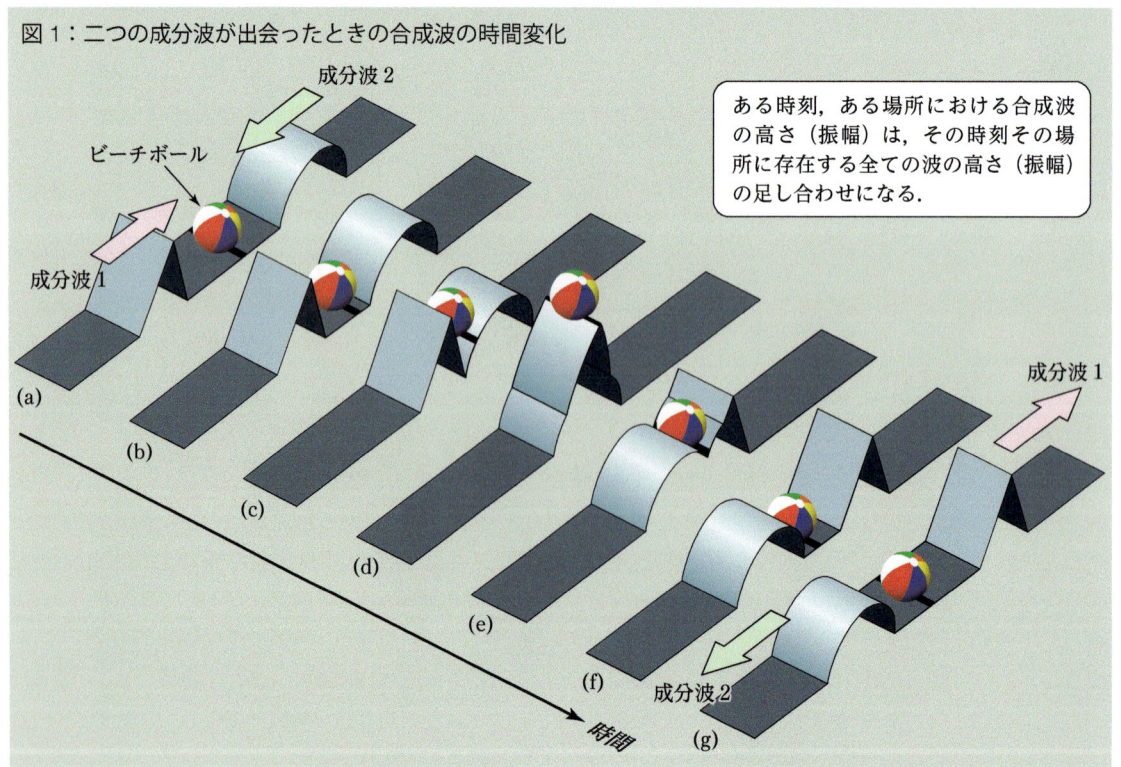

図1：二つの成分波が出会ったときの合成波の時間変化

ある時刻，ある場所における合成波の高さ（振幅）は，その時刻その場所に存在する全ての波の高さ（振幅）の足し合わせになる．

図2：強め合う重ね合わせ / 弱め合う重ね合わせ

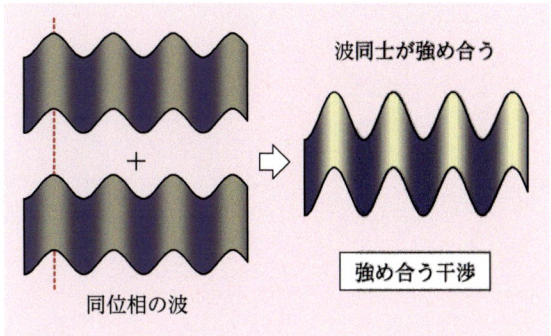
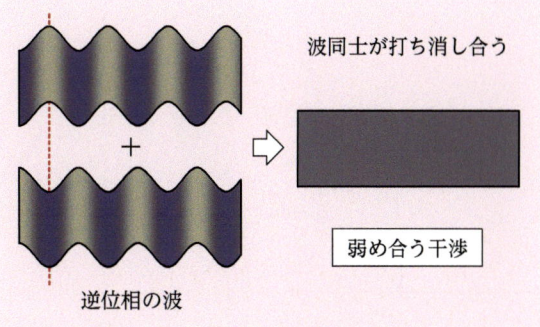

強め合う波 / 弱め合う波

「重ね合わせの原理」が成り立つのは，波が干渉し合う場合である．図2のように，波の山と山が一致する状態（同位相）では，山同士の振幅が足し合わされ，強め合う．これを強め合う干渉と呼ぶ．一方，波の山と谷が一致する状態（逆位相）では，振幅の符号が逆になるため，互いに打ち消し合う．これを弱め合う干渉と呼ぶ．干渉は，「強め合う光 / 弱め合う光」(p.62)で再び取り上げる．

波の足し算

実際に，同じ波長の二つの成分波を足し合わせて，合成波を求めてみよう．図3は，ある時刻における成分波1と成分波2，および，その足し算によって得られる合成波が描かれている．図では，成分波の振幅を見やすくするために，色付き矢印で表している．振幅の符号がマイナスのときには，矢印が反対向きになることに注意しよう．

最初に，位置Aにおける足し算を行う．成分波1と成分波2の矢印の長さを単に足すことで，合成波の振幅を求めることができる．一方，位置Bにおける足し算では，逆向きの矢印を足すことになり，合成波の矢印は短くなる．

こうした成分波1と成分波2の振幅の足し算を全ての位置で行えば，合成波形の形を求めることができる．この方法は簡単だが手間が掛かる．実は，ストップウォッチの矢印を使って波を表す理由の一つは，波の足し算を視覚的に行うことにある．

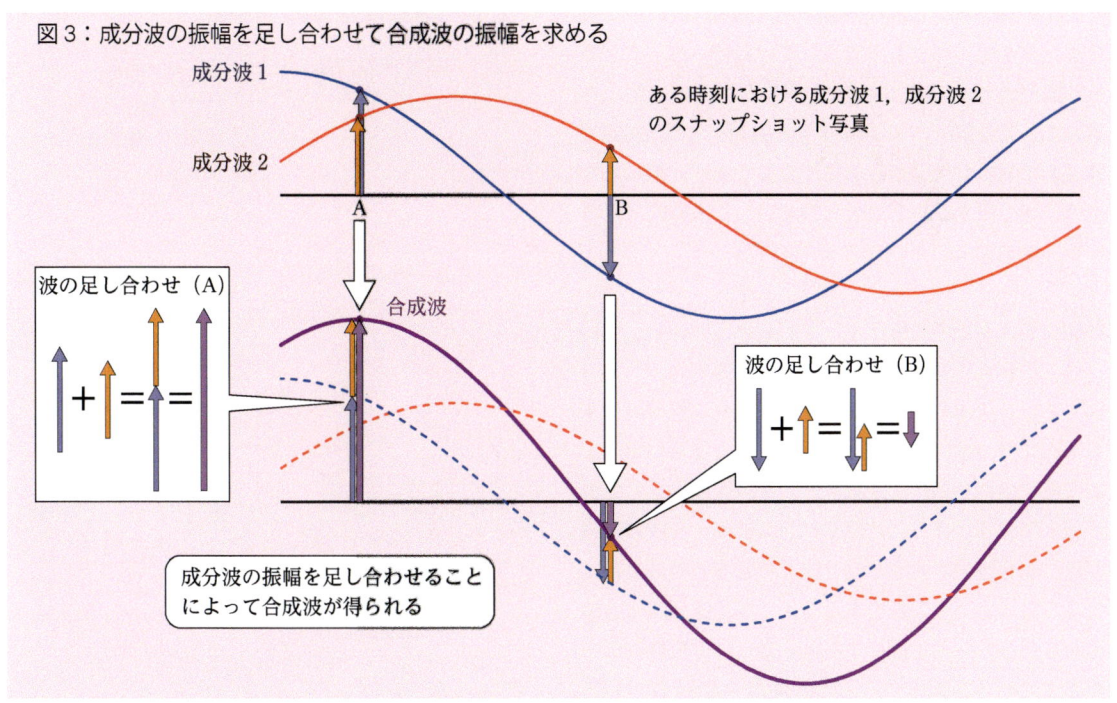

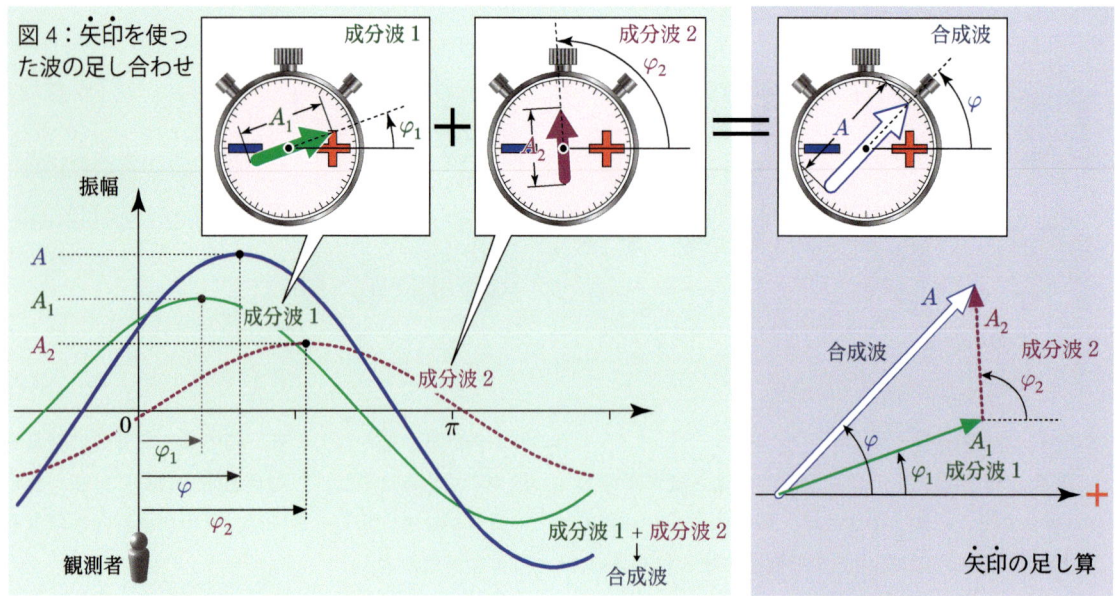

図4：矢印を使った波の足し合わせ

矢印を使った波の足し合わせ

ストップウォッチの矢印は，波の足し算を視覚的に理解する助けとなる．図4の成分波1は，振幅がA_1で原点にいる観測者からφ_1位相が進んだ波，成分波2は，振幅がA_2，φ_2位相が進んだ波であり，二つの成分波を足し合わせた結果が合成波（振幅A，位相φ）になる．成分波1を矢印で表すと，左回りにφ_1回転した長さA_1の矢印であり，成分波2は左回りにφ_2回転した長さA_2の矢印である．

矢印の足し算をしよう．矢印の足し算自体は，いたってシンプルで，ベクトルの足し算と似ている．すなわち，成分波1の矢印の終点に成分波2の矢印の始点を重ねて，成分波1の矢印の始点から成分波2の矢印の終点まで引いた矢印が足し算の結果である．得られた最終矢印の長さから合成波の振幅A，矢印の向きから位相φを求めることができる．

矢印の長さと光の強度

波の振幅を二乗すると，波の強度が得られる．言い換えると，矢印の長さの二乗，すなわち，矢印の長さを1辺に持つ正方形の面積が，その波の強さに相当する．図4の波を例に，それぞれの波の強度を示したのが図5である．ここで注意すべきことは，合成波の強度は，成分波1の強度と成分波2の強度の単純な和にはならないということである．例えば，成分波2の位相が変化して矢印が回転すると，得られる最終矢印の長さも変わる．成分波の矢印の長さ（成分波の振幅）

が変化しなくても，その向きが変われば，最終矢印の長さ，そして，合成波の強度は変化するのである．

一方，振幅や位相ででたらめに変動する波同士が出会う場合，干渉は起こらない．シャボン玉のような光の波長程度に薄い膜では，膜表面の反射と膜裏面の反射が干渉して色付くが，厚い窓ガラスでは，表面反射と裏面反射の振幅や位相が互いにバラバラになり，独立の波として振る舞うため干渉は起こらず，色付くことはない．この場合の強度は，矢印の向きに関係なく，それぞれの波の強度の和になる．

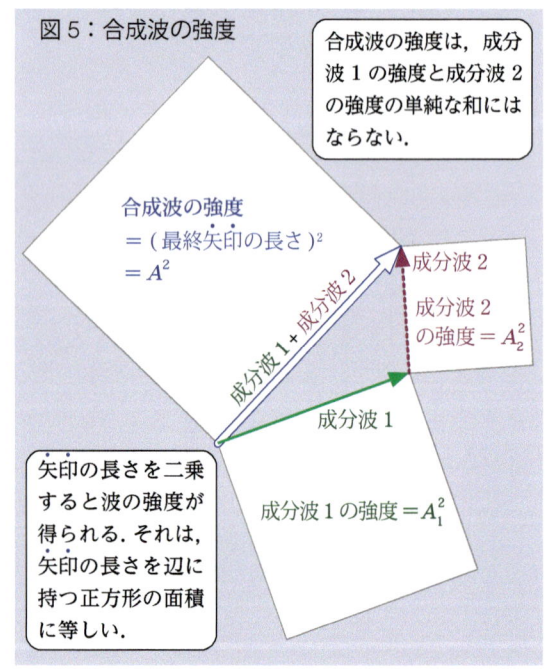

図5：合成波の強度

矢印を使った波の足し合わせ例

図6の場合，成分波1の位相 φ_1 と成分波2の位相 φ_2 は共にゼロで，二つの成分波は同位相である．成分波の矢印は共にプラス方向を向く．矢印の足し算では，平行な矢印同士の足し合わせによって，長い最終矢印が得られる．つまり，同位相の波を足し合わせると強め合い，合成波の強度は大きくなる．

図7は，位相が半波長ずれた成分波同士の足し合わせであり，反平行な矢印の足し算により，最終矢印は短くなる．つまり，逆位相の波を足し合わせると弱め合い，合成波の強度は小さくなる．

図8の例では，図4の手順どおりに矢印を足せばよい．すなわち，成分波1の矢印の終点に成分波2の矢印の始点を重ねて，成分波1の矢印の始点から成分波2の矢印の終点まで引いた矢印が最終矢印である．得られた最終矢印の長さから合成波の振幅 A，矢印の向きから位相 φ が求められる．

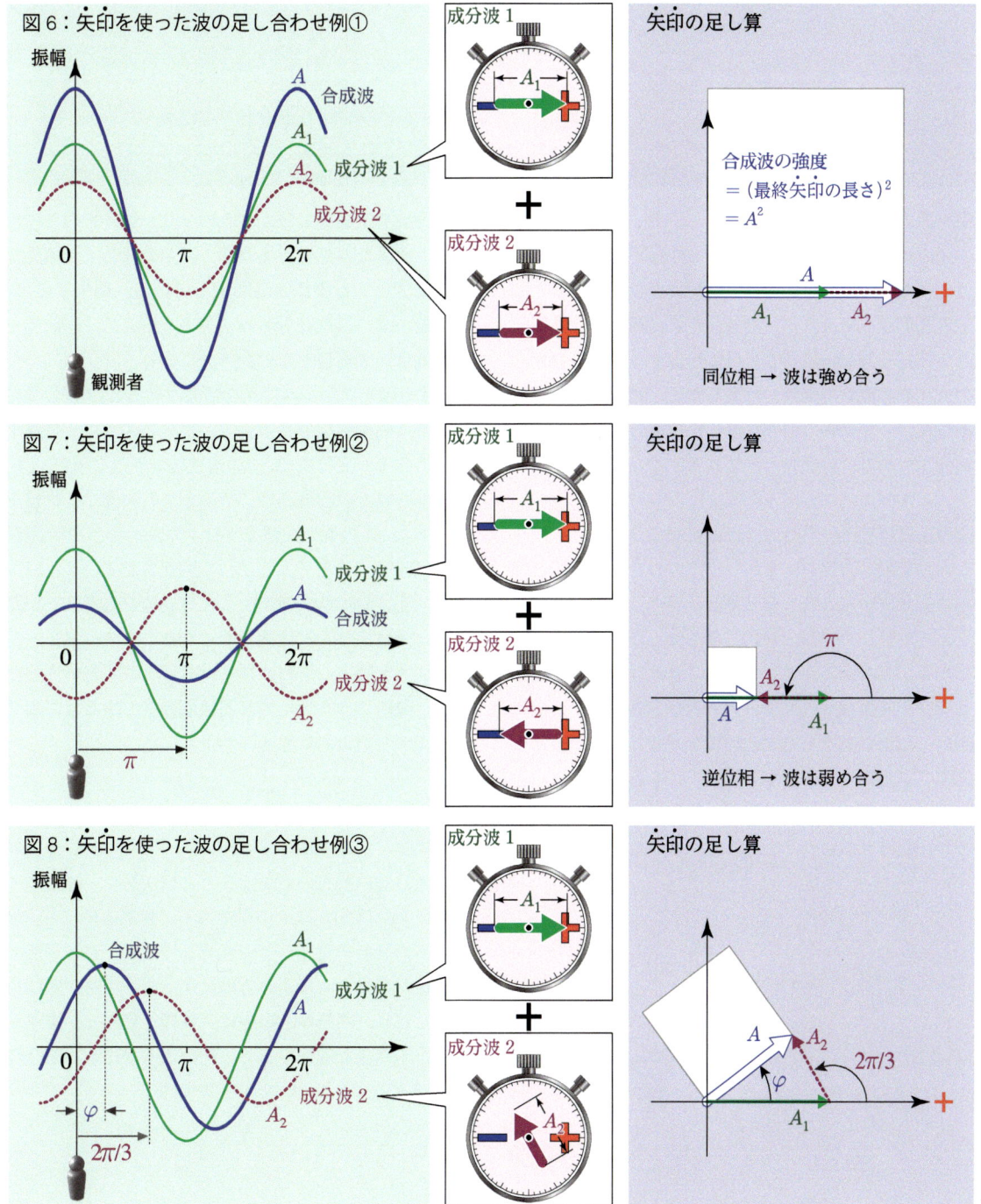

偏った光／自然の光

液晶ディスプレイの光は偏光している

偏光と自然光

　光の電場振動が特定方向に偏った光を，偏光という．ここまで，一つの面内で正弦波状に振動する電場として光を図示してきたが，実は，それは直線偏光と呼ばれる偏光である．私たちが日頃目にする太陽や月からの光，身の周りの風景から来る光は，電場振動の方向や位相がランダムに混じり合った状態の光（ランダム偏光）であり，自然光と呼ばれる．

偏光子と検光子，平行ニコルと直交ニコル

　自然光から直線偏光を作り出すものを，偏光子と呼ぶ．偏光フィルムは，最も身近な偏光子である．偏光フィルムは，ヨウ素の針状結晶を含んだ高分子（ポリビニルアルコール）を，1方向に引き延ばして作製される．引き延ばされたヨウ素の針状結晶は，1方向に揃い，結晶が揃った方向の偏光を吸収して，それと直交する偏光のみが透過する偏光子になる．

　図1は，偏光フィルムから，特定方向の直線偏光のみが出射されるようすを表している．透過する偏光の振動方向を透過軸と呼ぶ．入射光は，偏光方向と位相がランダムな自然光であるが，図示の都合上，振動方向がランダムな矢印として表している．偏光子では，透過軸方向の振動成分のみが透過するため，出射偏光の強度は，入射自然光の約半分になる．

　2枚の偏光フィルムに光を透過させると，2枚の偏光フィルムの角度関係によって，図2のように，透過する光の強度が変化する．(a) 透過軸が平行な場合，1枚目で作られた直線偏光は，そのままの強度で2枚目を透過する．この偏光配置を平行ニコルという．(b) 出射側の偏光子（検光子と呼ぶ）を回転させていくと，次第に，透過光強度が減少し，(c) 透過軸が直交した状態では，光はほとんど透過しなくなる．この状態を，直交ニコルと呼ぶ．平行ニコル，直行ニコルという呼び方は，最初に作られた方解石製偏光子であるニコルプリズムの名前に由来する．

身の周りの偏光

　偏光フィルムを通して，身の周りを観察すると，意外に偏光しているものがあることに気が付く．液晶ディスプレイ（LCD）はその例である．自然の中にも，水面からの反射や青空などは偏光しており，右の写真のように，偏光フィルムの方向によって，明暗が変化する．ただし，風景からの光は，偏光と自然光が混ざり合った不完全な偏光である．そのような光を，部分偏光と呼ぶ．

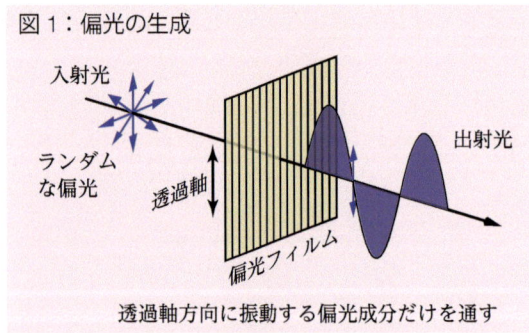

図1：偏光の生成

透過軸方向に振動する偏光成分だけを通す

1. 波としての光の性質

図2：偏光フィルムの回転と出射する光の強度

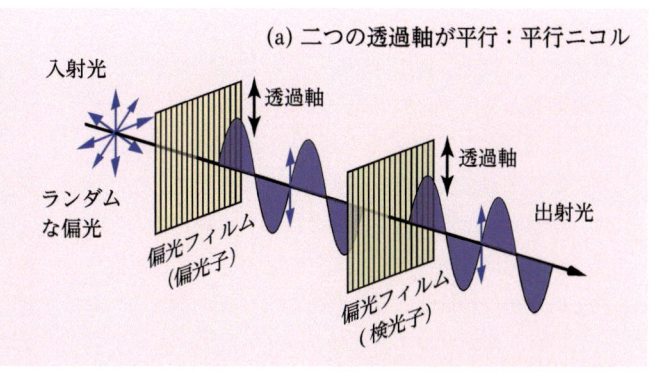

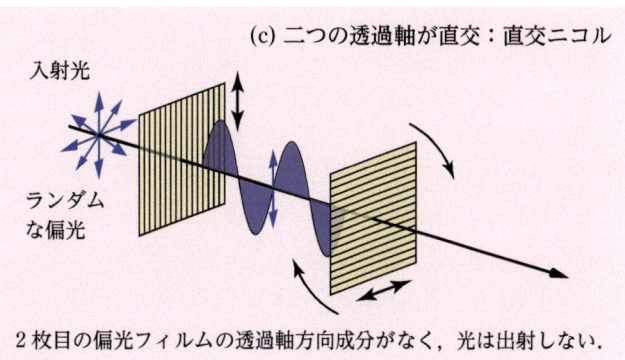

偏光フィルムを使った風景写真の例（富士山：2013年6月26日，世界文化遺産登録）
風景から来る光は，基本的に自然光だが，部分偏光も含まれる．そのため，偏光フィルムを通して風景を見た場合，偏光フィルムを回転させると，部分偏光している光の明暗が変化する．

偏光子に使われる方解石の複屈折性

偏光フィルムは，エドウィン・ランドによって，20世紀前半に発明された．偏光フィルムの登場以前には，方解石製のプリズム型偏光子が使われていた．偏光を用いた代表的な光学機器である偏光顕微鏡の場合，2つの偏光子が試料ステージを挟むように配置されており，透過光で試料の偏光観察を行う．写真右の大正時代の製品では，偏光子として方解石のプリズムが使われていたのに対して，左の昭和に入ってから作られたものでは，偏光フィルムに置き換えられている．

偏光子の材料である方解石は，平行六面体をした炭酸カルシウム（$CaCO_3$）の透明な結晶である．方解石を通すと，右の写真のように像が二重に見える．二重になった線をよく見ると，一方は方解石の外側と真っ直ぐつながっているが，もう一方は右下方向にずれていることが分かる．方解石は方向によって光の伝搬速度が異なる光学異方性（複屈折性）があり，図3のように，光は方解石の中を2方向に分かれて進む．一方は，真っ直ぐ進む光（紙面に垂直な偏光）であり，屈折の法則（スネルの法則，p.54参照）に従うことから常光と呼ばれる．他方は，複屈折によって斜めに進む光（紙面に平行な偏光）であり，屈折の法則に反した挙動をすることから異常光と呼ばれる．線がずれて二重に見える理由は，常光と異常光の両方が目に届くためである．下の写真のように，方解石の上に偏光フィルムを載せて透過軸を90°回転させると，常光と異常光が互いに直交する偏光であることが確認できる．

方解石以外にも，光学異方性を示す材料は多い．身近なものでは，水晶，セロハンテープ，液晶などが挙げられる．

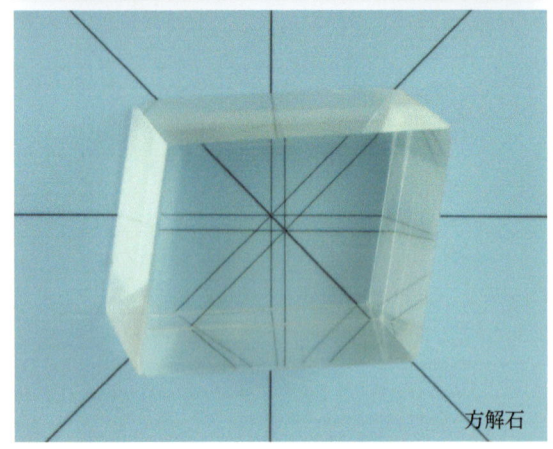

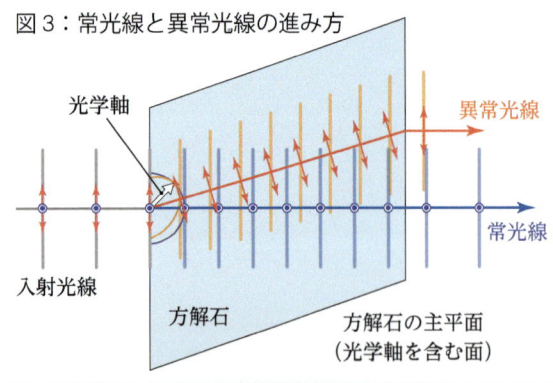

図3：常光線と異常光線の進み方

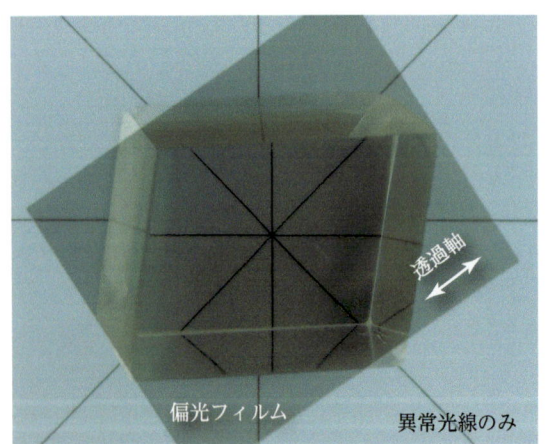

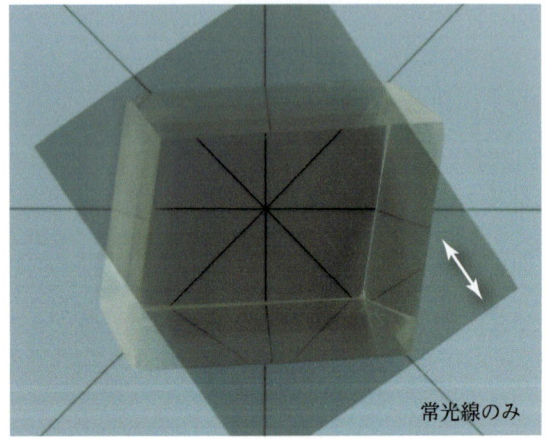

偏光フィルムを透過する偏光の方向

電磁波の基本的な性質である偏光は，周波数によらない．ここでは，テレビ放送を例に，偏光子を透過する偏光の方向について考察しよう．テレビ電波は，水平方向に偏波（電波領域では偏光をこう呼ぶ）しており，それを受信するアンテナは，図4(a)のように，素子方向を電波の振動面に合わせて設置される．正しく設置されていれば，電波はアンテナで吸収され，放送を受信することができる．もし，図4(b)のように，素子方向を偏波に対して垂直にすると，電波はアンテナで吸収されず，放送は受信できない．

(c)のようにアンテナを並べると，電波はアンテナ列に吸収されて通り抜けることができないが，(d)のように，偏波と垂直に並べると，電波は吸収されずにアンテナ列を素通りする．光の領域で使用される偏光子には，実際に金属線が(c)のように並んだワイヤーグリッド偏光子，特定方向の偏光のみを吸収するヨウ素の針状結晶が並んだ偏光フィルムなどがある．ワイヤーグリッド偏光子の金属線が並ぶ方向は，図1（p.18）に示した偏光子の透過軸の方向と直交していることに，注意する必要がある．

また，(e)のように，アンテナ列を縦横に並べた金属メッシュでは，全ての方向の偏波が通れなくなる．メッシュの間隔は，遮蔽する電磁波の波長より狭い必要がある．電子レンジの窓には，(f)のように電子レンジで使われるマイクロ波の波長約12 cmより十分小さい穴が開けられた金属メッシュ板が入っている．この金属メッシュによって，人体に有害なマイクロ波は遮蔽されるが，遙かに波長の短い可視光は容易に透過するので，調理のようすを確認することができる．

図4：アンテナの設置方向とTV電波の受信

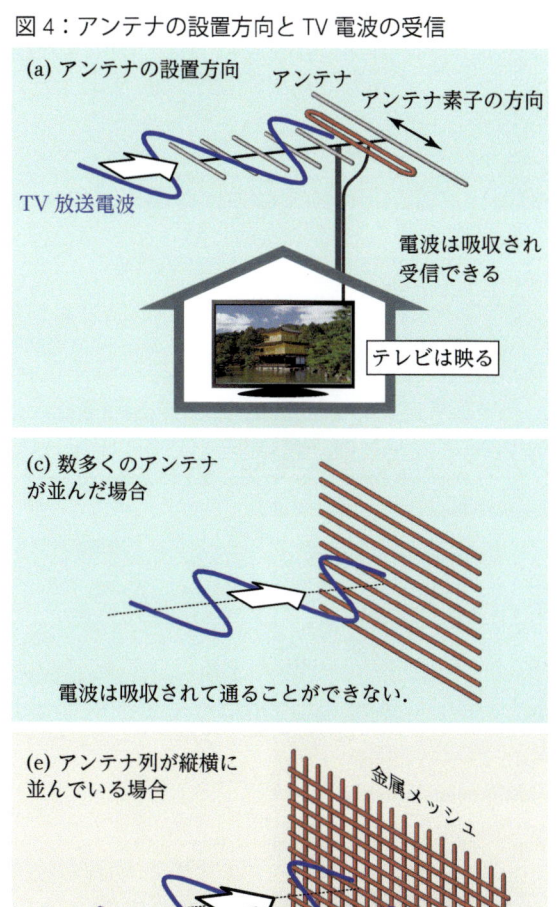
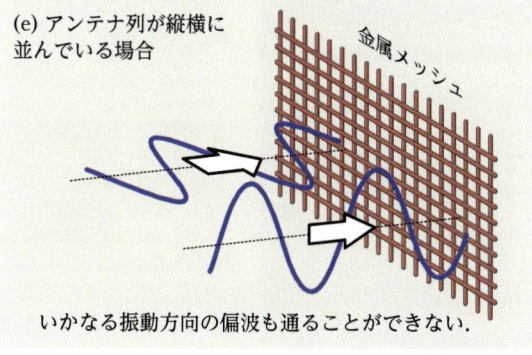
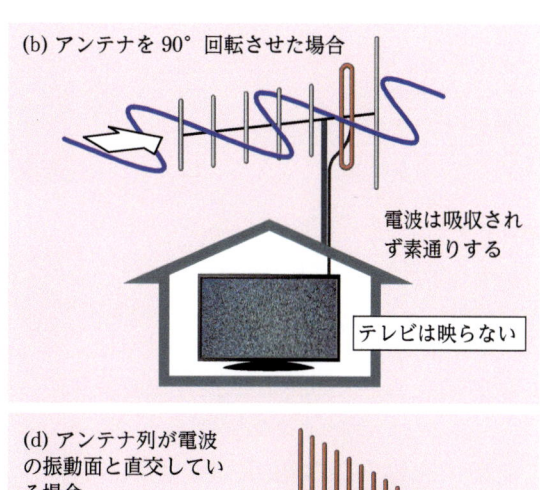
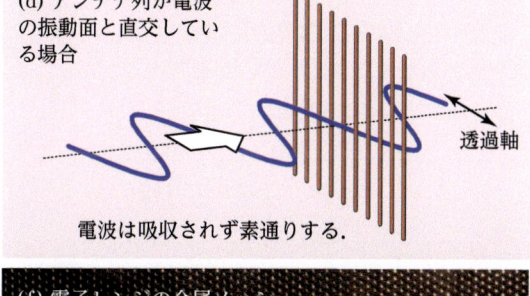

COLUMN

スペクトルを測定する

光強度の波長分布をプロットしたグラフを，スペクトルといいます．スペクトルには，透過率スペクトル，反射率スペクトル，吸収スペクトル，発光スペクトルなどの種類があります．本書では，スペクトルが度々登場します．

光をスペクトルに分ける装置を，分光器といいます．下の写真は，サンプル光源である白色発光ダイオード（白色LED）の発光スペクトルを測定するための簡単な分光システム例です．サンプル光源の光を，光ファイバーを使って分光器に導入し，スペクトルを測定します．最近では，パーソナルコンピューター（PC）さえあれば，ほぼリアルタイムにスペクトル測定できるCCD分光器を利用することができます．測定スペクトルは，USB接続でPCに取り込まれます．スペクトルの測定・保存・解析などの操作は，PCの画面上で行うことができます．

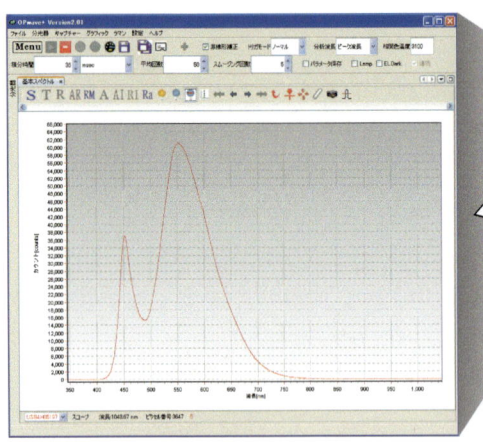

発光スペクトル測定画面

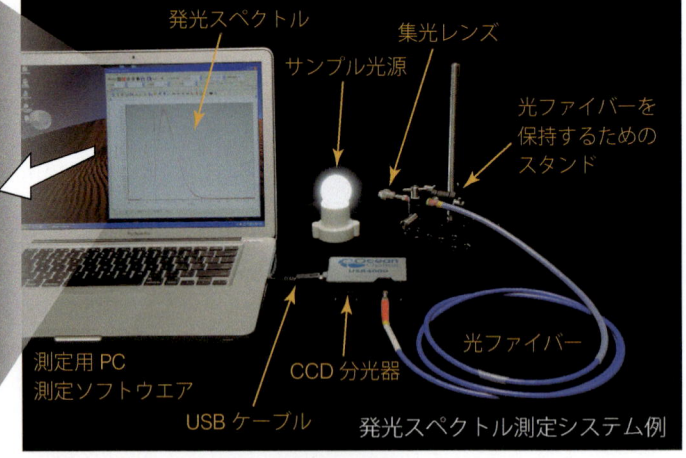

発光スペクトル測定システム例

透けて見えるLCD

p.18の背景が透けて見えるディスプレイ写真の作成法を紹介します．なお，画像は，Adobe Photoshop® で加工しました．

・まず，PCのLCDを閉じた状態の背景写真①，次にLCDを開いた状態の写真②の順で撮影．PCは写真②の状態から動かさない．
・写真①と写真②を比較し，写真②のLCD表示領域に相当する写真①の領域を切り出す．このとき，LCDの向きが多少斜めなので，切り出した画像はゆがんだ四角形になる．
・④切り出した画像を，壁紙用に，LCDの縦横比に合わせた四角形に整形．色調，明るさ，サイズ，解像度を調整して，jpeg形式で保存する．
・⑤保存したjpeg画像を，壁紙として読み込む．

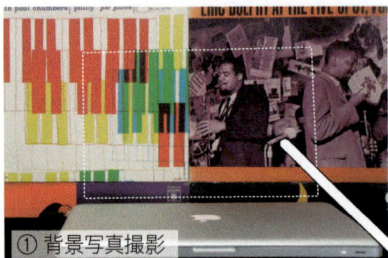

① 背景写真撮影．
② LCDを開いた状態でPC撮影．PCは，この状態から動かさない．
③ 写真①と②を比較し，写真②のLCD表示領域に相当する写真①の領域を切り出す．

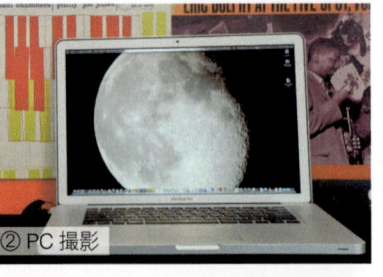

LCDの向きが多少斜めなので，切り出した画像はゆがんだ四角形になる．

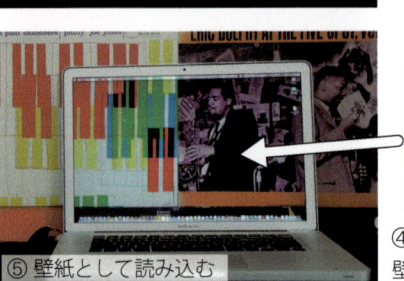

④ 画像を長方形に整形し，壁紙画像を作成．jpeg保存．

第 2 章

ガラスの中で光は何をしているのか

京都タワー 5 階展望室

　窓ガラス越しに見る風景は，ガラスを透さずに直接見るのとそれほど変わらず，光はガラスの中を素通りしてくるように思える．この一見何でもない光の透過という現象，実は，ガラス中で繰り広げられる膨大な数の光と電子のやりとりによって成り立っている．本章では，ガラス中で密かに行われている光と電子のダンスパーティーを見学しにいくことにしよう．

光と電子はダンスを踊る

ガラス中の光の振る舞いを理解するためには，光とガラスの原子が繰り広げる膨大な数のミクロなやりとりに注目する必要がある．まずは，入射してきた光に対して，原子がどのように応答するのかを，見ていくことにする．

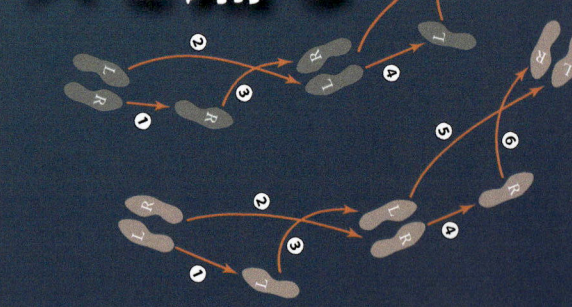

電場によって分極が生じる

物質を構成する原子は原子核と電子からなり，負電荷の電子は正電荷を持つ原子核の周りに束縛されている雲のような存在である．図1のように，ガラスなどの物質に電場が加えられ状態を想像してみよう．電場の向きと強さは，正電荷から湧き出した矢印（電気力線）で表される．負電荷の電子は，正電荷に引き寄せられる．ガラスなどの誘電体では，電子が原子核の回りに束縛されているため，電場が加えられても電子が自由に動き出すことはないが，電子の雲の位置が原子核に対して相対的にずれて，電荷の偏りが生じる．この電荷の偏りを分極と呼ぶ．分極には，いくつかの種類があり，その代表が，原子核とその束縛電子が形成する電子分極である．

分極によって電荷が偏ることで，図2のように，正電荷と負電荷の対が形成される．これを，電気双極子と呼ぶ．本書では，電気双極子を1組の電荷対として図示することにする．

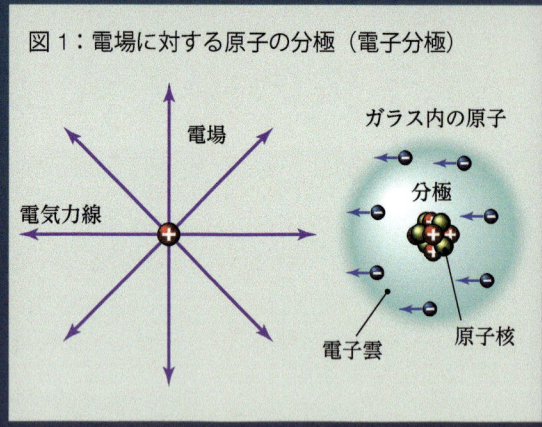

図1：電場に対する原子の分極（電子分極）

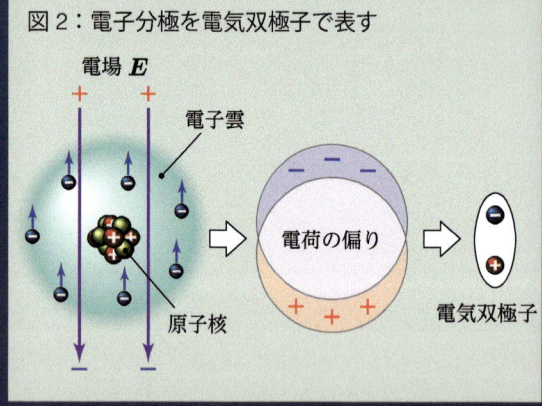

図2：電子分極を電気双極子で表す

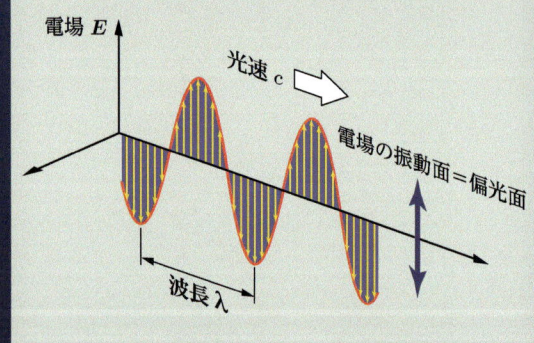

図3：電場の振動面を光の偏光面と定義する

光の周波数で振動する交流電場

光は電磁波であり，電場に注目すれば，図3のように，振動する電場が光速 c で進む横波である．例えば，波長500 nmの光の電場は，約600 THz（600テラヘルツ ＝ 600×10^{12} Hz）で振動している．

ある周波数の光が，ガラスに入射したとしよう．入射光の電場が振動しているため，ガラス内の原子には，交流電場がかけられることになる．そのため，光の入射によって発生した電気双極子は，光の交流電場に追従して，光と同じ周波数で振動応答する．

光の電場振動に同期した電気双極子の振動応答

電気双極子が，入射光の交流電場に応答するようすを見てみよう．図4は，左から入射してきた光の電場によってガラス内に発生した電気双極子が，時間の経過と共に，光の電場振動に応答して振動するようすを示している．

電気双極子の正電荷と負電荷は，互いに引き合って，電気的に中性な安定状態に戻ろうとする．言い換えると，正電荷と負電荷は，見えないバネでつながっていると考えてよい．電気双極子は，入射光の交流電場と同じ周波数で，バネに吊された重りのように振動する．

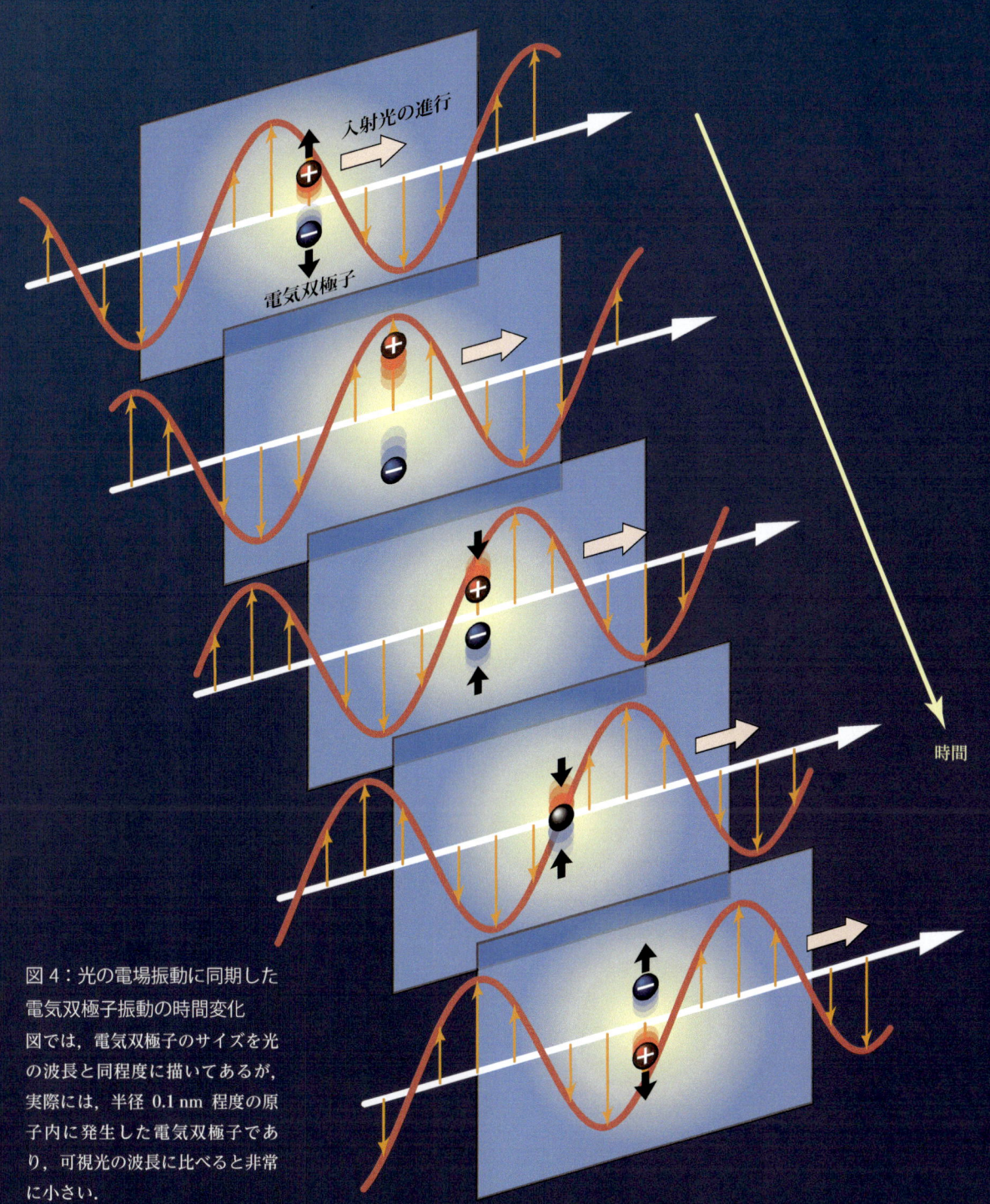

図4：光の電場振動に同期した電気双極子振動の時間変化
図では，電気双極子のサイズを光の波長と同程度に描いてあるが，実際には，半径 0.1 nm 程度の原子内に発生した電気双極子であり，可視光の波長に比べると非常に小さい．

図5：電気双極子は、光の電場振動に応答して、バネに吊された重りのように振動する

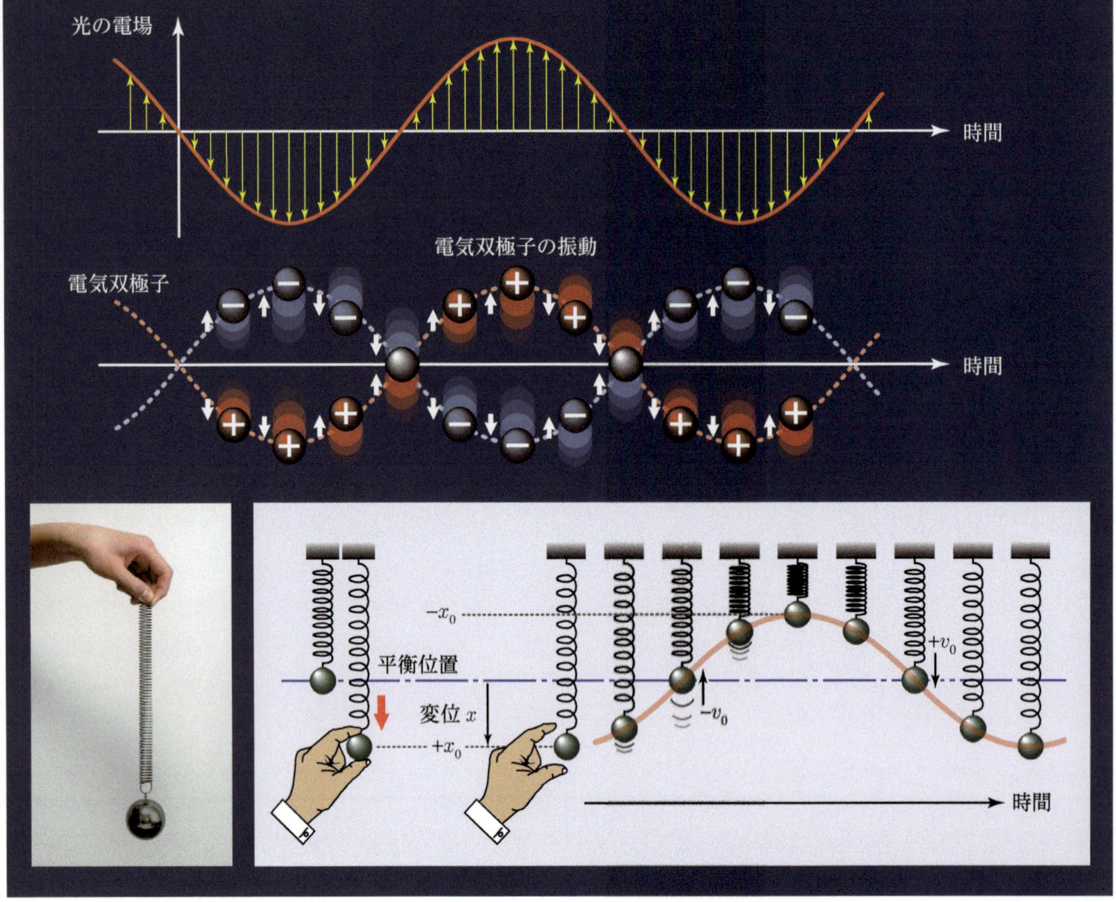

電気双極子のバネ振動

　ガラス中の電気双極子は、光の交流電場に応答して、正電荷の原子核と負電荷の電子が、見えないバネでつながれているかのように振動する（図5）。つまり、電気双極子の振動は、バネ振動に置き換えて考えてよい。バネに吊された重りは、外から力を加えない限り、安定な平衡位置に静止している。手でバネを引き延ばして平衡位置から変位を与えると、平衡位置を中心にして、上下の往復運動をする。この往復運動は、一定周波数の振動であり、空気抵抗などで減衰しない限り、一定の振幅で振動し続ける。このような振動を調和振動（単振動）という。しかし、実際にバネ振動をさせてみると、振幅が徐々に小さくなり、やがて振動は止まってしまう。これは、図6に示す減衰振動である。ガラス中の電気双極子もこれと同じで、入射光を消すと、振動していた電気双極子は、電気的に中性な安定状態に落ち着く。

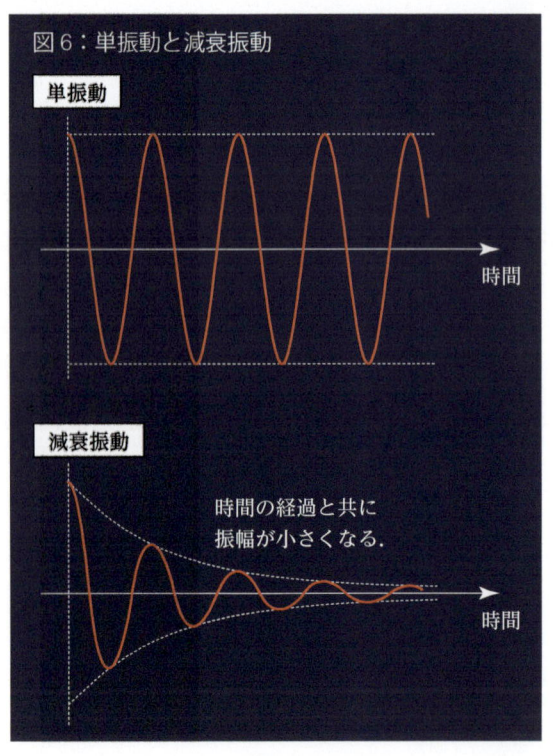

図6：単振動と減衰振動

単振動

減衰振動

時間の経過と共に振幅が小さくなる。

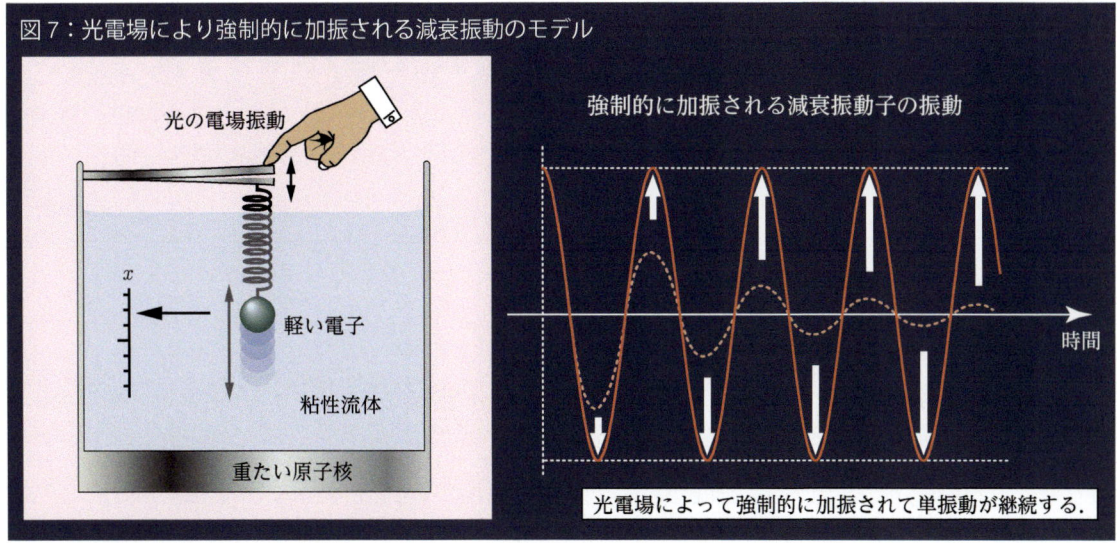

図7:光電場により強制的に加振される減衰振動のモデル

電気双極子振動の周波数応答特性

光の交流電場により強制的に加振される減衰振動のモデルは，重たい原子核は動かず，軽い電子が粘性流体中を動く，図7のようなバネ振動を考えればよい．振動する電子が重り，重たい原子核は固定された水槽である．電子は，粘性流体中を動くため，抵抗によって振幅が減衰する．光が入射されると，光の電場である「手」が，無理矢理バネを振動させる．この光電場の強制加振によって，電気双極子振動は，減衰することなく，振動を継続することになる．

このような強制振動させられている減衰振動は，バネの運動方程式で記述できるが，ここでは定性的な考察をしていこう．バネ振動には，バネの強さ，重りの重さに依存した周波数特性がある．図8は，バネ振動の周波数応答例である．(a)が振動振幅，(b)が位相遅れの周波数依存性を示している．バネ振動では，ある周波数で振幅が非常に大きくなる共鳴周波数が存在する．共鳴周波数は，重りが重いほど低く，軽いほど高くなる．

共鳴周波数より十分低い周波数では，バネは加振に追従して，加振とほぼ同位相でわずかに振動する．加振で与えられるエネルギーは，粘性抵抗により散逸するエネルギーと等しいが，外からバネに移動するエネルギーは少なく，粘性抵抗による散逸も少ない．共鳴周波数では，応答は加振から90°位相が遅れる．慣性で行き過ぎる重りを加振が強引に引き戻すので，多くのエネルギーが手からバネに移動し，振幅が増加する．加振によるエネルギー流入と粘性抵抗によるエネルギー流出が釣り合った状態で，振動が安定する．共鳴周波数より十分高い周波数では，応答振動の位相はさらに遅れ，加振とは逆位相（位相遅れ：180°）になる．そして，バネは，加振に追従できなくなり，ほとんど動けなくなる．

図8:電気双極子振動の振幅と位相遅れの周波数依存性

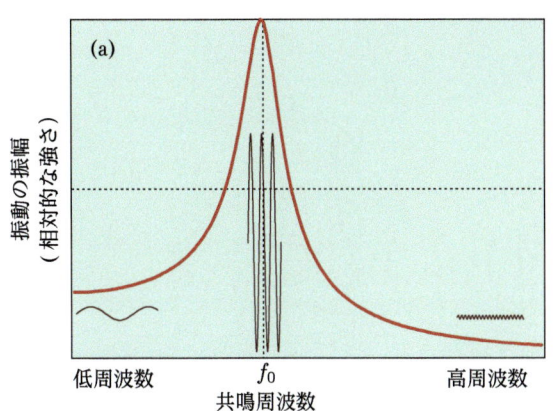

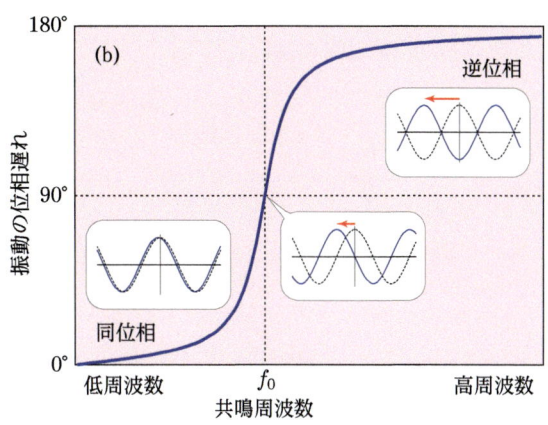

振動する電子は光を放出する

電気双極子振動は，電荷の加速度運動であり，加速度運動する電荷からは，電磁波が放出される．これを電気双極子放射と呼ぶ．図1に示した電気双極子放射のようすを，時間で追ってみよう．図では，振動する電荷対の間に生じた電場を，電気力線として描いてある．正電荷から負電荷に向かう電気力線は，電気双極子が平衡位置（分極変位がゼロの振動中心）をよぎるときに，閉じた輪として空間に放出される．こうした過程が連続的に繰り返されると，電気双極子から外に向かって放出される電磁波が形成される．

電気双極子放射

図2は，電気双極子から放射された電磁波が，空間に広がるようすを示している．電気双極子放射は，電気双極子の振動と同期しており，電気双極子振動の共鳴周波数より十分低い周波数領域では入射光と同位相，

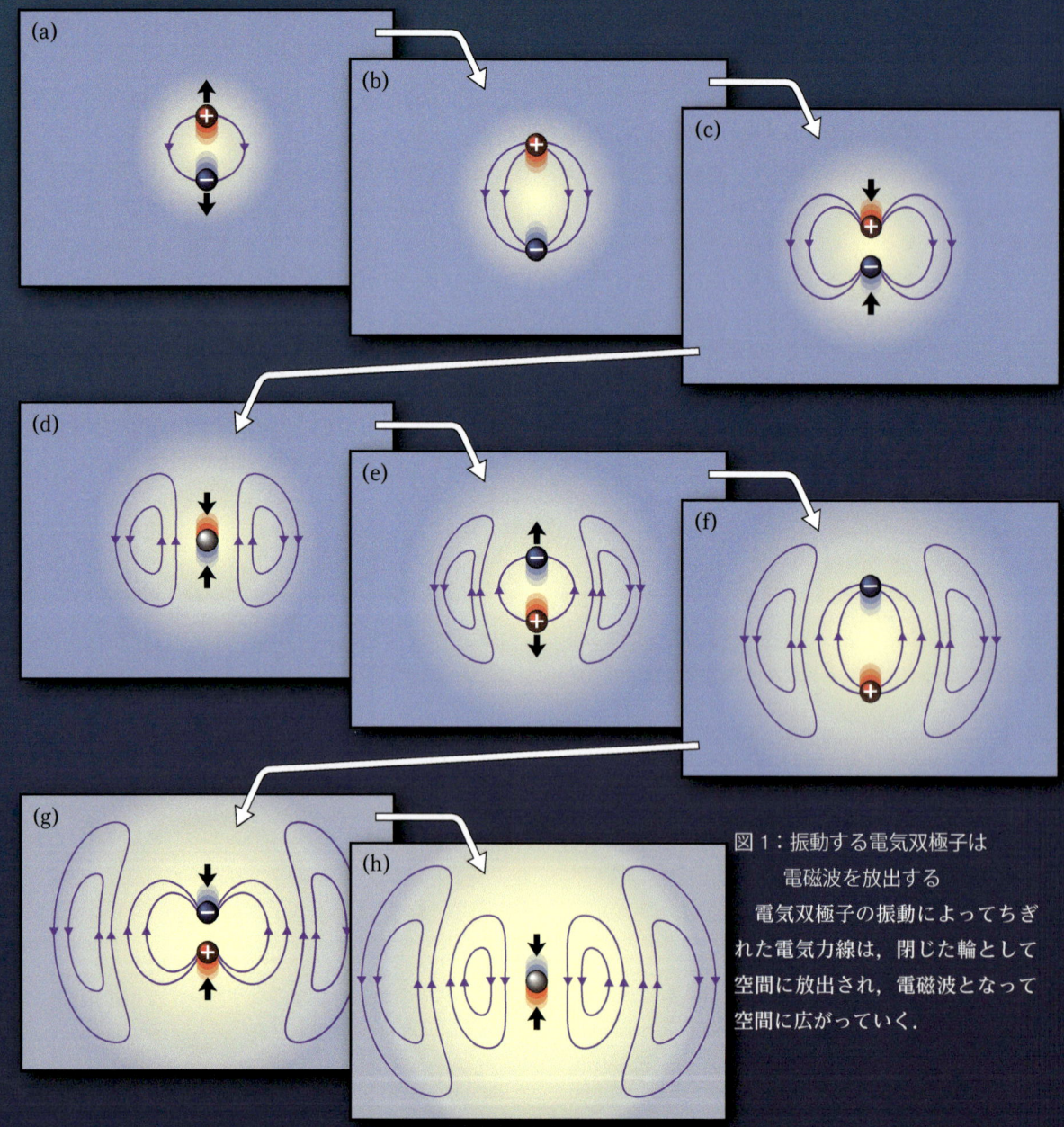

図1：振動する電気双極子は電磁波を放出する
電気双極子の振動によってちぎれた電気力線は，閉じた輪として空間に放出され，電磁波となって空間に広がっていく．

図2：電気双極子放射

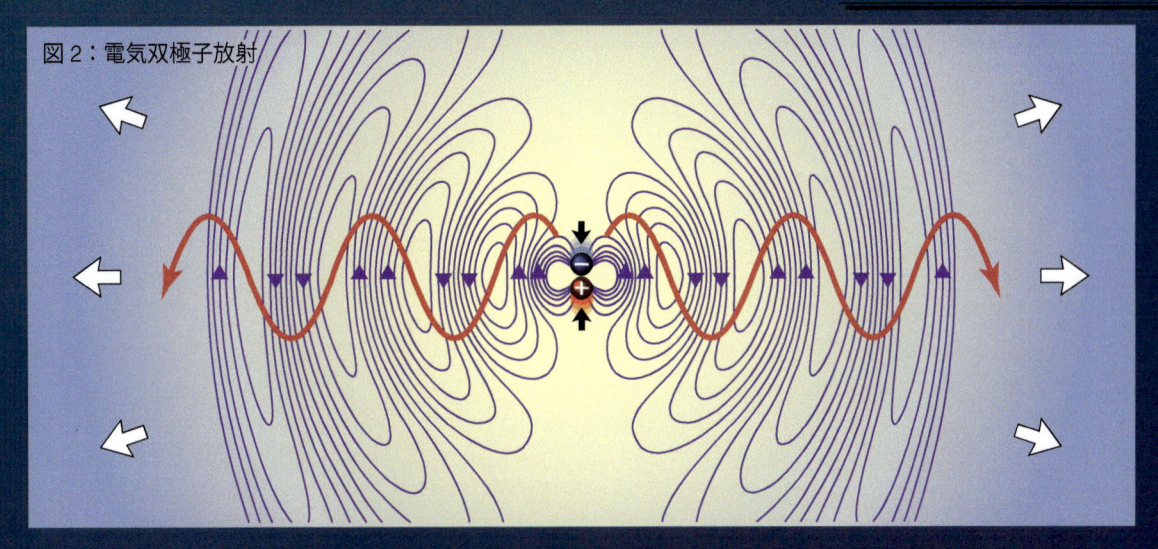

十分高い周波数領域では入射波と逆位相になる（p.27の図8(b) 参照）．また，電気双極子放射の周波数は，入射光の周波数に等しい．つまり，電気双極子は，入射光と同じ波長の光を放出する．

身近にもある電磁波の放射

私たちは，実は，電気双極子放射と同様の現象を生活の中で利用している．それは，ラジオ，テレビ，携帯電話などの電波の送信である．下に示した図3と図4は，AMラジオの送信アンテナが電磁波を放出するようすである．アンテナに交流電圧をかけると，アンテナ内の電荷が振動して，かけられた交流電圧と同じ周波数の電磁波が空中に放出される．

もちろん，AMラジオの放送電波は，可視光における電気双極子放射の9桁程度も低い周波数の電磁波である．しかし，両者は，周波数が大きく異なるだけで，加速度運動する電荷が電磁波を放出する過程であることに変わりはない．

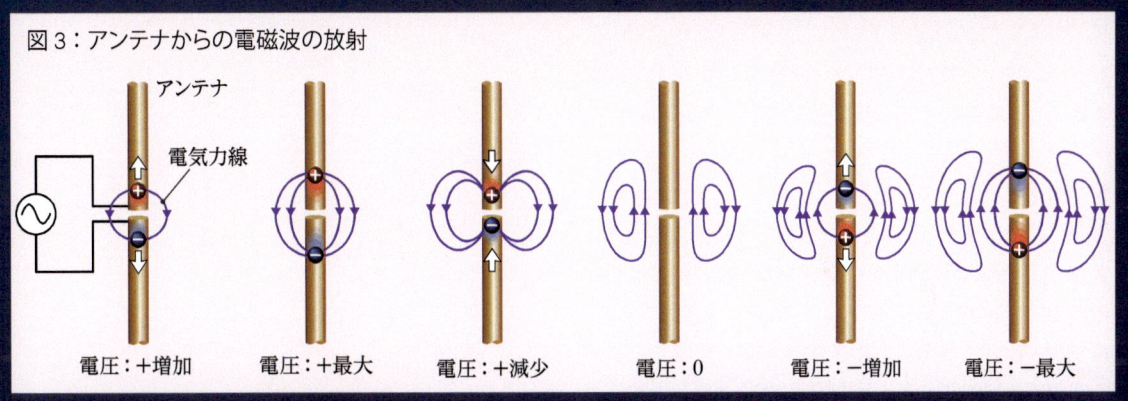

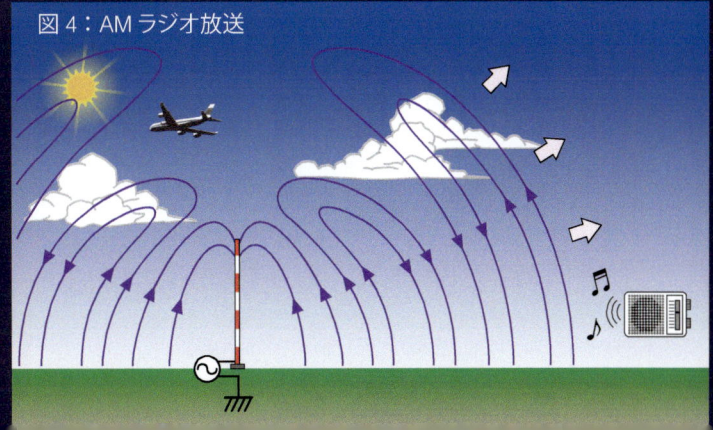

図3：アンテナからの電磁波の放射

電圧：＋増加　電圧：＋最大　電圧：＋減少　電圧：0　電圧：－増加　電圧：－最大

図4：AMラジオ放送

AMラジオの放送アンテナ

図5：電気双極子放射の空間強度分布

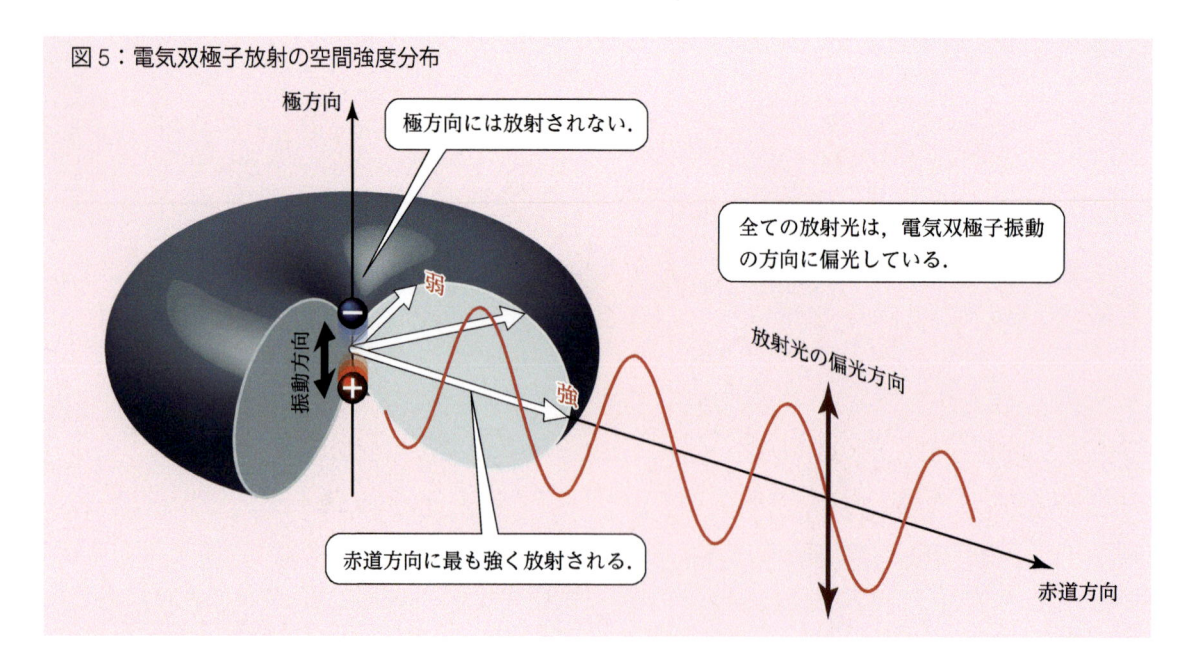

極方向には放射されない．

全ての放射光は，電気双極子振動の方向に偏光している．

振動方向　弱　強

放射光の偏光方向

赤道方向に最も強く放射される．

赤道方向

電気双極子放射の空間強度分布

　電気双極子放射の空間的な強度分布は，図5に示す穴のないドーナツのようなパターンになる．電気双極子の振動と直交する赤道面で最も強く放射され，緯度が高くなるにつれて強度が減少する．電気双極子の振動方向である極方向では，放射強度がゼロになって光は放射されない．また，放射される光は，全て電気双極子の振動方向の偏光である．こうした電気双極子放射の基本的な性質は，光の透過などの光学現象を理解するときに必要となるので，覚えておいてほしい．

またの名は「レイリー散乱」

　電気双極子放射は，地球の大気，朝日が差し込むガラスなど，物質と光が遭遇するあらゆる場面で発生している．それを身近に見ることができるのは青空である．大気中の窒素や酸素などの気体分子は，太陽光によって電気双極子を形成し，直ちに入射光と同じ周波数の光を放射する．この周波数変化が伴わない光の再放射を，弾性散乱と呼ぶ．特に，波長よりも長い距離に散らばった，波長に比べて十分に小さな独立粒子が起こす弾性散乱を，レイリー散乱という．図6のように大気圏上層の希薄な大気では，平均分子間距離が波長より長く，散乱源である気体分子の大きさは，0.2 nm 程度と波長に比べて十分に小さい．波長よりもまばらな気体分子で発生した散乱は，発生場所，発生時刻，観測者までの距離がばらばらなので，互いに干渉することなく，全く独立した光として観測者の目に飛び込ん

でくる．

　一方，地上の濃い大気中やガラス中では，電気双極子放射同士が完全に干渉し合い，一般的に，散乱は観測されない．濃い大気中やガラス中での散乱については，次の「重ね合わせが決める波の進み方」（p.32）で考察する．

図6：希薄な大気の散乱

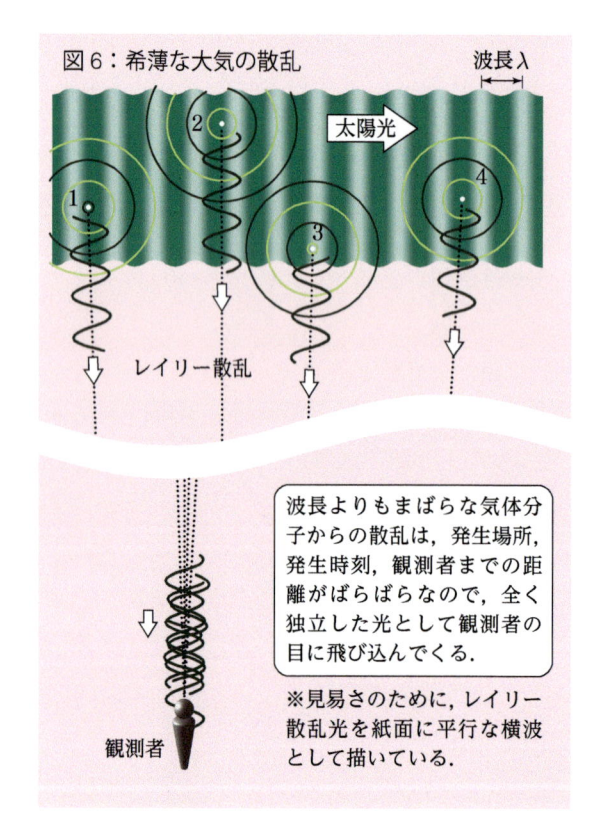

波長 λ

太陽光

レイリー散乱

観測者

波長よりもまばらな気体分子からの散乱は，発生場所，発生時刻，観測者までの距離がばらばらなので，全く独立した光として観測者の目に飛び込んでくる．

※見易さのために，レイリー散乱光を紙面に平行な横波として描いている．

2. ガラスの中で光は何をしているのか

図7：水に分散させた球状シリカ微粒子による散乱

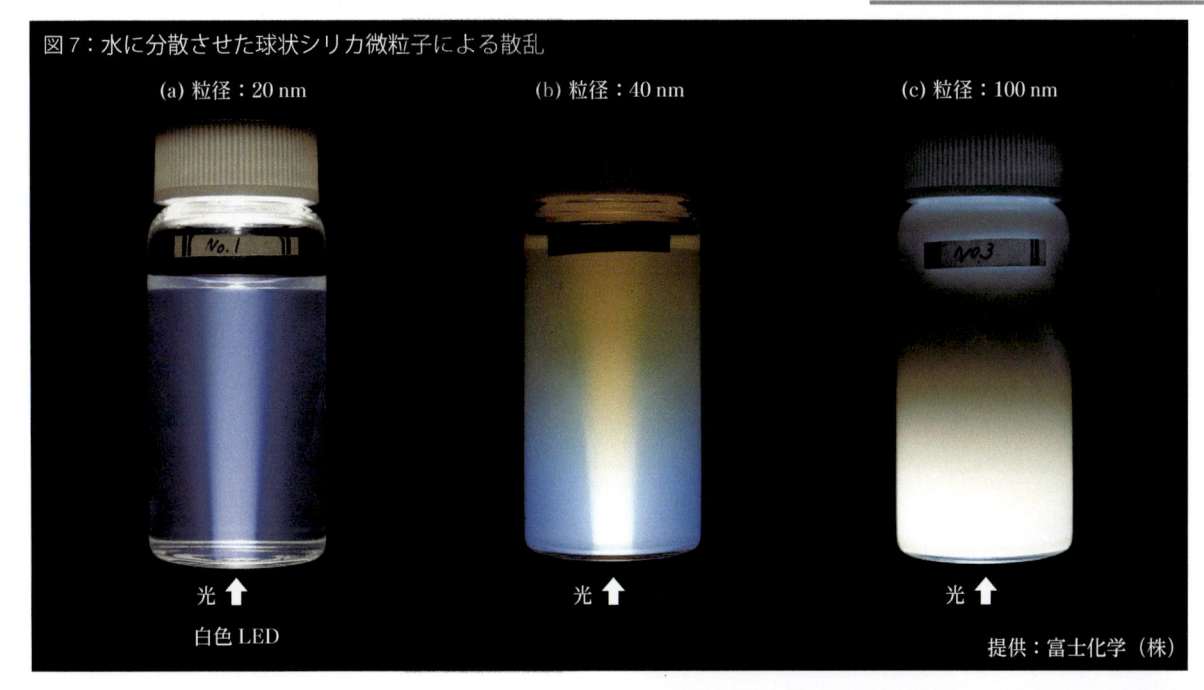

(a) 粒径：20 nm   (b) 粒径：40 nm   (c) 粒径：100 nm

光 ↑ 白色LED

提供：富士化学（株）

粒子サイズと散乱の関係

レイリー散乱は，波長に比べて十分に小さい粒子（波長の数十分の1以下）が，波長よりもまばらに分散している場合に観測される．ここでは，水に分散させたシリカの微粒子による散乱が，粒子のサイズによって変化するようすを見ていこう．

図7(a) 粒径20 nmの場合，粒径が波長に比べて十分に小さく，レイリー散乱が起こる．レイリー散乱では，図8のように，周波数が高く波長が短い光ほど強く散乱されるため，青い散乱光が観測される（青：400 nmは赤：650 nmの約7倍強く散乱される）．これは，空が青く見える理由と一緒である．

図7(b) 粒径40 nmでは，レイリー散乱に加えて，ミー散乱も起こっている．ミー散乱とは，散乱を起こす粒子のサイズが波長と競合する場合の散乱である（p.37 参照）．ミー散乱は，散乱強度の波長依存性が少なく，白い光を散乱する．雲が白く見えるのは，雲を構成する水滴や氷の粒によるミー散乱のためである．(b)では，レイリー散乱による青とミー散乱による白が混じり合っている．まず，レイリー散乱によって青系の色が散乱された後，生き残った赤系の透過光が，さらにミー散乱されて，ビンの上部全体が赤く色付いている．これは，空が夕焼けに染まるのと同じ現象である．

図7(c) 粒径100 nmでは，強いミー散乱によって下半分は白雲の状態，上半分は透過光が遮られて黒雲の状態になっている．

球状シリカ微粒子（粒径：150 nm）の走査型電子顕微鏡写真
提供：富士化学（株）

図8：水に分散させた球状シリカ微粒子（粒径：20 nm）の透過スペクトルと散乱スペクトル

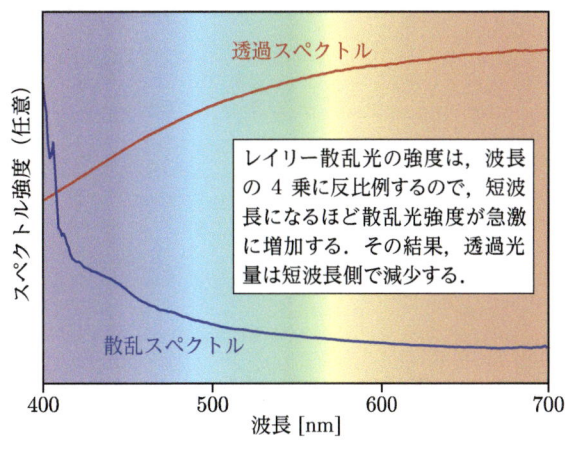

レイリー散乱光の強度は，波長の4乗に反比例するので，短波長になるほど散乱光強度が急激に増加する．その結果，透過光量は短波長側で減少する．

重ね合わせが決める波の進み方

ある時刻にある場所で光同士が出会って干渉するとき,「重ね合わせの原理」に従って足し合わされる. ここでは, ガラス内で発生した膨大な数の散乱光が重ね合わされた結果として, 光の進み方が決まるようすを, 見ていくことにしよう.

どれほど膨大な数の散乱が重ね合わされるのか

ガラスの中を光が通るとき, 光電場によって励起された電気双極子振動が, すぐさま散乱光を再放射する. この散乱プロセスは, 原子の密度で発生する. ここでは, まず, どれほど膨大な数の散乱の重ね合わせが行われるのかを, イメージしておこう.

図1のようにガラスなどの物質の平均原子間距離（0.2 nm 程度）を野球ボールの直径に見立てると, 可視光の波長 500 nm は野球のスタジアムの直径に相当する. スタジアム全体が, おびただしい数の野球ボールで埋め尽くされた状態を想像してほしい. 仮に, 原子を 0.2 nm 角の立方体とすると, 1辺が波長 500 nm の立方体には, 約 1.6×10^{10} 個もの原子が詰まっていることになる.

1波長の間に存在する膨大な数の原子が, 同じく膨大な数の散乱を放射する. 1波長内で放出された散乱光は完全に干渉し合う. この光の重ね合わせによって光の進み方が決まっていくのである.

図1：ガラスの平均原子間距離と光の波長とのサイズ比較を, 野球ボールと野球場に例える

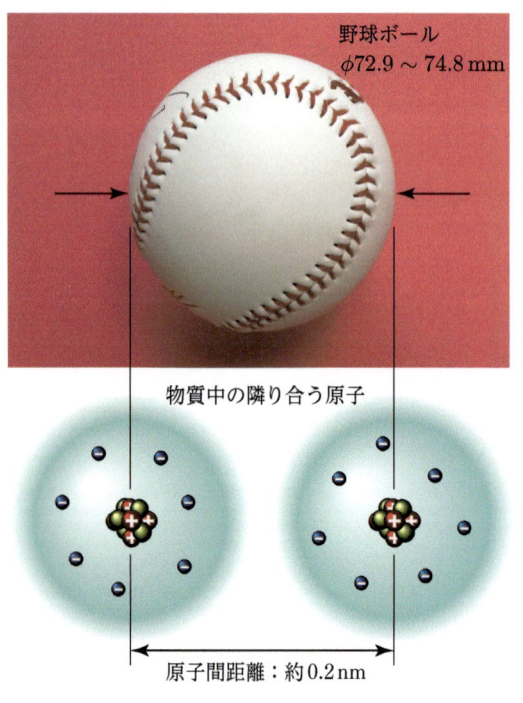

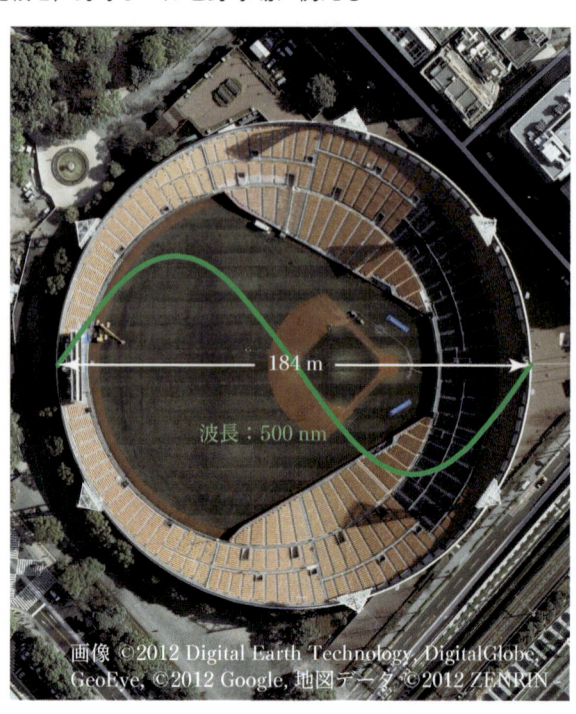

野球ボール
$\phi 72.9 \sim 74.8$ mm

物質中の隣り合う原子

原子間距離：約 0.2 nm

184 m

波長：500 nm

画像 ©2012 Digital Earth Technology, DigitalGlobe, GeoEye, ©2012 Google, 地図データ ©2012 ZENRIN

図2：散乱2次波の伝搬

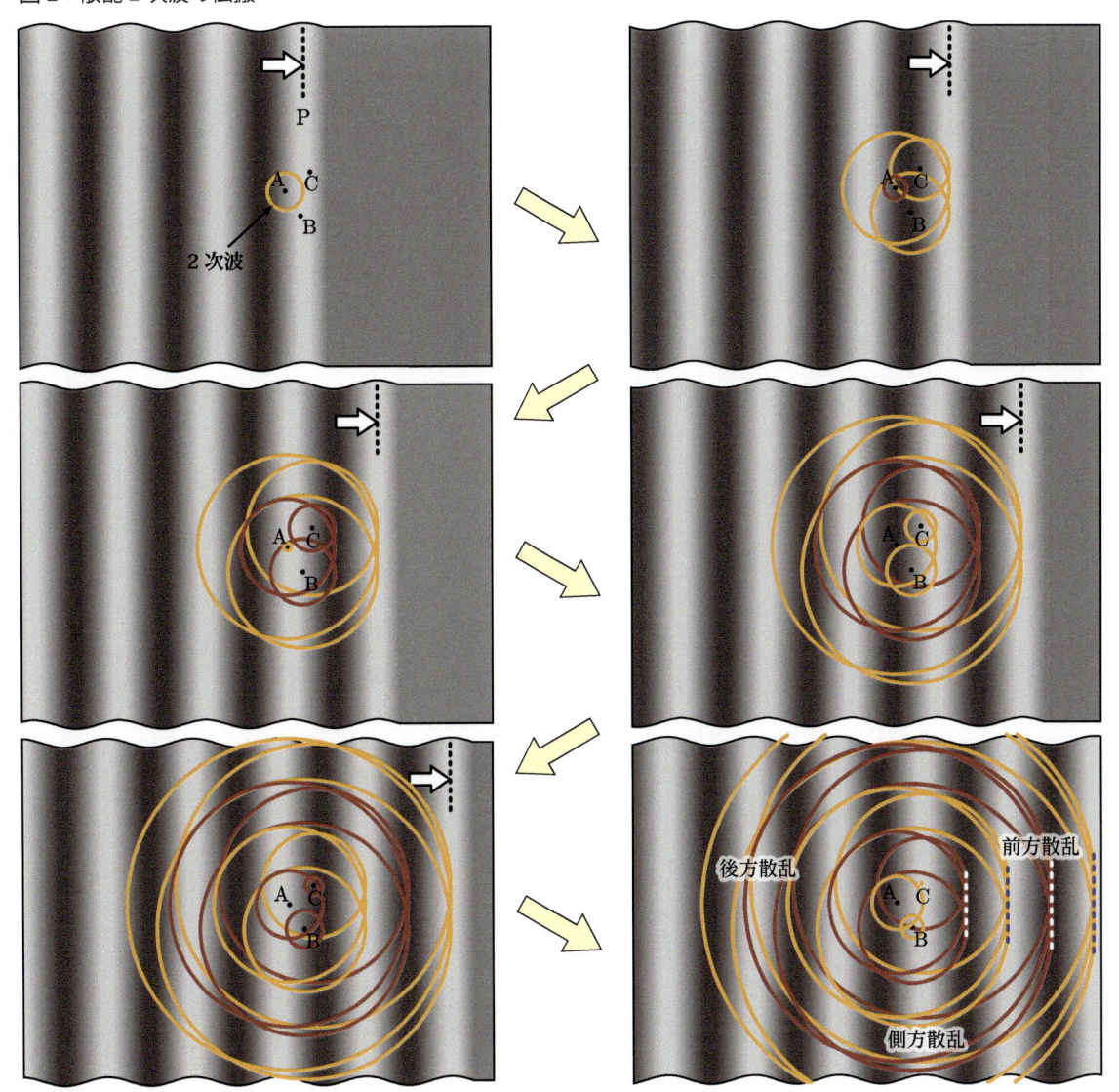

前方散乱だけが強め合う

ガラス内の散乱のようすを時間順に描いた図2で、散乱の重ね合わせを確認しよう。左から右に進む平面波の入射光（1次波と呼ぶ）によって、ランダムな位置に配置された原子A, B, Cから散乱光（2次波と呼ぶ）が放出されるとする。ここでの1次波は、紙面を貫く方向に振動しているので、紙面上では、原子は円形の2次波を放出する。この状況は、水面波が杭に当たって、杭から円形の水面波が広がるようすを想像すればよい。

1次波の山の波面Pに注目する。A, B, Cの順に波面Pが原子に当たり、それぞれの原子で散乱された2次波は、円形に広がる。通常、2次波の位相は1次波からずれるが、2次波の位相は次ページで議論するとして、ここでは、1次波と同位相の波とする。

原子で散乱された2次波の山は、1次波の波面進行に同期して放出されるため、その前方散乱成分は1次波と共に前に進む。時間の経過に伴って、各原子は、1次波の進行に同期して2次波の山、2次波の谷の放出を繰り返す。2次波のうち前方に散乱される成分は、散乱源となる原子の位置や数とは無関係に、同位相で1次波と一緒に進み、2次波の前方散乱成分は互いに強め合う。一方、後方散乱成分や側方散乱成分は、散乱源の位置の違いを反映して位相がばらばらになり、互いに弱め合う。この状況は、原子の数が増えても変わらない。ガラス中では、1次波の伝搬方向と一致する前方散乱成分だけが伝搬し、それ以外の散乱は、全て打ち消し合って消滅してしまうのである。

図3：原子面からの2次波の放出①

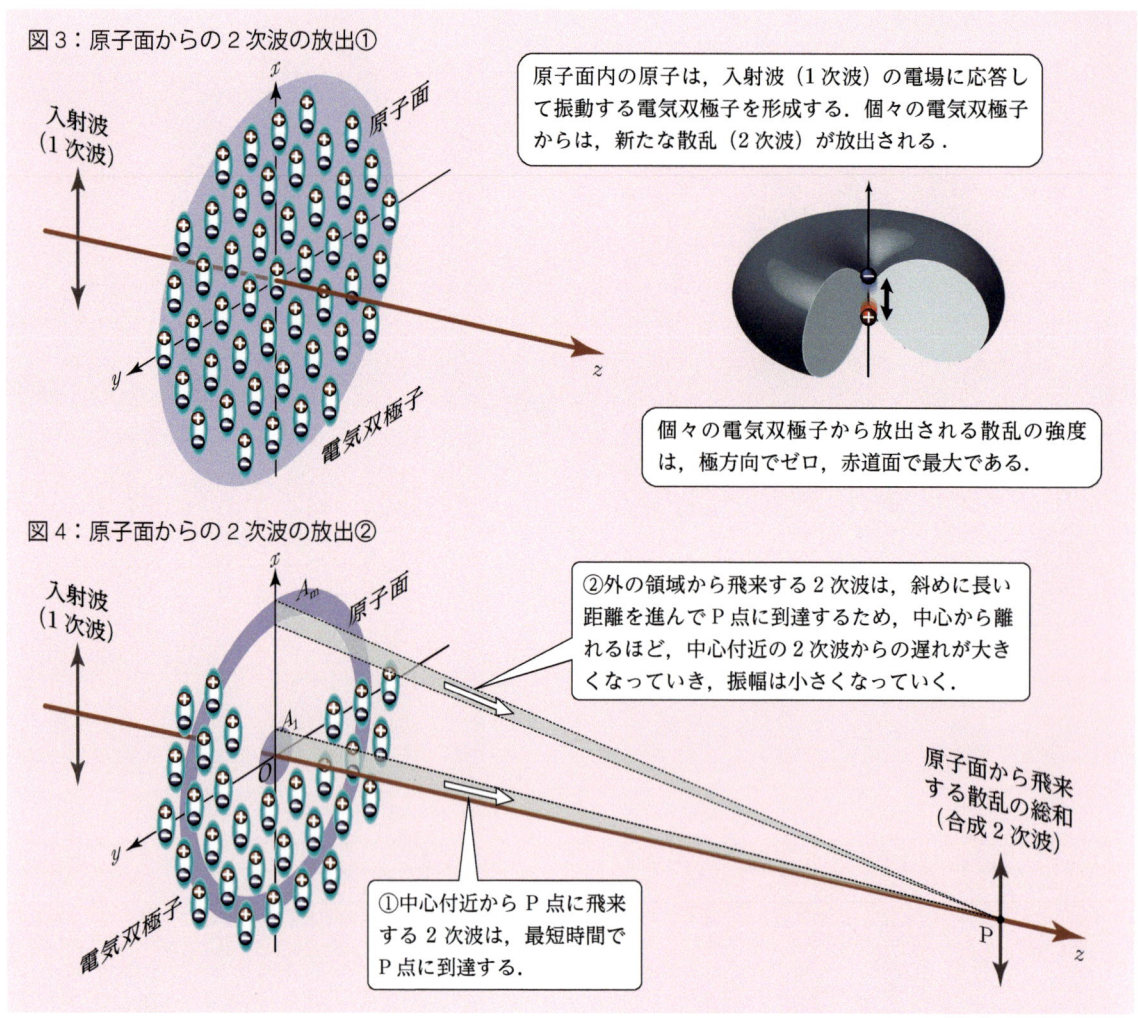

入射波（1次波）

原子面

電気双極子

原子面内の原子は，入射波（1次波）の電場に応答して振動する電気双極子を形成する．個々の電気双極子からは，新たな散乱（2次波）が放出される．

個々の電気双極子から放出される散乱の強度は，極方向でゼロ，赤道面で最大である．

図4：原子面からの2次波の放出②

入射波（1次波）

原子面

電気双極子

②外の領域から飛来する2次波は，斜めに長い距離を進んでP点に到達するため，中心から離れるほど，中心付近の2次波からの遅れが大きくなっていき，振幅は小さくなっていく．

①中心付近からP点に飛来する2次波は，最短時間でP点に到達する．

原子面から飛来する散乱の総和（合成2次波）

合成2次波は1次波からさらに90°遅れる

図3，図4のように，ある原子面内の原子が，1次波の電場に応答して電気双極子を形成し，2次波を放出する．中心付近からP点に飛来する2次波は最小時間でP点に到達するが，外側の領域から飛来する2次波は，斜めに長い距離を進んでP点に到達するために，中心から離れるほど位相遅れが大きくなり，振幅が弱くなる．原子面からの2次波の矢印（p.16参照）を，中心から外の領域に向かって全て足し合わせると，図5のように，少しずつ右回りしながら足し合わされていく．矢印は次第に短くなるため，蚊取り線香のような螺旋を描きながらy軸上のある点に収束する．座標原点からy軸上の収束点まで引いた矢印が合成2次波の矢印である．つまり，ある原子面からの合成2次波は，1次波からさらに90°位相が遅れるのである．

図6に合成2次波形成の一連の流れ，図7に合成2次波の振幅と位相遅れの周波数依存性をまとめる．

図5：合成2次波の矢印

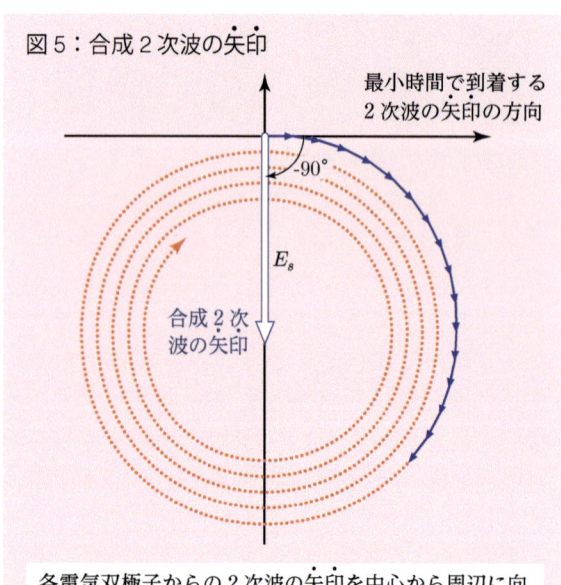

最小時間で到着する2次波の矢印の方向

−90°

E_s

合成2次波の矢印

各電気双極子からの2次波の矢印を中心から周辺に向かって全て足し合わせる．外の領域から来る2次波ほど，少しずつ到着が遅れるので矢印は少しずつ右回り，少しずつ弱くなるので矢印は少しずつ短くなる．

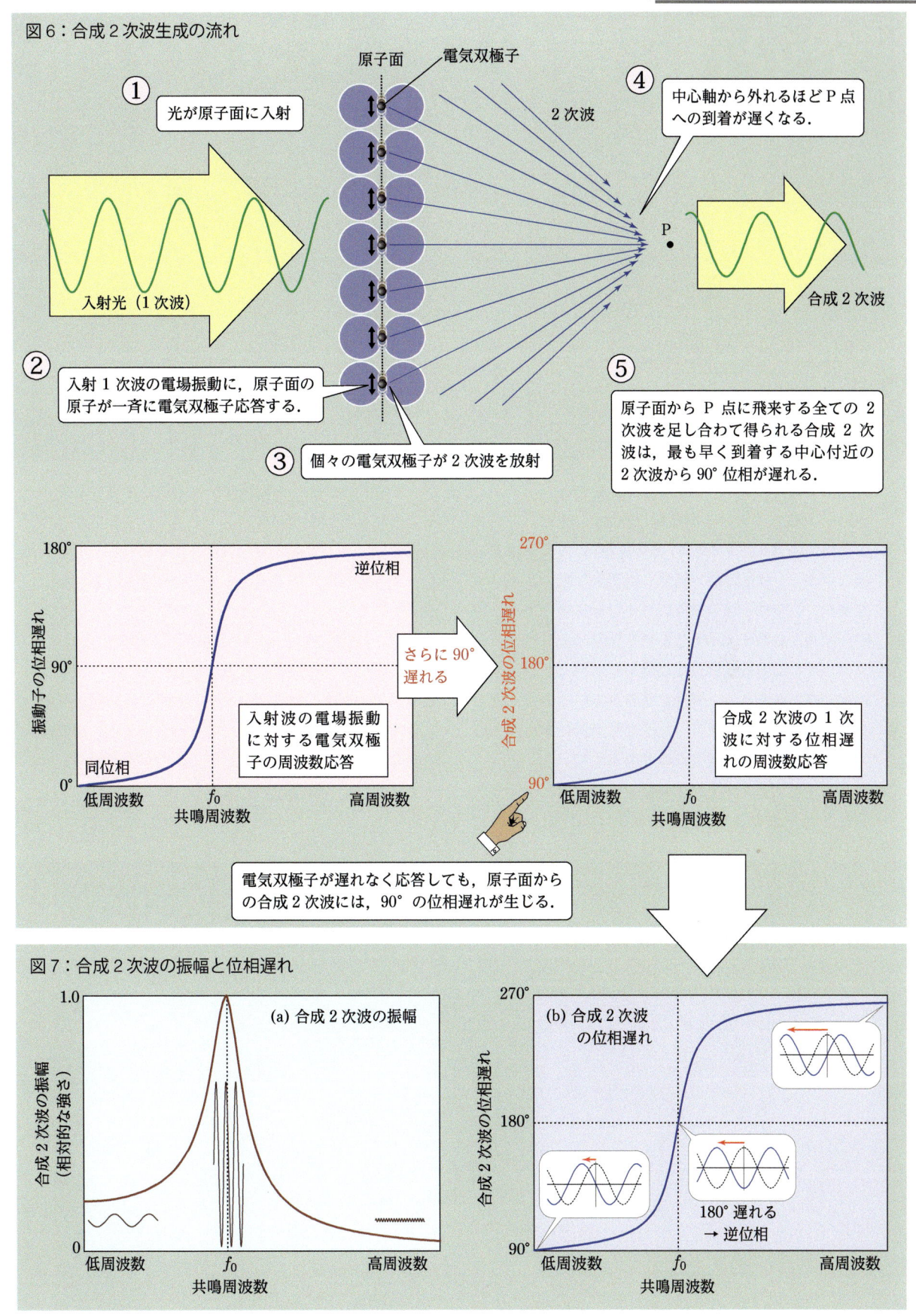

2. ガラスの中で光は何をしているのか

図6：合成2次波生成の流れ

① 光が原子面に入射

② 入射1次波の電場振動に，原子面の原子が一斉に電気双極子応答する．

③ 個々の電気双極子が2次波を放射

④ 中心軸から外れるほどP点への到着が遅くなる．

⑤ 原子面からP点に飛来する全ての2次波を足し合わて得られる合成2次波は，最も早く到着する中心付近の2次波から90°位相が遅れる．

入射光（1次波） / 原子面 / 電気双極子 / 2次波 / 合成2次波

入射波の電場振動に対する電気双極子の周波数応答（振動子の位相遅れ：同位相〜逆位相，f_0 共鳴周波数）

さらに90°遅れる

合成2次波の1次波に対する位相遅れの周波数応答

電気双極子が遅れなく応答しても，原子面からの合成2次波には，90°の位相遅れが生じる．

図7：合成2次波の振幅と位相遅れ

(a) 合成2次波の振幅

(b) 合成2次波の位相遅れ

180°遅れる → 逆位相

空の青，雲の白，夕焼けの赤

大気圏上層でのレイリー散乱が青空を作る

　地上大気の平均分子間距離は約3.3 nmで，可視光の波長の1/100以下である．この密度は，ガラスほどではないが，1波長の中で発生した膨大な数のレイリー散乱が，完全に干渉し合うのに十分な密度である．実際，地表から数十 km 上空までで発生したレイリー散乱は，その前方散乱成分が透過光を形成し，それ以外は全て打ち消される．青空に寄与しているのは，地表から数十 km 以上上空の，分子密度が低い大気圏上層で発生したレイリー散乱なのである．

　もし，地上の大気で発生したレイリー散乱が打ち消し合わないとすると，分子密度的に大気圏上層の約300万倍ものレイリー散乱が，地表近くで発生していることになる．それが本当なら，見ている景色が遠ければ遠いほど，青系の光が散乱により失われ，赤みがかって見えるはずである．しかし，何十 km 離れた山並みを見ても，そんなことは起こらない（p.37 上の写真参照）．実際に見える遠くの景色は，晴天の日には，青空に照らされるために青みがかり，大気中の微細な塵埃粒子，水滴，水蒸気など光の波長に近い粒子を散乱源とするミー散乱によって白っぽく見える．空気が乾燥した冬よりも，春先の方が，景色が白く霞んで見えるのは，ミー散乱のためである．

図1：大気圏上層で発生するレイリー散乱

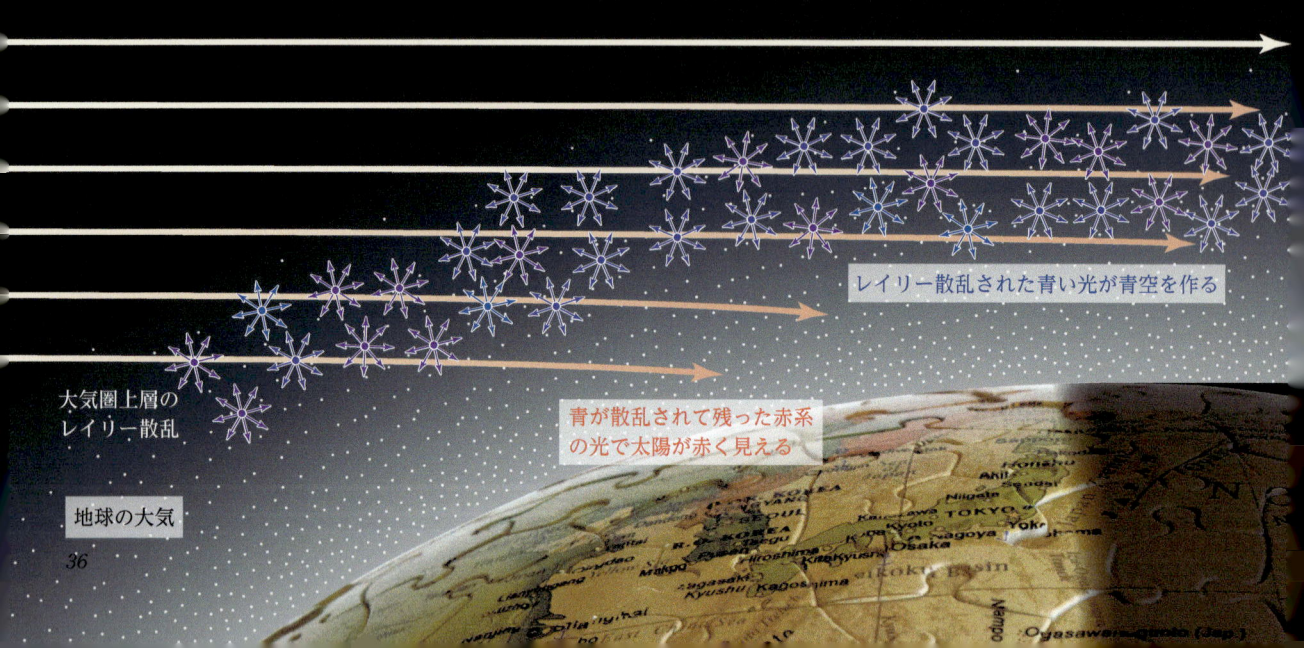

レイリー散乱された青い光が青空を作る

大気圏上層のレイリー散乱

青が散乱されて残った赤系の光で太陽が赤く見える

地球の大気

高尾山から望む新宿副都心 (距離約 40 km) と東京スカイツリー (距離約 50 km)

水滴のミー散乱が雲の白を作る

図2でレイリー散乱とミー散乱を比較しよう．レイリー散乱は，散乱源の粒子サイズが波長に対して無視できるため，単一の電気双極子として光を散乱する．振動軸方向から見た放射パターンは，基本的に円形である．一方，ミー散乱では，粒子サイズが波長に対して無視できず，位相がずれた電気双極子の集合体として光を放射する．その結果，波長依存性が薄れ，各部からの散乱が干渉して，粒子サイズに依存する複雑な放射パターンになる．雲が白く見えるのは，雲を形作る水滴によるミー散乱のためである．

レイリー散乱により青系の光が失われ，生き残った赤い光が目に届くのが，夕日が赤く見える理由である．さらに，夕焼けが空に広がるのは，生き残った赤い光がさらにミー散乱されるからである．そのため，夕焼けの出方は，大気に含まれる水蒸気やチリの状態に大きく左右される．大気が澄んで乾燥している日には，きれいな夕焼けは見られない．

図2：レイリー散乱とミー散乱

(a) レイリー散乱
入射光
原子 → 単一の電気双極子
入射光
原子
振動軸方向から見た
レイリー散乱（原子）
の放射パターン

(b) ミー散乱
入射光
波長程度の粒子 → 電気双極子の集合体
入射光
粒子
振動軸方向から見た
ミー散乱（粒径 2 μm）
の放射パターン例[1]

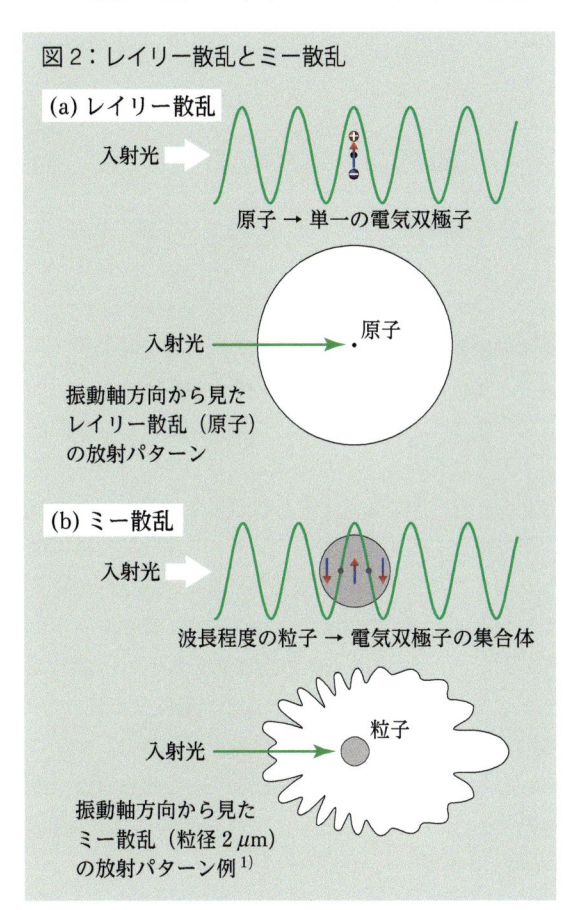

レイリー散乱による青い空とミー散乱による白い雲

レイリー散乱の偏光特性

電気双極子放射は，電気双極子の振動方向に偏光している．水に分散させた球状のシリカ微粒子（粒径 20 nm）が発するレイリー散乱で，偏光の方向を確認してみよう．シリカ微粒子に下から白色 LED 光を入射して，入射光線と垂直な真横から撮影したのが図 3(a)，偏光フィルムを半分まで入れて撮影したのが図 3(b) である．偏光フィルムの透過軸は，入射光線方向に合わせてある．(b) では，レイリー散乱光をほぼ完全に消すことができている．

入射している白色 LED 光はランダム偏光だが，シリカ微粒子からのレイリー散乱は，図 4 に示すように，電気双極子の振動方向に偏光している．その振動軸は，必ず入射光線と直交する水平面内にあるので，カメラに向かうレイリー散乱光は，全て水平面内に振動する偏光である．透過軸がそれと直交するように偏光フィルムを挿入したことで，レイリー散乱光をほぼ完全に消すことができたのである．

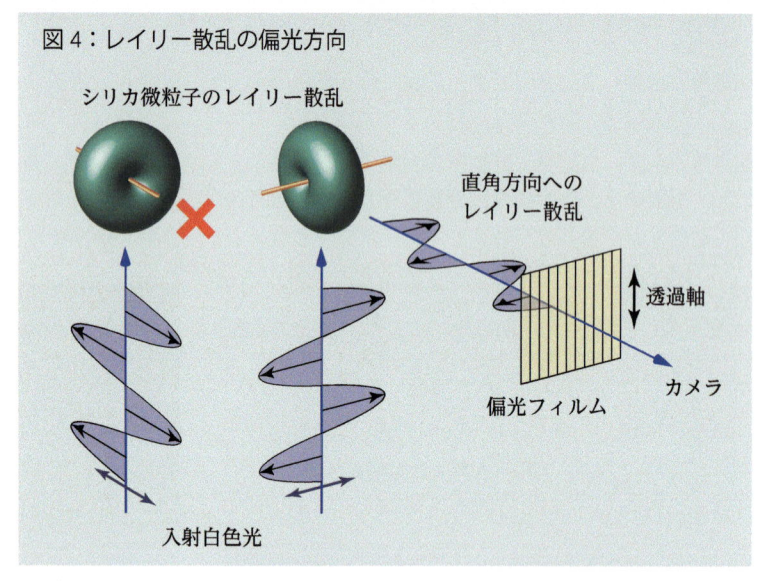

図 3：レイリー散乱の偏光

図 4：レイリー散乱の偏光方向

青空の偏光

レイリー散乱が作る青空は，偏光している．図 5 は，観測者が見る方向によって，青空の偏光が異なるようすを示している．図 5 では，電気双極子の放射パターンが観測者の近くに描いてあるが，レイリー散乱は大気圏上層から来るので，散乱源は観測者から数十 km 以上離れている．

z 軸に沿って進む太陽光はランダム偏光であり，気体分子が放射するレイリー散乱は，xy 面内で振動する偏光である．ここでは，代表的に x 軸方向，y 軸方向の偏光を描く．前方，後方の気体分子が放射するレイリー散乱は，x 成分の偏光，y 成分の偏光とも観測者に届くので，ランダム偏光である．一方，太陽から 90°の方向（左側方，真上，右側方）では，電気双極子の振動軸が観測者に向いている偏光成分は存在せず，太陽光と垂直な面内の偏光成分のみが観測される．

実例を示そう．半月の時の太陽，地球，月の空間配置を表した図 6 から分かるように，半月の方向は太陽から 90°の方向であり，半月付近の空はレイリー散乱が最も偏光している．偏光フィルムを使って比較撮影した図 7 を見てほしい．偏光フィルムの透過軸をレイリー散乱の偏光方向に合わせた (a) では青空が明るいのに対して，透過軸を偏光方向と直交させた (b) では，同じように撮影したにも関わらず，暗くなっている．この比較写真から，レイリー散乱の偏光度は，かなり高いことが分かる．ちなみに，図 7 の写真は日没直後に撮影した．その理由は，コラム「半月の偏光写真」(p.44) を参照いただきたい．

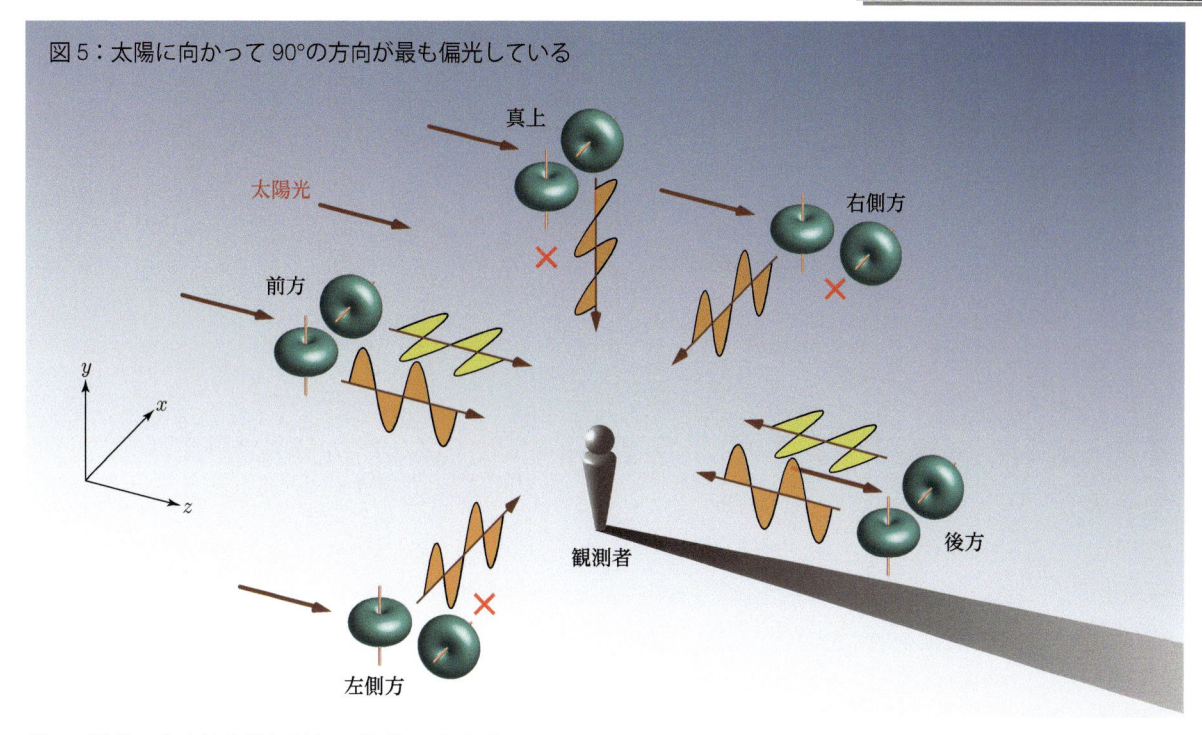

2. ガラスの中で光は何をしているのか

図5：太陽に向かって90°の方向が最も偏光している

図6：半月の方向は太陽に対して必ず90°になる

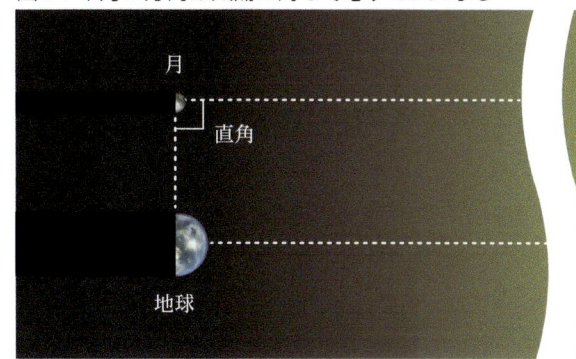

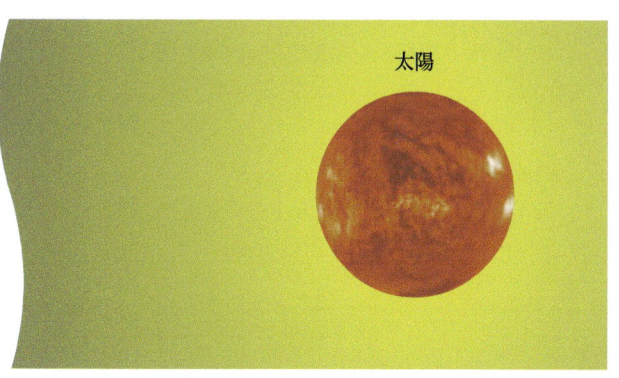

図7：青空（レイリー散乱）の偏光写真

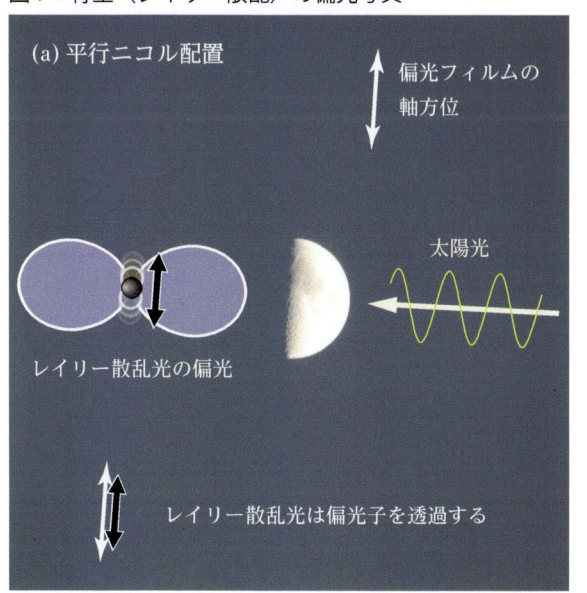

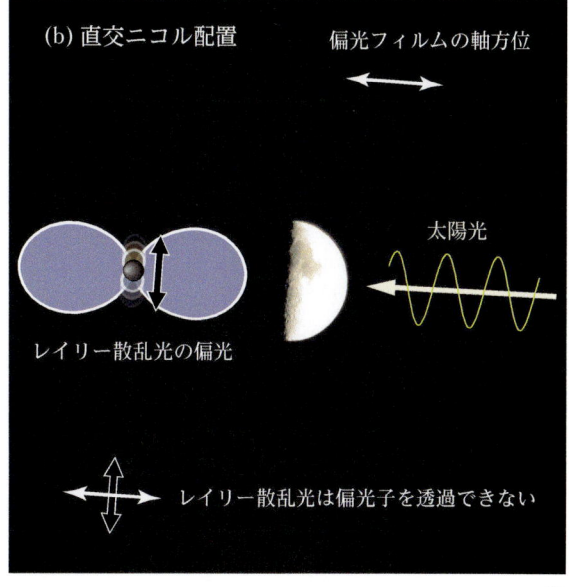

(a) 平行ニコル配置

(b) 直交ニコル配置

39

周波数で変わる光の伝搬速度

プリズムに光を通すと，虹色のスペクトルに分かれる．これは，ガラスの中の光の伝搬速度が波長ごとに異なるために引き起こされる現象である．

プリズム

これまで，ガラス内の原子の散乱によって2次波が形成されるようすを見てきた．ガラス中では，入射した1次波と2次波が足し合わされて，透過波が合成される．ここでは，矢印を使って1次波と2次波の足し合わせを行って透過波を求め，透過波の位相と振幅が，周波数に対してどう変化するのかを調べていこう．

透過波の位相と振幅を調べる

図1と図2は，それぞれ2次波の振幅と位相遅れの周波数特性例である（p.35参照）．図1，図2の共鳴周波数に比べて十分に低い周波数aに注目しよう．周波数aにおける2次波は，図1の長さで，1次波に対して92°右回りに回転した矢印で表される．図3のように，周波数aにおける1次波と2次波の矢印を足し合わせると，透過波を表す最終矢印が得られる．得られた透過波の矢印は1次波から若干右回りに回転しており，その位相は，入射してきた1次波に対して少し遅れることが分かる．

図1：2次波の振幅

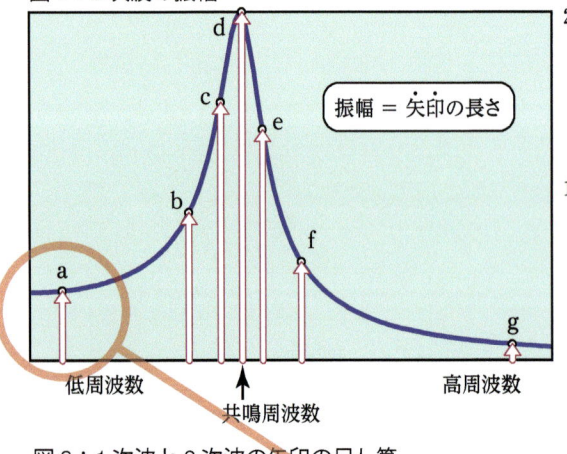

振幅 ＝ 矢印の長さ

低周波数　共鳴周波数　高周波数

図2：2次波の位相遅れ

位相遅れの角度
＝ 矢印が ＋ 方向から右回りに回転する角度

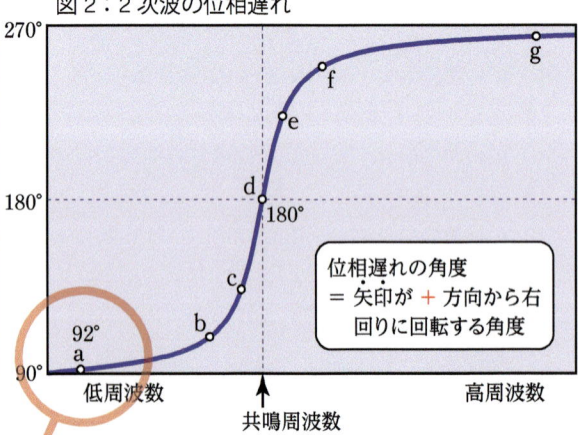

低周波数　共鳴周波数　高周波数

図3：1次波と2次波の矢印の足し算

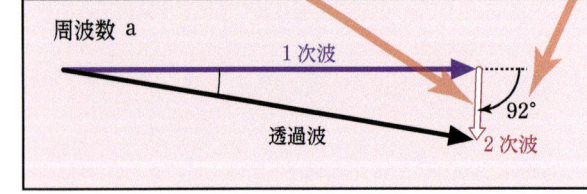

周波数 a

1次波

透過波

2次波

92°

1次波と2次波が足された最終矢印が，透過波である．
透過波の矢印は，1次波から若干右回りに回転している．つまり，透過波は，入射してきた1次波から少し位相が遅れる．

1次波と2次波の足し合わせが透過波になる

図1, 図2を参照しながら, 図4で各周波数 a〜g の1次波と2次波の足し合わせをしていこう.

a. 図3で示した通り, 矢印の足し算で求められた透過波の矢印は, 1次波とほぼ同じ長さで, 1次波に対して若干位相が遅れる.

b. 周波数の増加と共に2次波の振幅が増し, 位相遅れ量は増加する. 矢印の加算を見ると, 2次波の位相遅れが増加した分, 透過波の振幅が減り, その位相遅れ量は増加する.

c. 2次波の振幅と位相遅れ量はさらに増加する. その結果, 透過波の振幅はさらに小さくなり, その位相遅れ量はさらに増加する. ここで, 透過波の位相遅れは極大値をとる. さらに周波数が高くなると, 2次波の振幅と位相遅れ量は増加し, 透過波の振幅はさらに小さくなって, 位相遅れ量は減少に転じる.

d. 共鳴周波数に一致すると, 2次波の振幅は最大, 位相遅れは180°になり, 2次波の矢印は1次波の矢印と反平行になる. その結果, 透過波の矢印の長さは最小, 透過波は1次波と同位相になる.

e. 共鳴周波数より周波数が高くなると, 2次波の振幅は減少し始めるが, その位相遅れ量はさらに増加する. 透過波の振幅は増加し, その位相は1次波より進む. やがて, 透過波の位相進みは最大となる.

f. 2次波の振幅はさらに減少し, その位相遅れ量はさらに増加する. 透過波の振幅はさらに大きくなり, 透過波の位相の進みは減少に転じる.

g. 2次波の振幅はほとんど0になり, 位相遅れはほぼ270°に達する. 透過波は1次波より若干進んでいるものの, その振幅は1次波とほぼ同じになる.

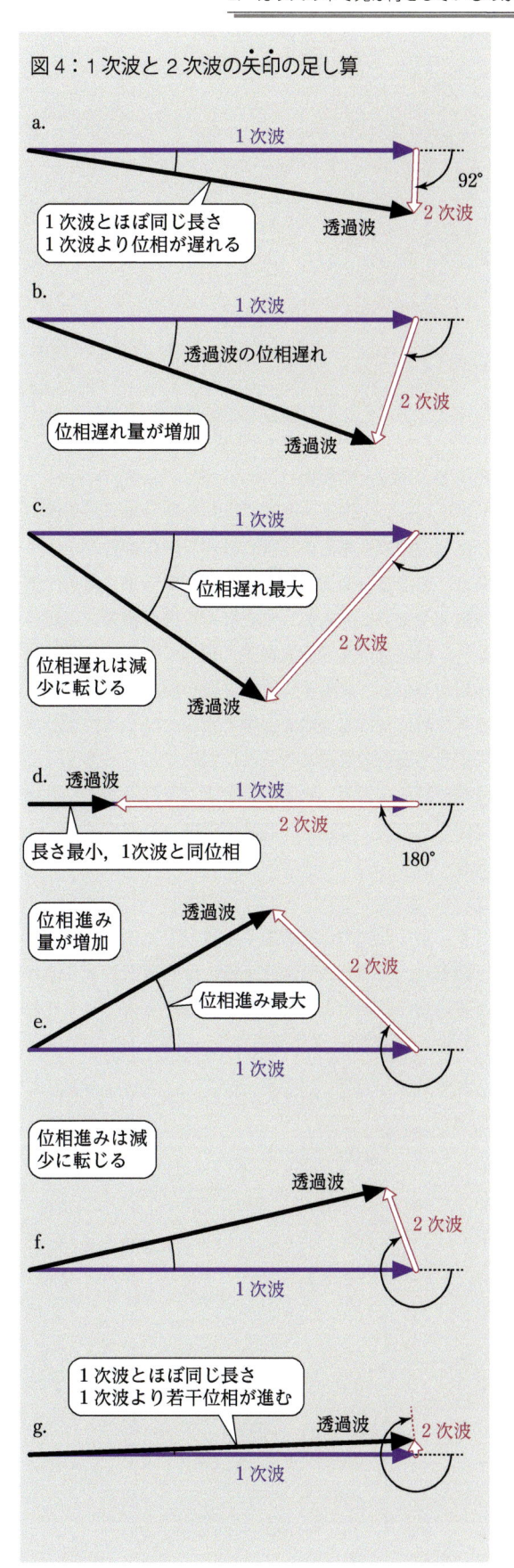

図4：1次波と2次波の矢印の足し算

図5：透過波の振幅と位相遅れの周波数依存性

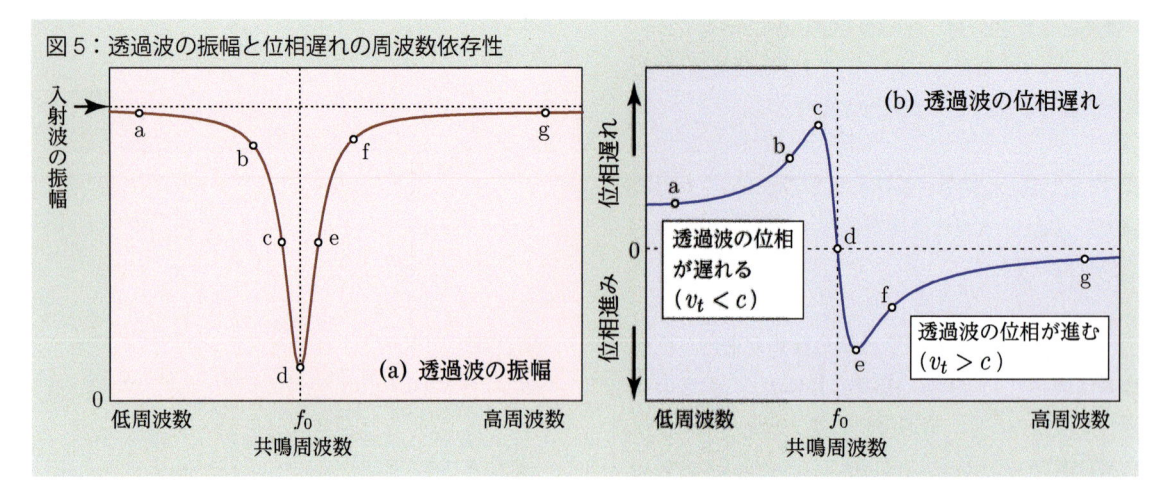

(a) 透過波の振幅

(b) 透過波の位相遅れ

透過波の位相が遅れる（$v_t < c$）

透過波の位相が進む（$v_t > c$）

透過波の振幅と位相遅れ

図5は，1次波と2次波の足し合わせによって得られた透過波の振幅と位相遅れの周波数依存性グラフである．透過波の振幅は，共鳴周波数から遠く離れた周波数aやgでは，入射してきた1次波の振幅にほぼ等しい．周波数が共鳴周波数dに近づくに従い，急激に振幅が減少し，共鳴周波数dで極小値をとる．この共鳴周波数における透過波振幅の大幅な減少は，ガラスによって光が吸収されることに対応する．一方，(b)の位相遅れを見ると，共鳴周波数より低周波数では，透過波は1次波より遅れ，共鳴周波数より高周波数では進む．

ガラス中では光の伝搬速度や波長が変化する

図6は，共鳴周波数より十分に低い周波数aにおける透過波の伝搬のようすである．左から入射してきた1次波は，ある原子面に遭遇すると，原子面が放射する2次波と干渉して，若干遅れた透過波を形成する．その透過波は，次の原子面の入射1次波となり，次の原子面からの2次波と干渉して次の透過波ができる．このように，光は2次波との干渉を繰り返しながらガラス中を右へ右へと透過していき，透過波は累進的に遅れる．その結果，透過波の波長は短くなり，透過波の伝搬速度 v_t は，1次波の伝搬速度（光速 c）に比べて遅くなる．

この伝搬速度 v_t が遅くなる割合を，真空中の光速 c との速度比 c/v_t で定義したものが，屈折率である．ガラスのような透明材料の場合，可視領域における光の伝搬速度 v_t は，図6のように，光速 c より遅くなり，屈折率は1より大きい値をとる．p.54で後述するように，光は，屈折率が異なる二つの物質の境界面を斜めに通過する時，屈折して進行方向が変化する．これは，二つの物質間で光の伝搬速度が異なるために生じる現象である．

図6：透過波の位相遅れと波長の関係（共鳴周波数より十分に低い周波数a）

1次波の波長

透過波の波長 λ_t

原子面に遭遇するたびに，透過波は累進的に遅れる．

1次波

原子面

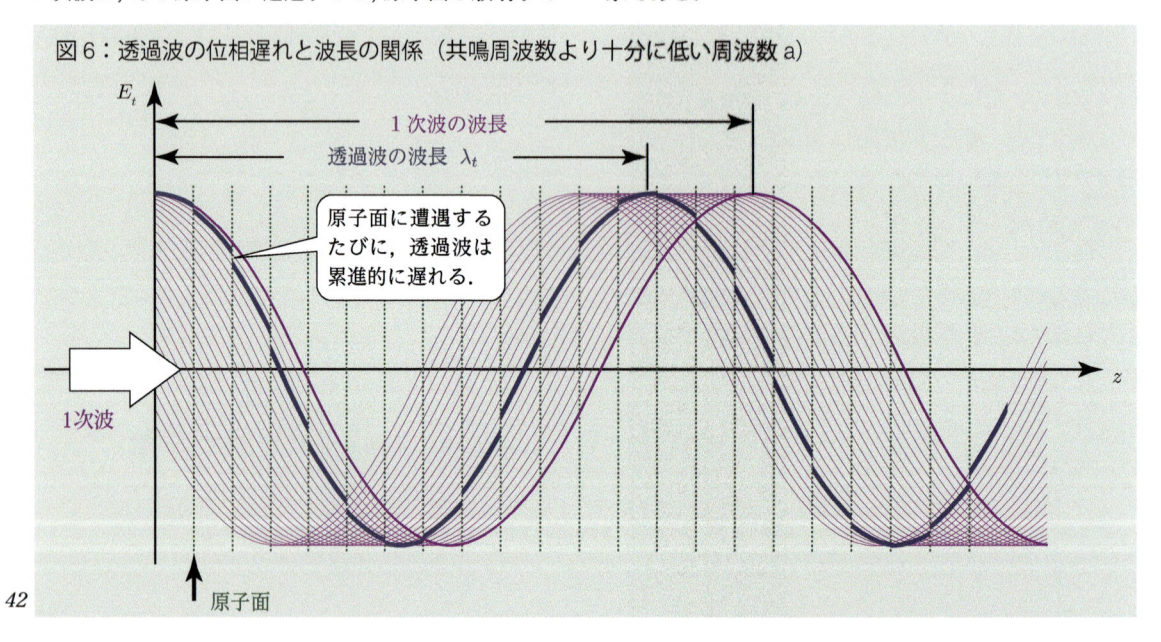

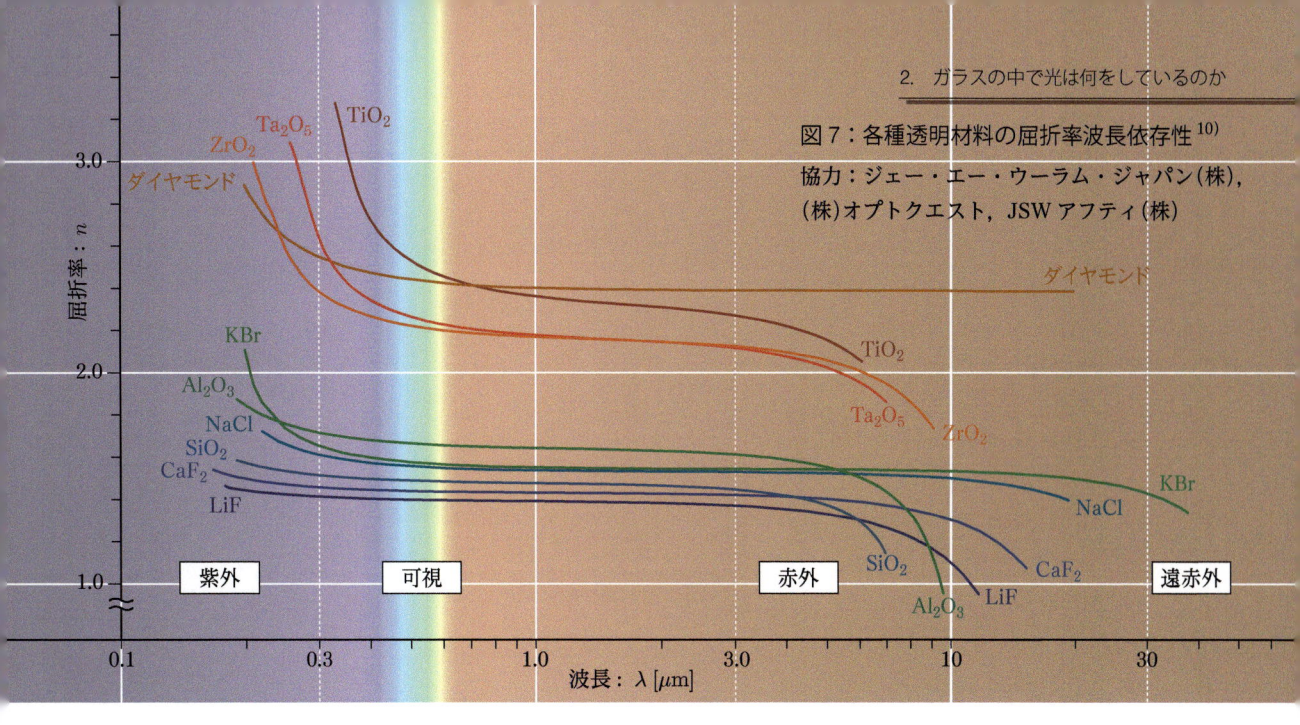

図7：各種透明材料の屈折率波長依存性[10]
協力：ジェー・エー・ウーラム・ジャパン(株),
(株)オプトクエスト，JSWアフティ(株)

代表的な透明材料の屈折率

図7は，代表的な透明材料の波長に対する屈折率カーブである（周波数スペクトルとは左右が逆になる）．電子分極の共鳴周波数は，可視領域より高周波数側の紫外領域にある．可視領域の屈折率カーブは，電子分極によって決まると言ってよく，波長が短いほど透過波の伝搬速度が遅くなり，屈折率は高くなる．材料ごとに共鳴周波数の位置や吸収の強さが違うため，屈折率の大きさやカーブの急峻さが異なる．

なお，イオン結晶の材料（図7のダイヤモンド以外）では，赤外領域で屈折率がさらに下がる．これは，赤外から遠赤外にかけた領域に，結晶中のイオンが光の電場に応答するイオン分極の共鳴吸収が存在するためである．

透過波は遅くも速くもなる

図5(b)で，共鳴周波数より十分に高い周波数 g では，図8のように，透過波が原子面に遭遇するたびに，透過波の位相が累進的に進む．その結果，透過波の位相速度は $v_t > c$ となり，屈折率 n は1を下回って，透過波の波長 λ_t は $1/n$ 倍に長くなる．実際，電子分極の共鳴吸収が存在する紫外領域よりも高い周波数領域，すなわちX線領域では，透過波の位相速度が真空中より速くなり，屈折率は1を下回る．この領域では，空気中から材料に，大きな入射角で光を入れると，光が全て反射される全反射が起こる（全反射については「完全に反射する光」(p.58)を参照）．

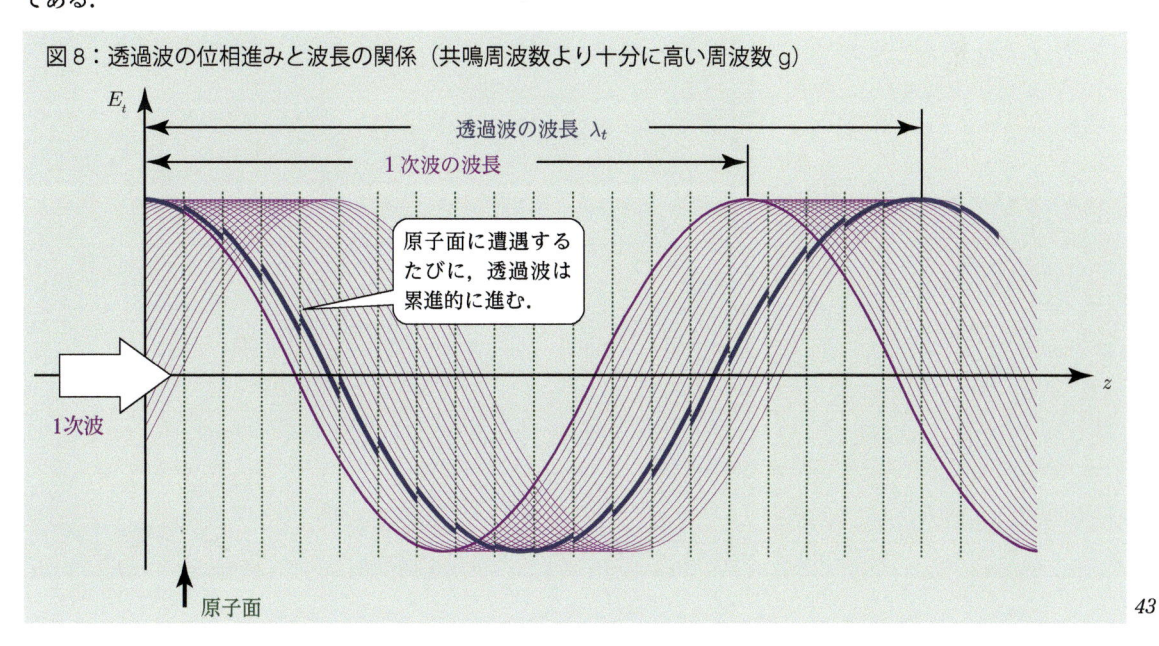

図8：透過波の位相進みと波長の関係（共鳴周波数より十分に高い周波数 g）

COLUMN

半月の偏光写真

半月の偏光写真は，日没後，または日の出前20分前後に撮影すると，偏光コントラストの高い写真を撮ることができます．

地表から上空数十kmまでの大気は，水滴やチリによるミー散乱は起こすものの，レイリー散乱は完全に打ち消し合って，青空を作ることには貢献しません．そのため，日没後（日の出前）の地球の影を利用して，レイリー散乱に寄与しない地上数十kmまでの大気の影響，特にミー散乱の影響を除去します．

右の図では，日没から地球が自転して，地球の影が地上30 kmまで覆うのに掛かる時間を概算しています．

レイリー散乱の偏光コントラストは，季節，撮影場所，その日の大気状態，撮影時間帯，地形などで変わります．大気が乾燥して安定している冬の，日の出前30分頃から日の出までの間に撮影すると，高い偏光コントラストが期待できます．

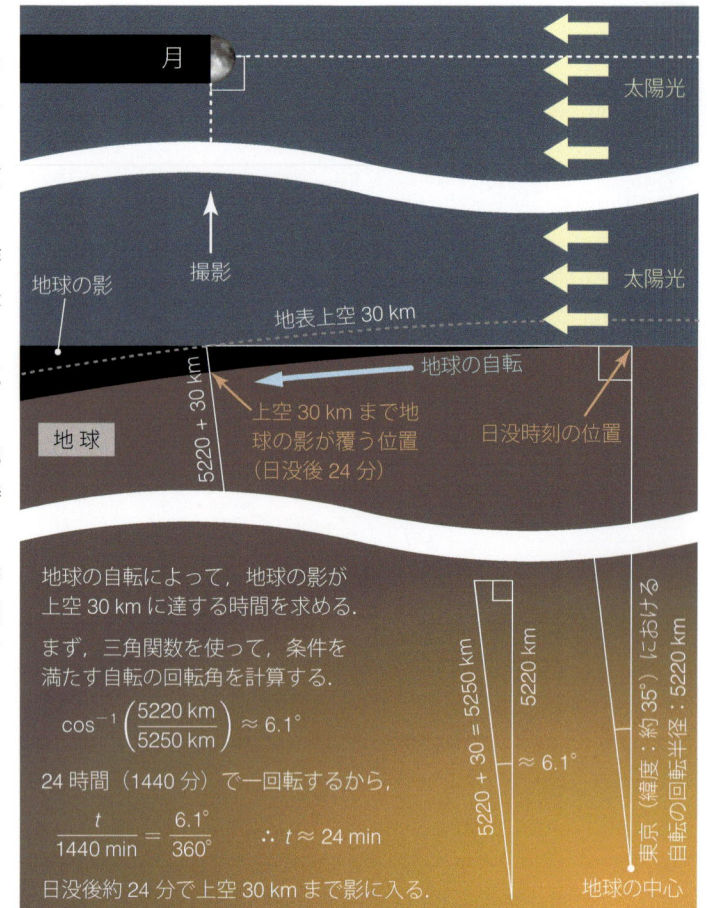

地球の自転によって，地球の影が上空30 kmに達する時間を求める．
まず，三角関数を使って，条件を満たす自転の回転角を計算する．

$$\cos^{-1}\left(\frac{5220 \text{ km}}{5250 \text{ km}}\right) \approx 6.1°$$

24時間（1440分）で一回転するから，

$$\frac{t}{1440 \text{ min}} = \frac{6.1°}{360°} \quad \therefore t \approx 24 \text{ min}$$

日没後約24分で上空30 kmまで影に入る．

球状シリカ微粒子の多様な色彩

レイリー散乱/ミー散乱の説明で示した球状のシリカ微粒子は，分散溶媒の種類や粒径を変えると，分散状態が変わり，コロイド結晶や微結晶が生じて，様々な色を発します．写真は，条件の違うシリカ微粒子の分散液に白色LED光を下方から照射して，発色の違いを撮影したものです．

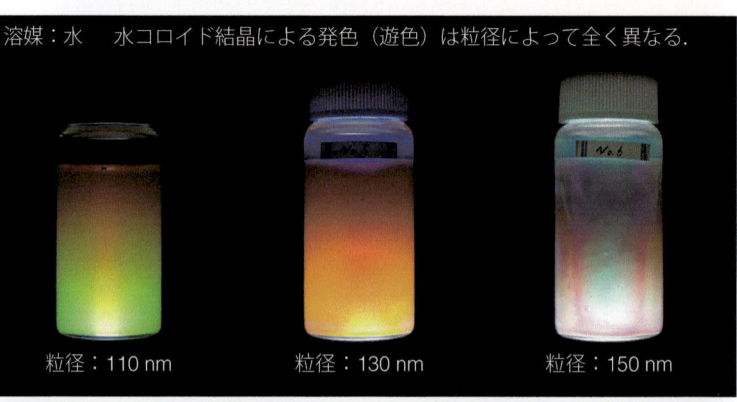

溶媒：水　水コロイド結晶による発色（遊色）は粒径によって全く異なる．

粒径：110 nm　　粒径：130 nm　　粒径：150 nm

溶媒：アクリルモノマー

微結晶が現れキラキラと輝く．

粒径：130 nm

溶媒：エチレングリコール　　遊色は粒径，溶媒に影響される．

粒径：110 nm　　粒径：130 nm　　粒径：150 nm

提供：富士化学（株）

第3章

光の振る舞いを調べる

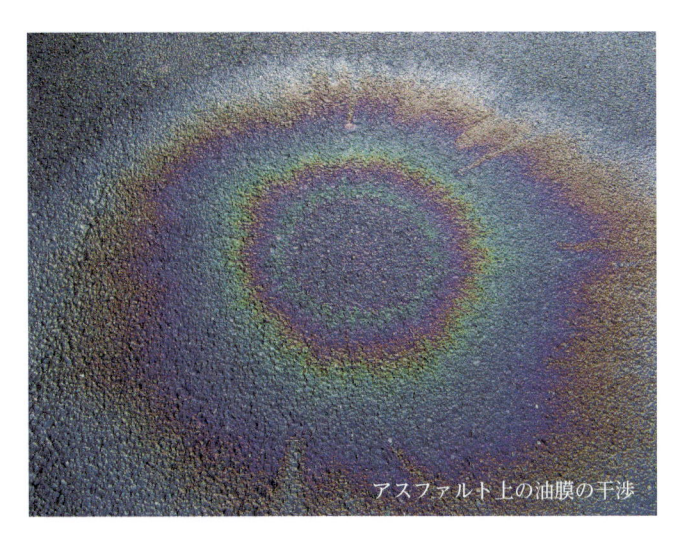

アスファルト上の油膜の干渉

　私たちは，中学・高校で，透過，反射，屈折，干渉，回折などの基本的な光学現象について教えてもらう．本章では，これらの光学現象を，仮想ストップウォッチの矢印を使って，見直していくことにする．矢印の足し合わせという一つのスコープでそれらの光学現象を見渡してみると，別々のものとして学んできた透過，反射，屈折，干渉，回折などの光学現象が，本質的には，それほど変わらないことに気が付くことだろう．

多数決で進む光

炎天下の路上に発生した逃げ水

　直線的に速く進むさまを，「レーザービームのようだ」と例えることがある．私たちにとって，光が直進することは，常識であると言ってよい．しかし，炎天下の路上に見られる逃げ水は，道路上に水があるかのように，自動車や木立の姿が路面に反射して見える現象であり，背景から飛来した光が道路上で曲がって目に飛び込むと考えなければ，説明することができない．光がどんな場合に直進し，どんな場合に曲がるのかは，光の進む方向が矢印の多数決によって決まることを知れば，理解することができる．

光が真っ直ぐ進むのも多数決の結果

　まず，光が直進する場合を考える．図1のように，光源と目を結ぶ色々な経路を想像してみよう．光が目に届く所要時間は，最短距離の経路で最小，遠回りする経路ほど長くなる．ある波長の光が光源を出て，各経路を通り，目に届くまでの所要時間を，観測者が持つストップウォッチの矢印（p.12参照）で考えよう．光が光源を出た瞬間にスタートボタン，目に到着した瞬間にストップボタンを押す．その時の矢印の向きは，到着までの所要時間で決まる．各経路の所要時間をプロットしたグラフは，中央が凹んだお椀状になり，所要時間は中央部で最小になる．矢印の向きに注目すると，お椀の底となる中心付近では，ほぼ同じ方向を向くが，それ以外の遠回りする経路では，各経路間の所用時間差が大きく，矢印の向きはばらばらになる．目に到達する光は，全ての矢印を足し合わせることで求まる．矢印を足し合わせた結果は，所要時間がお椀の底となる中心付近の矢印だけが最終矢印の長さに寄与し，それ以外の矢印は向きがばらばらなので全て打ち消し合う．つまり，矢印の多数決の結果として，光は光源から直線的に目に至る経路を進むのである．

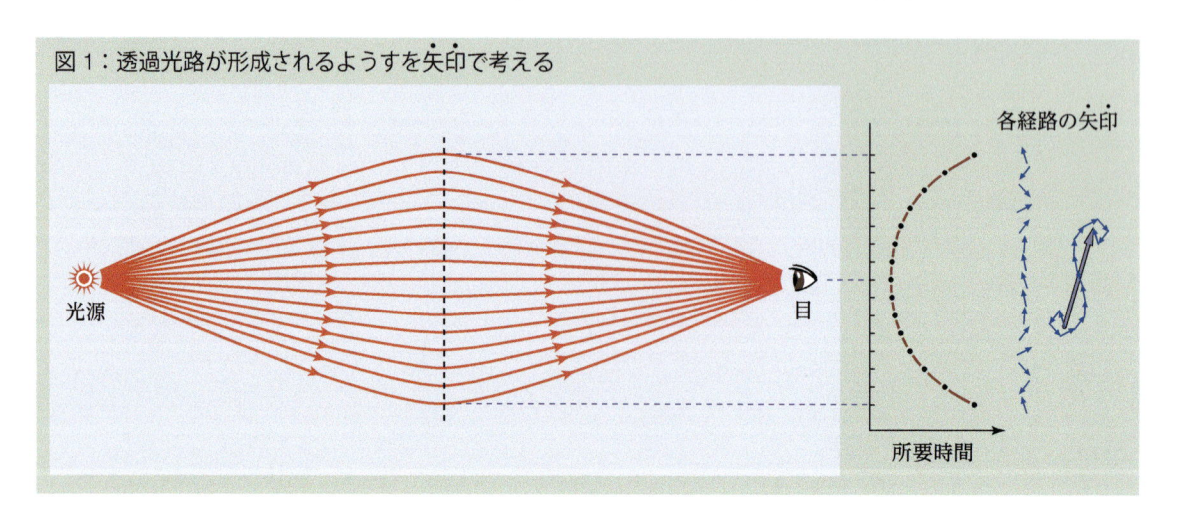

図1：透過光路が形成されるようすを矢印で考える

各経路の矢印

光源　　目　　所要時間

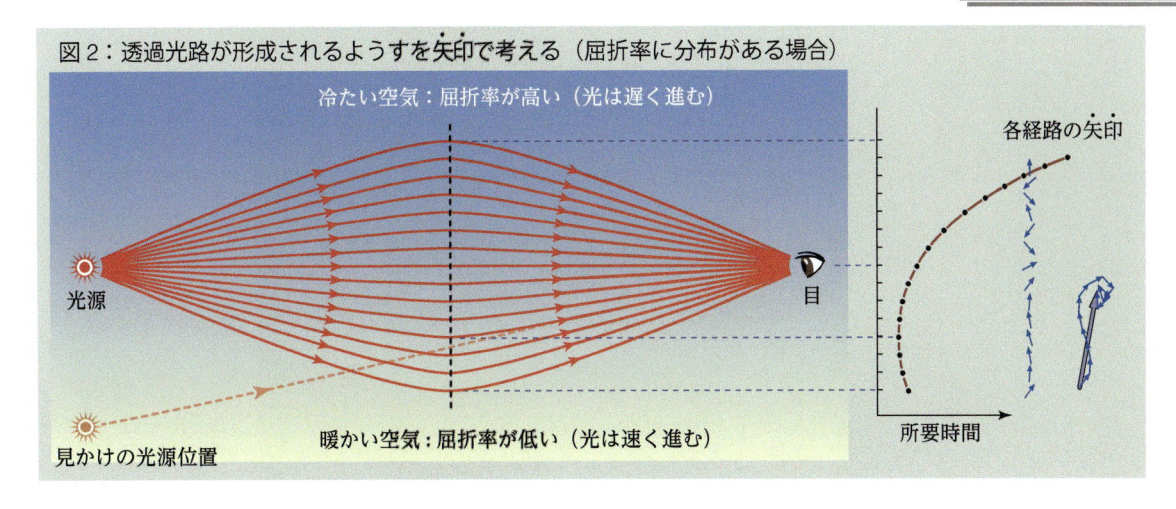

図2：透過光路が形成されるようすを矢印で考える（屈折率に分布がある場合）

冷たい空気：屈折率が高い（光は遅く進む）
暖かい空気：屈折率が低い（光は速く進む）
光源
目
見かけの光源位置
各経路の矢印
所要時間

屈折率分布が多数決の結果に影響を与える

続いて，逃げ水のように，光が曲がる場合の所要時間を考えよう．図2は，光が直進する図1と似ているが，上方の屈折率が高く，下方の屈折率が低い状態を示している．これは，地表付近の空気が，熱い地面に暖められた時に発生する屈折率分布である．屈折率が高いほど光の伝搬速度は遅くなるため，各経路に対する所要時間は上下対称にはならず，下方にずれた経路で所要時間が最小になる．図1の場合と同様に，所要時間がお椀の底となる経路の矢印の向きは揃い，それ以外の経路の矢印の方向はばらばらになる．そのため，全ての矢印を足し合わせると，所要時間が最小となる経路付近の矢印だけが最終矢印の長さに寄与する．結果として，光は，物理的な距離は長いが，所要時間が最小となる下に凸に曲がる経路を進んで目にやってくるのである．人間の脳は，光が真っ直ぐやってきたものと認識するので，光が道路に反射してきたかのように見てしまう．光は，遠回りでも，速く進める経路を，多数決で選んでいるのである．

図2の逃げ水とは逆に，海上では，上空の空気は温度が高く（屈折率が低く），冷たい海水で冷やされた海面付近の空気は温度が低い（屈折率が高い）といった状態が発生することがある．これは，図2の上下が反転した屈折率分布である．この場合，光は上に凸に曲がって目に届くので，船や対岸の町が上に引き延ばされたように見える．これが蜃気楼である．日本では，オホーツク海沿岸，富山湾沿岸，琵琶湖周辺などが，蜃気楼の発生スポットとして有名である．下の写真は，2009年に新たに見つかった大阪湾の蜃気楼である．

2009年，新たに見つかった大阪湾の蜃気楼（須磨海岸から撮影）　撮影：長谷川能三氏（大阪市立科学館）

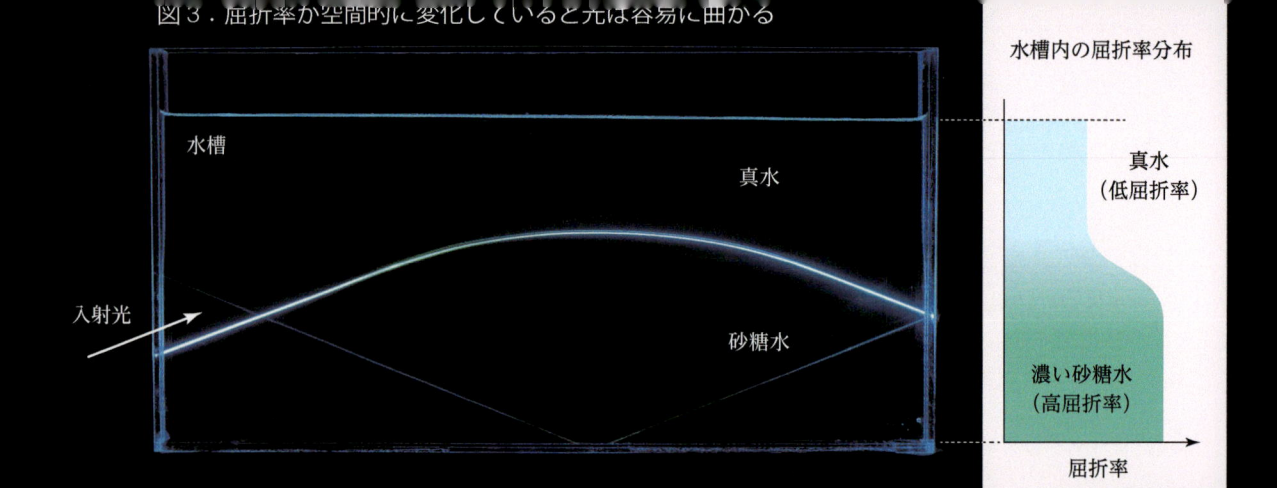

図3：屈折率が空間的に変化していると光は容易に曲がる

水槽内の屈折率分布

水槽
真水
入射光
砂糖水

真水（低屈折率）
濃い砂糖水（高屈折率）
屈折率

曲がる光を再現する

　蜃気楼のように，上に凸に曲がる光は，下方の屈折率が高く，上方の屈折率が低い屈折率分布を作り出せば，室内で再現することができる．高い屈折率は濃い砂糖水，低い屈折率は真水を使用し，光路を可視化するために，微量の蛍光色素を混ぜる．砂糖水を水槽に入れて，その上に真水を静かに流し込めば，実験準備は完了である．レーザー光を下方から斜めに入射し，横から観察すると，砂糖水と真水の境界付近で光が曲がって進むようすを見ることができる（実験方法の詳細は，コラム「曲がる光の実験」（p.74）を参照）．

多数決をコントロールする

　光が直進する図2を，図4で再び考察しよう．光源から出た光は球面波で広がり，スクリーンに向かう光は球面波で集まっていく．この球面波として進む赤線で示した部分は，どの経路でも全く同じ距離である．各経路に所要時間差を与えているのは，直進経路よりも余分な距離を進む緑線で示した部分である．もし，光源とスクリーンの間に「何か」を挿入して，各経路の所要時間を，最も遠回りする経路の所要時間に合わせて遅らせることができれば，各経路の矢印はスクリーンの中心で同じ向きに揃い，大きな最終矢印が作られるはずである．

　その一つの方法は，ガラスのように透明で屈折率が1より高い物質を用意し，最短距離の経路ではその物質中の透過距離が長く，周囲に行くほど透過距離が短くなるような形状に加工して，光源とスクリーンの間に挿入することである．その物質中の透過距離が長い経路ほど大きな遅れが生じて，各経路の所要時間を揃えることができる．言わば，経路ごとに所望の遅延を起こさせる光遅延器である．形状が完璧ならば，図5

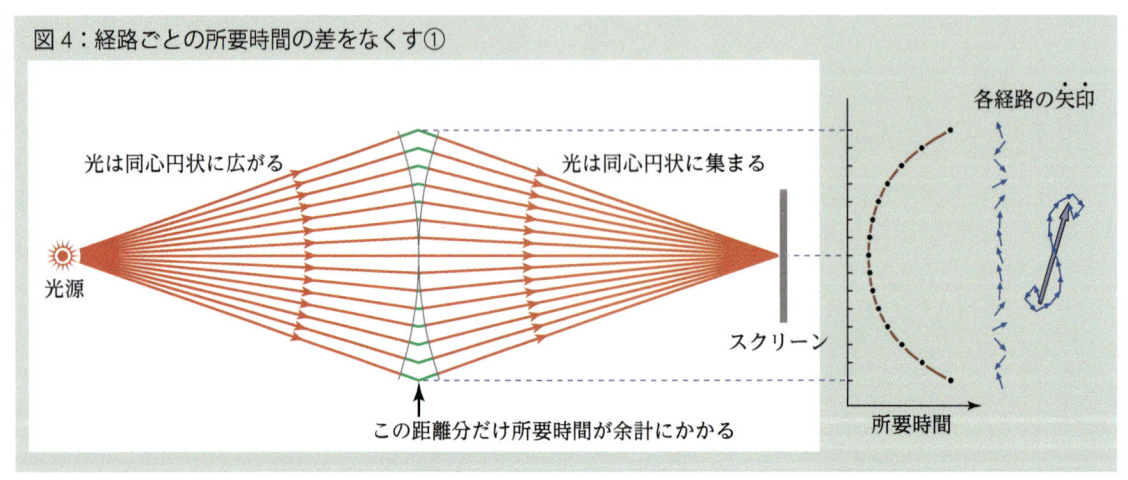

図4：経路ごとの所要時間の差をなくす①

光は同心円状に広がる　　光は同心円状に集まる
光源
スクリーン
この距離分だけ所要時間が余計にかかる

各経路の矢印
所要時間

図5：経路ごとの所要時間の差をなくす②

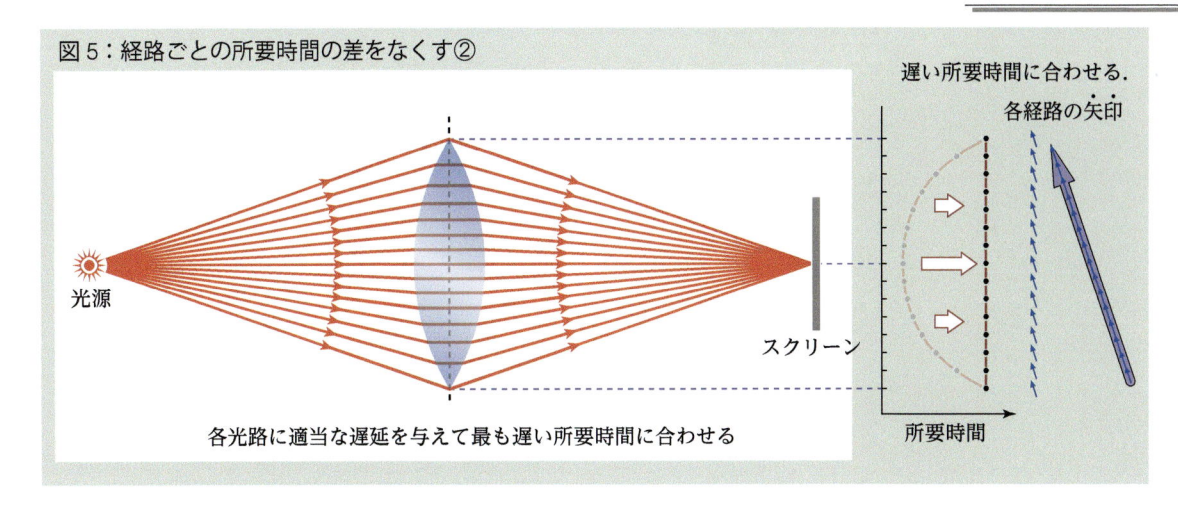

各光路に適当な遅延を与えて最も遅い所要時間に合わせる

のように，光源から広がった全ての光はスクリーン上の一点で完全に強め合う．もちろん，これはレンズである．

レンズの語源は，ラテン語でレンズ豆を表す lentil であると言われている．レンズ豆は，両凸レンズのような形状をした直径 5 mm 程度の豆で，スープなどに入れて食される．

ちなみに，別の方法を用いた光遅延器も存在する．中心部の屈折率が高く，周囲にいくほど屈折率が低くなるものを光路中に挿入し，屈折率差を使って各経路の所要時間のずれをなくす方法である．これは，屈折率分布レンズ（グリンレンズ）という名前で呼ばれている．

光遅延器の性能を上げる

虫眼鏡で物を拡大して見ると，周辺にいくに従って，像がゆがむことに気が付くだろう．また，凸レンズで平行ビームを集光した下の写真では，周辺にいくと焦点がずれている．実は，球面に磨かれたレンズは，光遅延器として「完璧な形状」ではないのである．高性能なレンズでは，表面を非球面形状にしたり，複数のレンズを組み合わせたりすることで，光遅延器としての精度を高めている．

レンズ豆

虫眼鏡

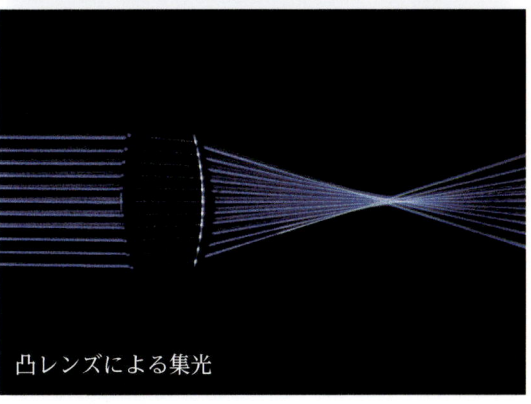

凸レンズによる集光

向きを変える光

御射鹿池

ミクロな散乱2次波の重ね合わせ

高密度媒質の中では，原子が散乱した膨大な数の2次波が干渉し合って，前方散乱以外はすべて打ち消される．しかし，媒質が平坦な表面や異なる媒質との平坦な境界面をもつ場合には，前方散乱以外にも強め合う条件を満たす方向が存在して，後ろ向きに進行する波面が形成される．これが反射である．

光がガラス表面で反射するようすを，原子が散乱する2次波の重ね合わせで考えてみよう．時間順に図1を追えば，反射光が次のプロセスで形成されることを理解できるだろう．

① 左上空からの入射光が物質表面に当たり，原子から2次波が散乱される．
② 後方散乱の2次波が足し合わされて，右上方に向かう同位相の波面が形成される．
③ 同位相の波面は強め合って反射光になる．

図1：反射光の形成

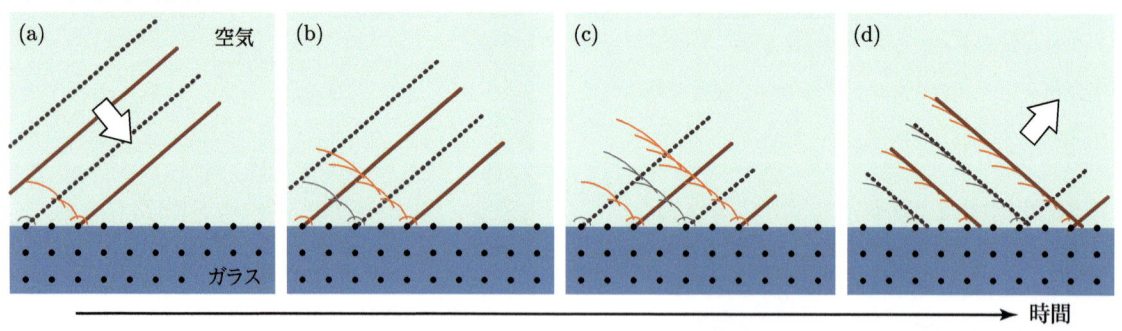

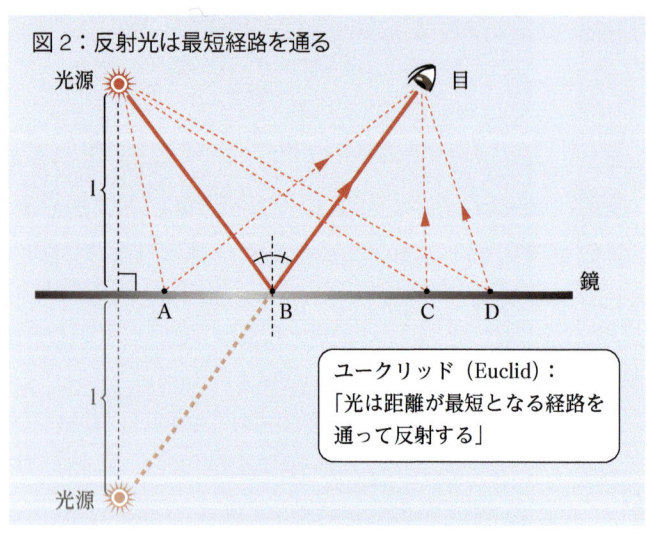

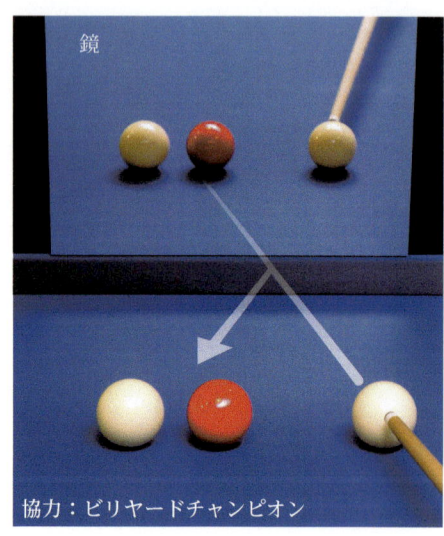

(a) 空気 / ガラス (b) (c) (d) 時間

図2：反射光は最短経路を通る

光源　目　A B C D 鏡　光源

ユークリッド（Euclid）：
「光は距離が最短となる経路を通って反射する」

鏡

協力：ビリヤードチャンピオン

反射の法則

ガラス表面で起こる原子レベルの散乱と干渉の結果は，巨視的には，光の反射という非常にシンプルな光学現象になる．古代ギリシャの幾何学者ユークリッドは，反射について，「光は距離が最短となる経路を通る」と説明した．光源と鏡を用意して図2のように配置した場合，光源と鏡と目を結ぶ経路は無数にあるが，実際に光がとる経路は，余分な距離を通るAやCやDではなく，最短距離となるBである．これは，光源の鏡像と目を直線で結ぶ経路であり，入射角と反射角が等しくなる経路である．ビリヤードで，クッションさせてから玉に当てるときには，同様の狙い方をする．

反射光が形成されるようすを矢印で考える

図3で微小な領域（M_1〜M_{13}）に区切られた1次元の仮想の鏡を考えよう．光源の光が鏡を照らし，鏡からの反射光を観測する．例えば，微小領域 M_{12} に光源から光が入射すると，入射光の電場によって領域内の原子があらゆる方向に2次波を散乱し，その一部は観測者にも向かう．

ある波長の光が光源を出て，鏡で反射し，目に届くまでの所要時間を，観測者が持つストップウォッチの矢印で考えよう．光が光源を出た瞬間にスタートボタン，目に到着した瞬間にストップボタンを押せば，到着までの所要時間によって，矢印の向きが決まる．

反射位置 M_1〜M_{13} に対する各経路の所要時間をプロットしたグラフは，中央が凹んだお椀状になり，鏡中央 M_7 で反射する最短経路で極小となる．鏡の端の M_{12} で反射する経路は明らかに所要時間が長い．ここで，M_7 と M_{12} をさらに3つの経路に分け，矢印の足し合わせをしてみよう．M_7 では，所要時間がお椀の底なので，3つの矢印の向きはほぼ揃い，足し合わせると大きな最終矢印が得られる．一方，M_{12} では，所要時間の差が大きく3つの矢印の向きはばらばらであり，最終矢印は大きくならない．つまり，鏡全域からの膨大な数の矢印を全て足し合わせても，お椀の底である M_7 以外では全て打ち消し合い，M_7 で反射する経路の光だけが目に届くのである．

反射光形成の本質は，隣り合う矢印の向きが揃うことであり，最短距離であることは，実は，単なる結果にすぎず，重要なことではない．

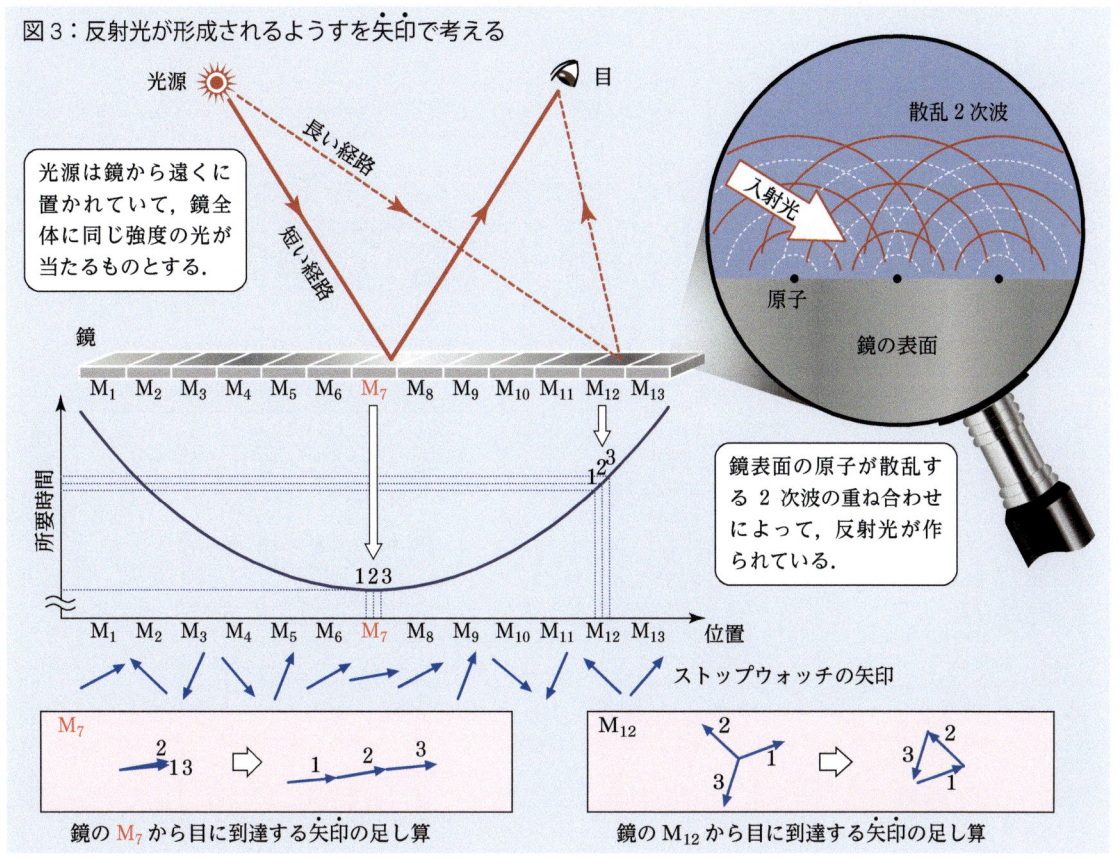

図3：反射光が形成されるようすを矢印で考える

図4: ストークスの関係式

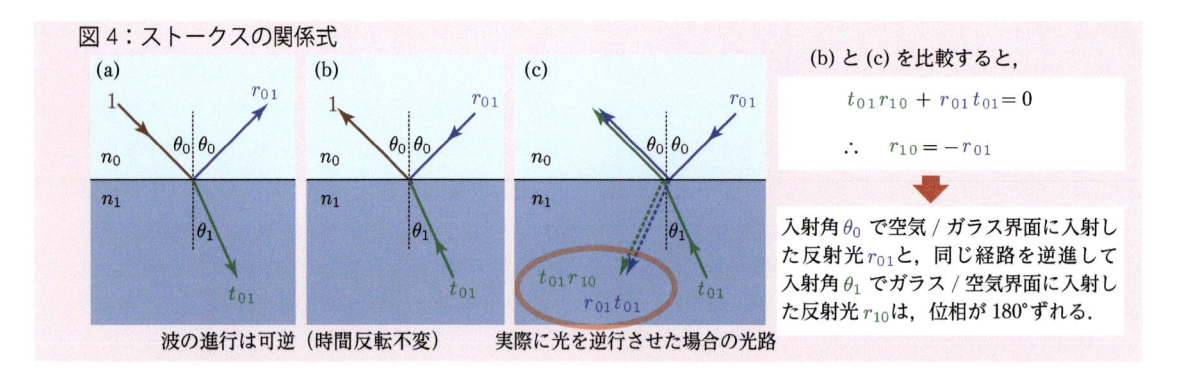

(b)と(c)を比較すると,

$$t_{01}r_{10} + r_{01}t_{01} = 0$$
$$\therefore \quad r_{10} = -r_{01}$$

入射角 θ_0 で空気/ガラス界面に入射した反射光 r_{01} と,同じ経路を逆進して入射角 θ_1 でガラス/空気界面に入射した反射光 r_{10} は,位相が180°ずれる.

反射に伴う矢印の短縮と反転

図4のストークスの関係式を考察しよう.(a)は,媒質0から媒質1に入射した光(添え字01で表す)の反射と透過である.振幅1の入射光は,媒質界面で反射光 r_{01} と透過光 t_{01} に分割される.この光の進行は,エネルギーが失われずに起こる過程なので,可逆である.しかし,実際に光を逆行させると,(b)にはならず(c)になる.(b)と(c)を比較すると,赤丸の光は存在しないことから,$r_{10} = -r_{01}$ を導くことができる.つまり,媒質0/媒質1界面の反射光 r_{01} と,同じ経路を逆進する媒質1/媒質0界面の反射光 r_{10} とでは,振幅の符号が必ず逆になり,位相が180°ずれるのである.

光の反射には,矢印の短縮(振幅の減少)と矢印の反転(位相の180°ずれ)が伴う.図5(a)の空気/ガラス界面に光が入射される場合について調べていこう.入射光,ガラス表面法線,反射光を含む面(紙面に平行な面)を入射面と呼び,光の電場振動が入射面に平行な偏光をp偏光,垂直な偏光をs偏光と定義する.図5(b)は,空気/ガラス界面反射における矢印の短縮と反転が,入射偏光と入射角によって変わるようすを示している.ここでは,p偏光の矢印を見ていこう.0°入射の反射の場合,入射光の長さ1の矢印は,反転せ

図5: 反射に伴う矢印の短縮と反転

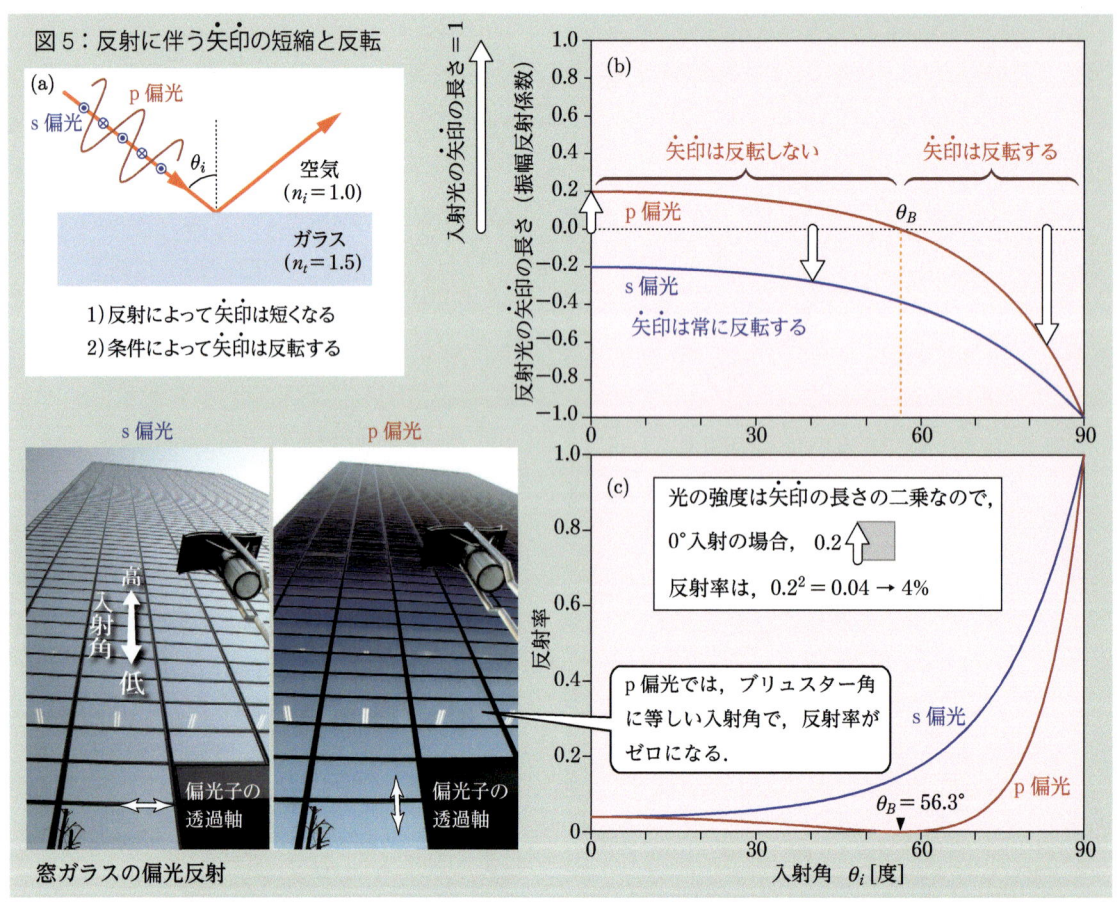

ず，0.2 に短縮される．入射角を大きくしていくと，ある角度で矢印の長さが 0 になる．つまり，その角度では，光は反射されない．この p 偏光の反射が消失する入射角を，ブリュスター角（θ_B）と呼ぶ．さらに，入射角を大きくすると，矢印は反転するようになる．

矢印の長さの二乗から光強度を求めると，図 5(c) が得られる．入射角の増加に伴い，s 偏光では反射率が単調増加するのに対して，p 偏光ではブリュスター角で一度ゼロになってから増加する（図 5 の写真参照）．

ブリュスター角の物理的な意味

図 6 で，ブリュスター角について考察しよう．(a) ブリュスター角より小さい角度で入射された p 偏光は，ガラス内に電気双極子を作り出し，その散乱 2 次波が干渉して，屈折角 θ_t 方向の透過光が形成される．この時，電気双極子は，屈折角 θ_t と直交する方向に振動している．2 次波のうち，後方に散乱された成分が反射角 θ_r の方向で強め合い，反射光が形成される．この時，観測者は，電気双極子の振動を，斜め上から見ていることになる．(b) 入射角がブリュスター角と等しい場合，反射光の進行方向と電気双極子の振動方向が一致する．電気双極子の振動方向には光が放射されず，反射光は消失する．電気双極子振動の軸上にいる観測者には振動が見えない．(c) 入射角がブリュスター角より大きい場合，反射光の進行方向は，電気双極子の振動方向よりも下方になり，電気双極子の前方から散乱された成分によって，反射光が形成される．この時，観測者は電気双極子の振動を斜め下から見ることになる．これが，ブリュスター角を境に，矢印の向きが反転する理由である．

ブリュスター角（約 56°）付近の入射角でガラスに反射された風景を，p 偏光に合わせた偏光フィルターを通して撮影すると，p 偏光は窓ガラス面で消失し，s 偏光は偏光フィルターを通れないため，ガラスの表面反射をほぼ完全に消すことができる（下の写真参照）．

図 6：正反射方向の観測者から見た電気双極子振動の様子

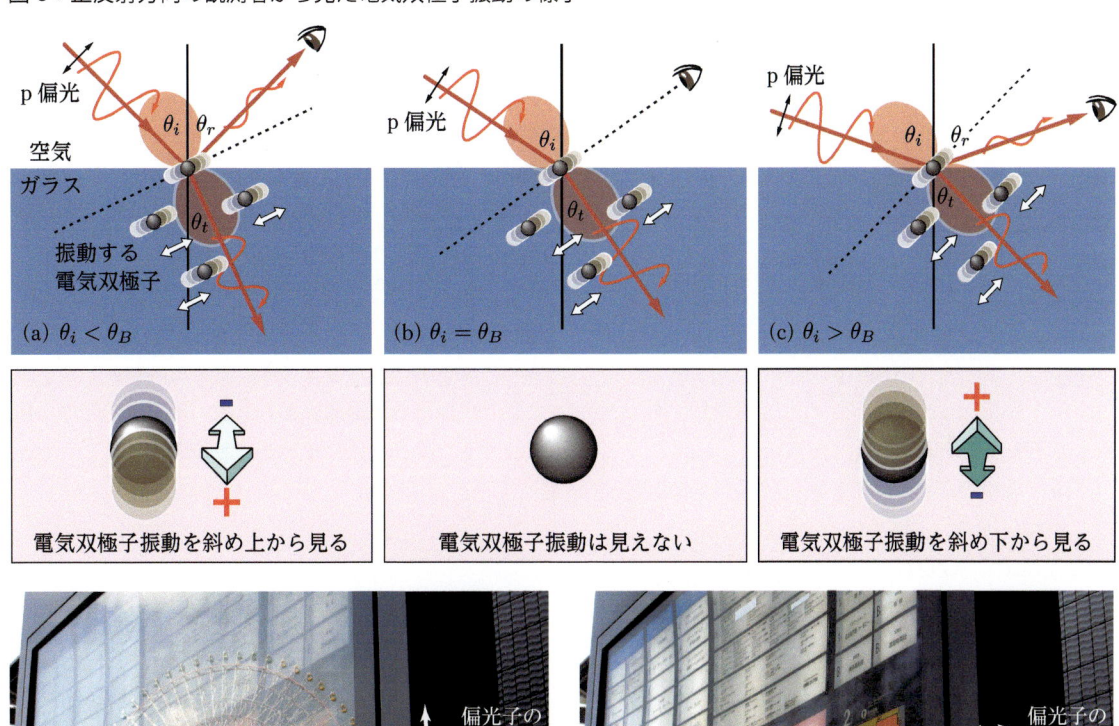

遅くなる光

可視領域におけるガラス中の光の伝搬速度は，膨大な数の電子とのやりとりの結果として遅くなる．光の伝搬速度がガラスなどの媒質中で遅くなる度合いを表すのが屈折率である．光は，屈折率の異なる媒質の界面で屈折を起こし，進行方向が曲がる．

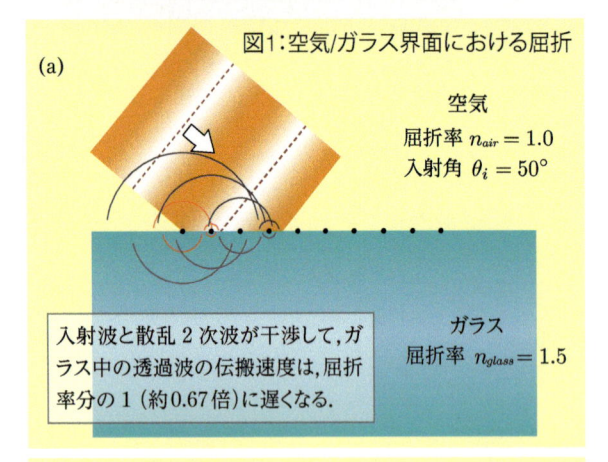

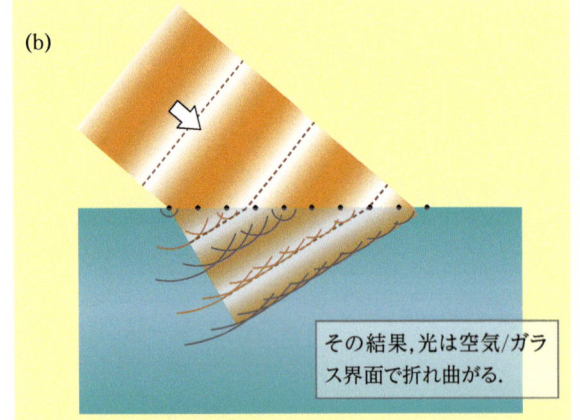

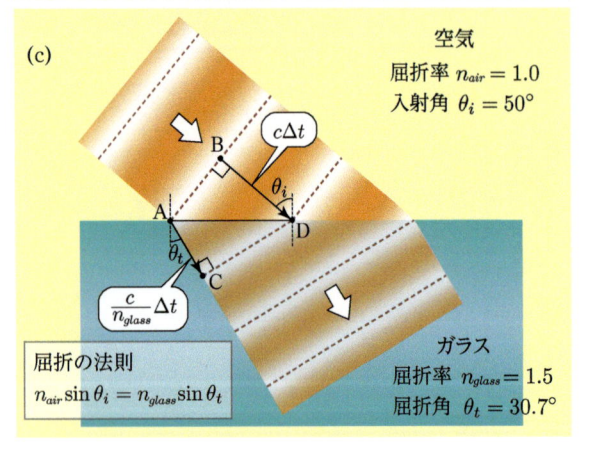

伝搬速度の変化が屈折を起こす

媒質中の光の伝搬速度は，微視的に見れば，媒質内の原子によって散乱された2次波の干渉によって決まる．屈折は，異なる媒質の界面で伝搬速度が変化することで，光の進行方向が変わる現象である．

屈折率 $n_{air} = 1.0$ の空気と屈折率 $n_{glass} = 1.5$ のガラスとの界面に入射された平面波を考えよう．入射波は，一部が界面で反射され，残りが界面を通過してガラス中を進む透過波になる．光は，ガラスに入ると進む速度が1/1.5倍に遅くなり，その波長 λ_t は真空中の波長 λ の 1/1.5倍に短くなる．その結果，空気/ガラス界面に出会った光は，(b)のように折れ曲がる（図2，図3参照）．その時の入射角 θ_i と屈折角 θ_t の関係を示した式が，「屈折の法則」である．

図1(c)に示した入射波の波面 AB に注目しよう．波面 AB が1波長の距離 BD $= c \Delta t$ を光速 c で進む Δt の間に，点 A でガラス内の原子に散乱された光は，入射波と干渉しながらガラス中を距離 AC $= c \Delta t / n_{glass}$ だけ進む．線分 CD は，ガラス中の散乱と入射波との干渉により形成された透過波面である．屈折の法則は，図1(c)から，幾何学的に求めることができる．

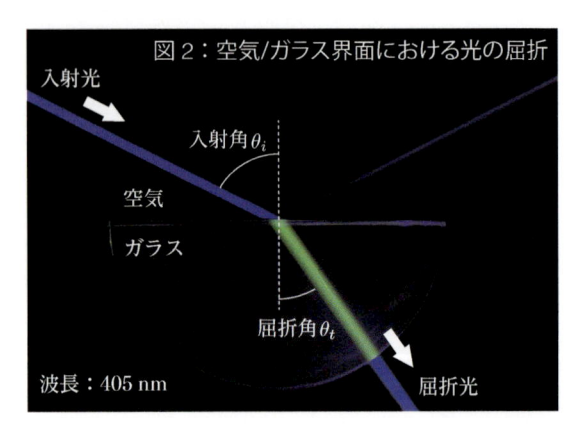

図1：空気/ガラス界面における屈折

(a) 空気 屈折率 $n_{air} = 1.0$ 入射角 $\theta_i = 50°$
入射波と散乱2次波が干渉して，ガラス中の透過波の伝搬速度は，屈折率分の1（約0.67倍）に遅くなる．
ガラス 屈折率 $n_{glass} = 1.5$

(b) その結果，光は空気/ガラス界面で折れ曲がる．

(c) 空気 屈折率 $n_{air} = 1.0$ 入射角 $\theta_i = 50°$
$c\Delta t$
$\frac{c}{n_{glass}}\Delta t$
屈折の法則
$n_{air} \sin \theta_i = n_{glass} \sin \theta_t$
ガラス 屈折率 $n_{glass} = 1.5$ 屈折角 $\theta_t = 30.7°$

図2：空気/ガラス界面における光の屈折
入射光 入射角 θ_i 空気 ガラス 屈折角 θ_t 波長：405 nm 屈折光

図3：身近な屈折の例

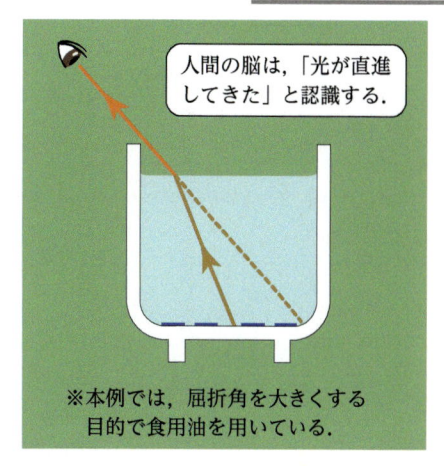

空の時には利き猪口の底の蛇の目は見えない

屈折によって蛇の目が浮かび上がって見える

人間の脳は，「光が直進してきた」と認識する．

※本例では，屈折角を大きくする目的で食用油を用いている．

フェルマーの原理を矢印の足し合わせで考える

屈折における光の伝搬は，フェルマーの原理に従う．フェルマーの原理とは，「光は最短距離の経路ではなく，最小時間で到達できる経路を進む」という光学の基本原理である．空気/水界面の屈折を例に，フェルマーの原理を矢印の足し合わせで考察しよう．

図4のように光が水に入射すると，光の電場によって水面付近の水分子が散乱した2次波が水中のあらゆる方向に広がっていき，その一部は水中カメラにも向かう．水面における光の入射位置に対する到達所要時間は，水中を進む光の速度 $v_{water} = c/n_{water}$ が光速 c より遅いため，最短距離である S_2 を通る経路と水中を進む距離が最短になる S_4 を通る経路の間のどこかで最小時間となるお椀状のグラフになる．ここでは，S_3 を通る経路で最小時間になるとしよう．所要時間の長い S_1 を通る経路と所用時間が最小の S_3 を通る経路で，隣同士の矢印の足し算を比較してみる．S_1 を通る経路では，微小な位置変化に対して所要時間が大きく変化するため，方向がばらばらな矢印を足し合わせることになり，最終矢印は小さい．一方，所要時間がお椀の底となる S_3 を通る経路では，位置の変化に対する所要時間差がほとんどないため，矢印の方向が揃って大きな最終矢印が得られる．結果として，お椀の底となる S_3 を通る経路（最小時間で到達する経路）の光は水中カメラに到達するが，それ以外の経路を通る光は全て打ち消し合って消失する．

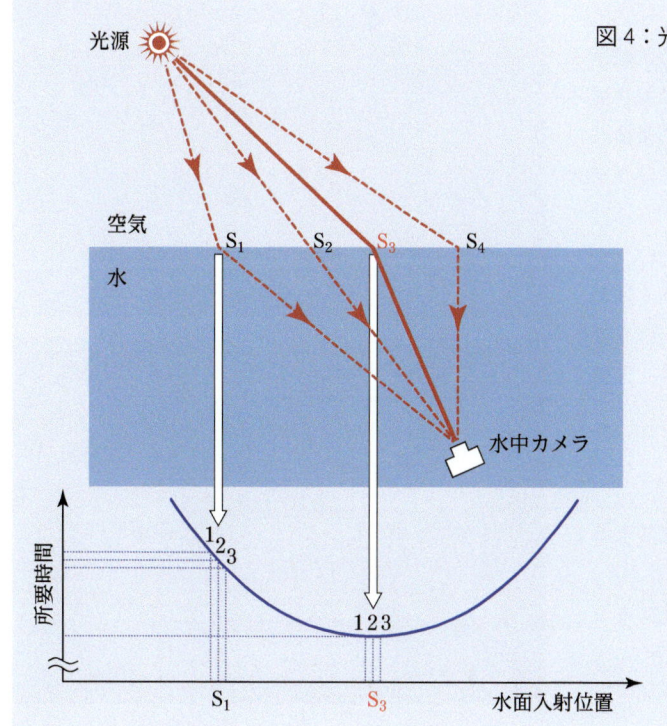

図4：光の屈折における矢印の足し合わせ

・光の屈折では，光は最短距離となる経路ではなく，最小時間で到達する経路を通る．
　→ フェルマーの原理
・所要時間が最小となる経路付近で，所要時間はお椀の底のように平坦になり，最小所要時間の経路で，大きな最終矢印が得られる．

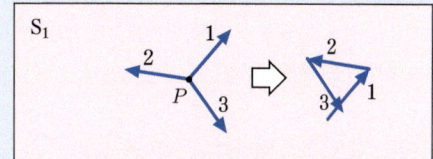

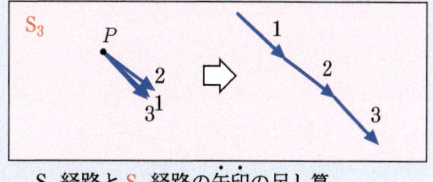

S_1 経路と S_3 経路の矢印の足し算

図5：代表的な透明媒質中における光の伝搬速度

代表的な透明媒質	屈折率（波長：589.3 nm）	媒質中の光の伝搬速度
空気	1.0003（15℃）	ほぼ真空中の光速（$c = 2.99792458 \times 10^8$ m/s）
水	1.3330（20℃）	光速 c の約 75%
ガラス（石英）	1.4585（18℃）	光速 c の約 69%
ダイヤモンド	2.4195（20℃）屈折率：理科年表（2014）	光速 c の約 41%　　　　光速 c

物質によって光の進む速度が違う

屈折率の起源は，光の電場によって物質中に発生した電気双極子放射と入射光とが干渉して，物質内の光の伝搬速度が変化することである．可視領域の屈折率を実効的に決めているのは電子分極なので，電子分極が起こりやすい物質ほど屈折率が高くなる．光の電場に対する電子分極の起こりやすさは物質によって様々であり，屈折率の大きさも物質によって異なる（p.43 図7参照）．

いくつかの代表的な透明媒質中における光の伝搬速度を，図5で比較してみよう．可視領域における物質の屈折率は，通常1より大きいが、空気などの気体は密度が小さいため，屈折率はほとんど1になる．ガラスは，組成によって屈折率の値にかなりの幅がある．日常的に目にするガラス製品の屈折率は1.5前後だが，光学用途のガラスでは屈折率1.45～1.90の範囲で様々な種類が存在する．ダイヤモンドの屈折率は，約2.42と高く，ダイヤモンド中を進む光の伝搬速度は，光速のわずか4割程度しかない．

屈折率が同じなら光は物質を区別しない

屈折率は，物質中の光の伝搬速度を決める定数である．光が矢印の多数決によって進む経路を決めるとき，異なる物質でも，入射した光の波長における屈折率が同じなら，光は物質の違いを区別しない．

右は，同じガラスブロックに対して，(a) 空気中でレーザー光を入射，(b) 屈折率がガラスに近い食用油で水槽中を満たしてレーザー光を入射した写真である．(a) では，空気とガラスの屈折率の違いによって，空気／ガラス界面，ガラス／空気界面で屈折を起こしている．一方，(b) では，食用油とガラスの屈折率が近いために，界面での屈折はほとんど起こっていない．

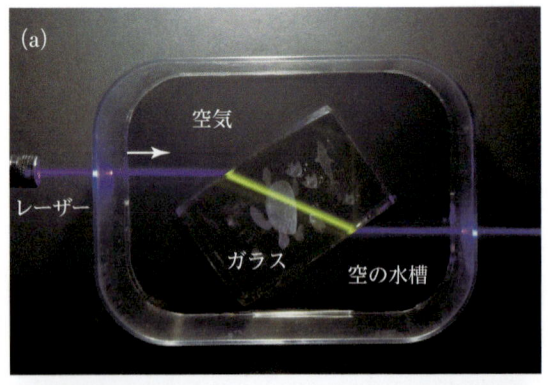

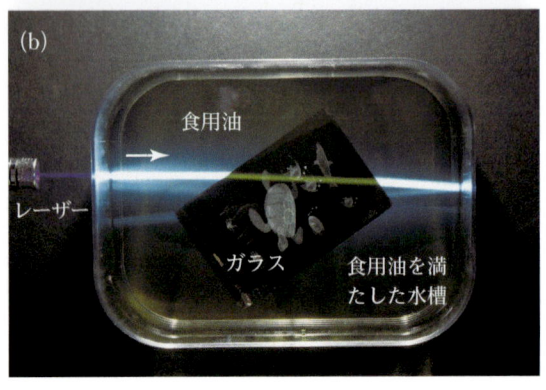

3. 光の振る舞いを調べる

月食 — 2011年11月10日 23:22　撮影：天羽正道氏

スーパームーン（月が地球に最も接近した時の満月） — 2012年5月5日 21:59

どうして月食の月は赤く見えるのか

月食は，太陽に照らされた地球の影の中を月が通過するために，月が欠けて見える現象である．月食の時の月は，皆既月食中でも完全に暗くはならず，上の写真のように赤く見える．月を赤く染めている犯人は，実は，地球大気である．

地球大気の屈折率は，ほぼ1だが，完全に真空と同じ1ではない．また，大気は，地表から上空にいくほど希薄になるので，地表近くで屈折率がわずかに高く，上空にいくほど屈折率が1に近づく屈折率の勾配がある．

図6のように，太陽光が地球大気に入射すると，希薄な上空の大気でレイリー散乱が起こって，短波長の青い光が失われ，生き残った長波長の赤い光が地球大気を透過する．地球大気には，屈折率の勾配があるので，大気を透過する赤い光は，地球の裏側に回り込む方向に，ごくわずかに屈折する．その屈折光が，約38万km先の月を赤く照らすのである．

図6：地球大気のレイリー散乱と屈折によって月食時の月は赤く照らされる

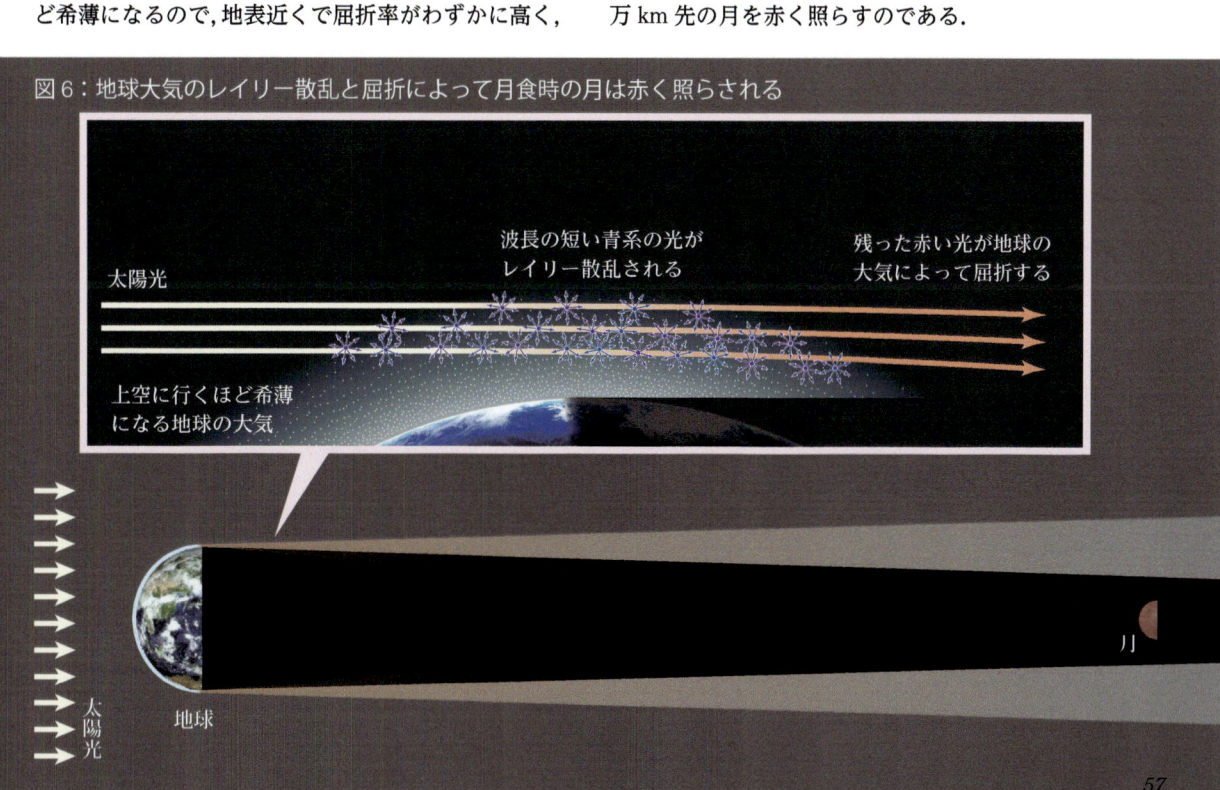

太陽光／波長の短い青系の光がレイリー散乱される／残った赤い光が地球の大気によって屈折する／上空に行くほど希薄になる地球の大気／太陽光／地球／月

完全に反射する光

ガラス / 空気界面のような高屈折率の媒質から低屈折率の媒質に向かう界面では，入射角がある角度以上になると，光が全て反射される全反射という現象が起こる．

直角プリズム

全反射が起こる条件

図1は，入射側の媒質をガラス（$n_{glass}=1.5$），透過側の媒質を空気（$n_{air}=1.0$）として，入射波が界面を透過するようすを，3つの入射角で描いたものである．見やすさのために，反射波は省略してある．

まず (a) 入射角 $\theta_i=30°$ の場合から見ていこう．ガラス中の透過波の速度 v_{glass} は，原子が散乱する2次波と干渉しながら進むために，空気中の速度 v_{air} の 1/1.5 倍に遅くなる．逆に，ガラスから空気中に出た途端に，速度が1.5倍になる．そのため，透過波は波面が起き上がるように折れ曲がる．屈折角は，屈折の法則から，$\theta_t=48.6°$ と求められる．(b) 入射角が $\theta_i=35°$ に増すと，透過波の折れ曲がりは大きくなり，屈折角は，$\theta_t=59.4°$ に増加する．速度 v_{glass} でガラス中を伝搬してきた光が，1波長分の距離 $BD=v_{glass}\Delta t$ を進む Δt の間に，点 A で散乱された光は，空気中を距離 $AC=v_{air}\Delta t > v_{glass}\Delta t$ だけ進む．線分 CD は，空気中の透過波面である．(c) 入射角を $\theta_i=41.8°$ にすると，屈折角が $\theta_t=90°$ に達する．この時，ミクロな散乱を重ね合わせても空気中で強め合う方向は存在せず，空気中を伝搬する透過波は形成されない．屈折角が $\theta_t=90°$ に達する入射角を臨界角と呼び，θ_c と表す．光は臨界角以上で図2のように全反射する．

全反射の過程で，光は，界面から空気側に波長程度浸み出しながら界面に沿って進行するエバネッセント波（表面波）を形成してから全反射する．

反射に伴う矢印の短縮と反転

図3で，ガラス / 空気界面の反射における矢印の短縮と反転を確認しよう．s 偏光では全ての入射角で反転せず，入射角を大きくしていくと矢印の長さが 0.2 から 1 まで変化する．臨界角以上では，矢印の長さは 1 であり，入射光は全て反射される．一方，p 偏光では，低入射角で反転し，ブリュスター角を境に反転しなくなる．入射角 0° で長さ -0.2 から入射角を大きくしていくと，ブリュスター角でゼロをよぎり，矢印の長さが急激に増加して，臨界角以上で 1 になる．臨界角以上の入射角では，偏光の方向に関係なく，矢印は反転せず，長さは 1 のままであり，入射光は全て反射される．

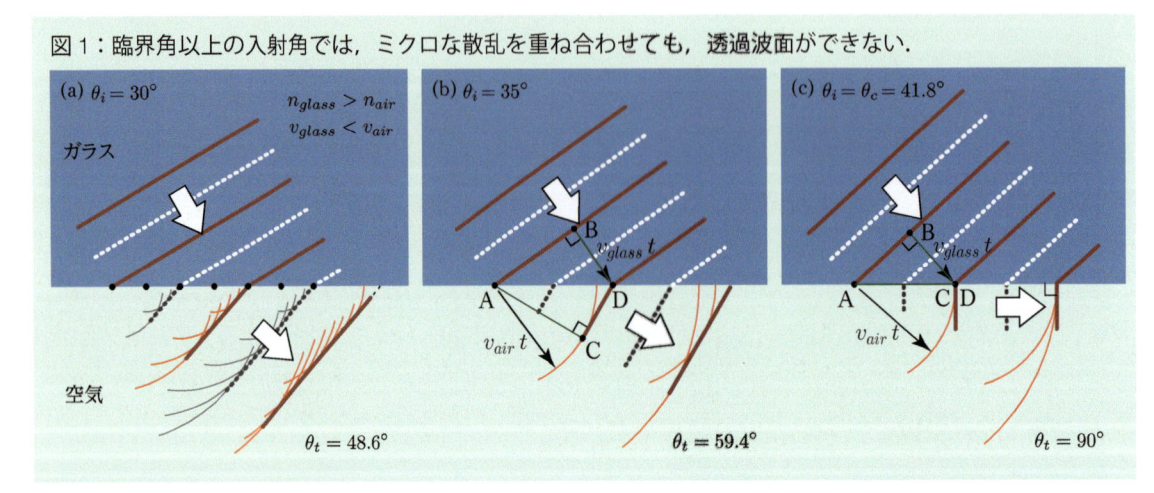

図1：臨界角以上の入射角では，ミクロな散乱を重ね合わせても，透過波面ができない．

(a) $\theta_i=30°$　　$n_{glass}>n_{air}$　　$v_{glass}<v_{air}$　　ガラス　　空気　　$\theta_t=48.6°$

(b) $\theta_i=35°$　　$v_{glass}t$　　$v_{air}t$　　$\theta_t=59.4°$

(c) $\theta_i=\theta_c=41.8°$　　$v_{glass}t$　　$v_{air}t$　　$\theta_t=90°$

図2：臨界角以上の入射角で光は全反射する

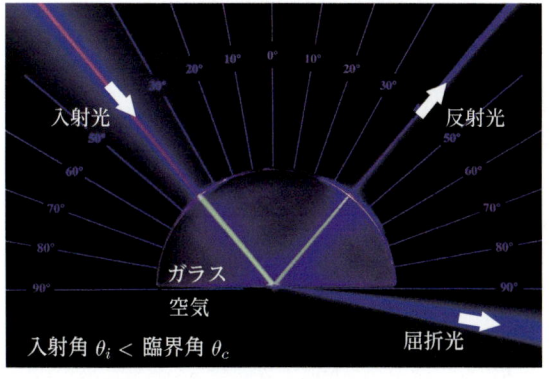

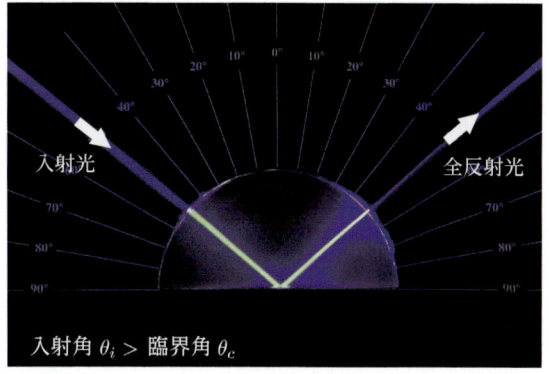

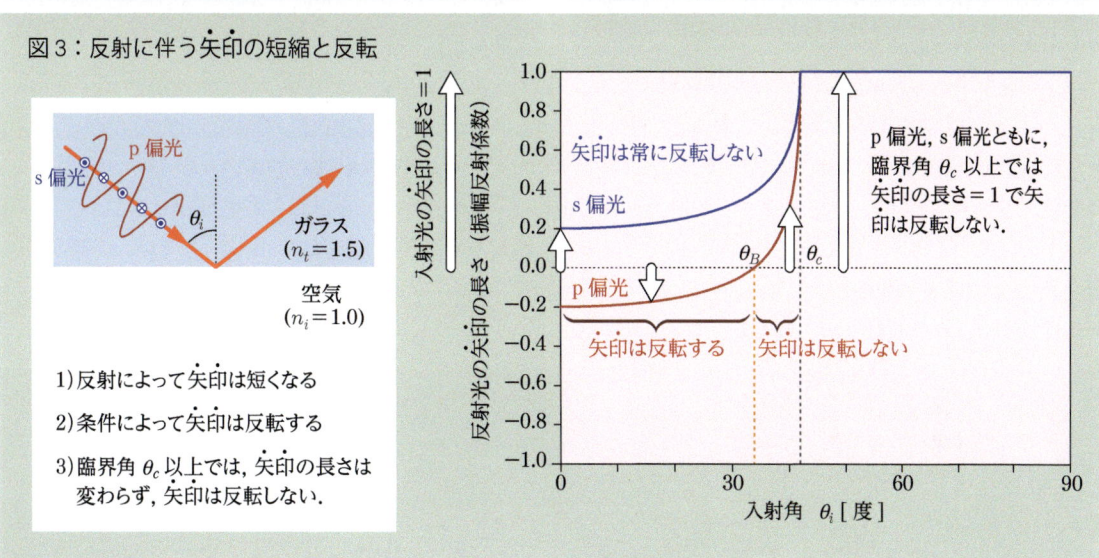

入射光 / 反射光 / ガラス / 空気 / 屈折光
入射角 θ_i < 臨界角 θ_c

入射光 / 全反射光
入射角 θ_i > 臨界角 θ_c

図3：反射に伴う矢印の短縮と反転

s偏光 / p偏光 / θ_i / ガラス ($n_t=1.5$) / 空気 ($n_i=1.0$)

1) 反射によって矢印は短くなる
2) 条件によって矢印は反転する
3) 臨界角 θ_c 以上では，矢印の長さは変わらず，矢印は反転しない．

入射光の矢印の長さ＝1
反射光の矢印の長さ（振幅反射係数）

矢印は常に反転しない
s偏光
p偏光
θ_B θ_c
矢印は反転する　矢印は反転しない
p偏光，s偏光ともに，臨界角 θ_c 以上では矢印の長さ＝1で矢印は反転しない．

入射角 θ_i [度]

魚が見上げる天空

　魚が水を通して見上げる天空は，彼らにはどのように見えているのであろうか．図4は，水/空気界面で起こる全反射や屈折のようすを示している．水/空気界面の臨界角（約48.6°）の外側では，水面で全反射を起こすため，海底が映り込む．一方，臨界角の内側では，水/空気界面での屈折によって，水上の全ての風景が臨界角の円の中に詰め込まれることになる（図4右の写真）．つまり，魚が臨界角の円形窓を通して見る水上の風景は，まさに魚眼レンズで見た映像なのである．

図4：魚が見上げる天空

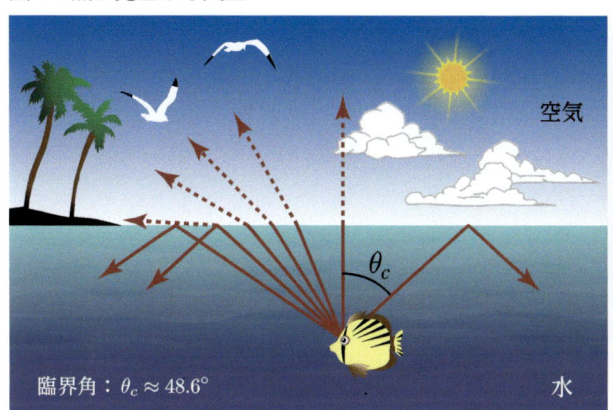

空気 / 水 / 臨界角：$\theta_c \approx 48.6°$ / θ_c

撮影：小野篤司氏（ダイブサービス小野にぃにぃ）

(a) 反射画像

(b) 透過画像

ダイヤモンドの全反射

ダイヤモンドの屈折率は $n = 2.4195$（波長 $= 589.3$ nm）と高く，臨界角：$24.43°$以上の入射角で，光は全て反射される．有名なブリリアントカットは，広い入射角範囲で全反射するよう58面のカットが設計されているため，美しく輝いて見える．上の写真は，キュービック・ジルコニアの模造ダイヤモンドを，(a) 光を当てながら正面から反射撮影，(b) 正面から光を当てながら透過撮影したものである．キュービック・ジルコニアも，ダイヤモンド同様，屈折率が高く（$n = 2.15 \sim 2.18$），入射光は全反射して背面には抜けない．図5，図6は，光線追跡計算の結果である．ダイヤモンドでは，入射光が全て全反射して正面に戻っていくが，屈折率が低い石英（臨界角：$43.29°$）では，ある入射条件で背面に光が抜けてしまう．

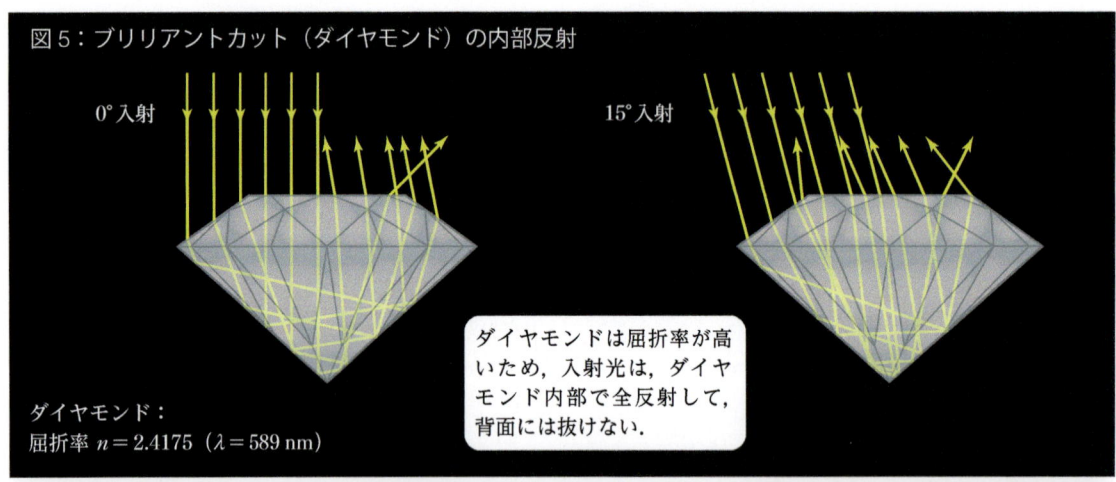

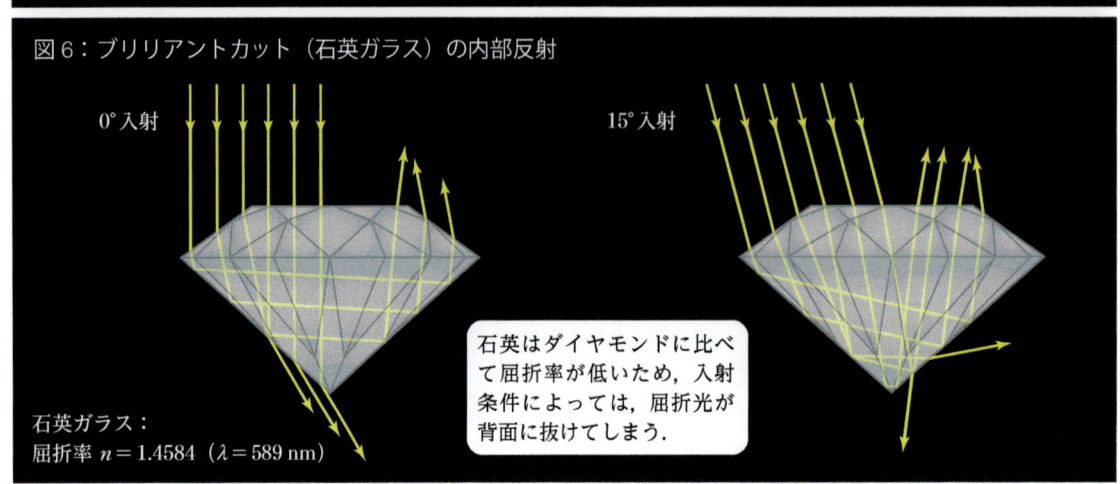

図5：ブリリアントカット（ダイヤモンド）の内部反射

0°入射

15°入射

ダイヤモンドは屈折率が高いため，入射光は，ダイヤモンド内部で全反射して，背面には抜けない．

ダイヤモンド：
屈折率 $n = 2.4175$（$\lambda = 589$ nm）

図6：ブリリアントカット（石英ガラス）の内部反射

0°入射

15°入射

石英はダイヤモンドに比べて屈折率が低いため，入射条件によっては，屈折光が背面に抜けてしまう．

石英ガラス：
屈折率 $n = 1.4584$（$\lambda = 589$ nm）

協力：杉山常俊氏（(株)ライトフォーウェーブ）

全反射で光を閉じ込める

右は，全反射を使って，アクリルパイプから流れ出す水の中に，光を閉じ込めた実験画像である．レーザー光の波長 514.5 nm における水の屈折率は約 1.335，臨界角は約 49°である．水／空気界面への入射角が臨界角以上ならば，光は全反射しながら水流の中を進んでいく．水流の内面は凹の曲率を持っているため，反射するたびに入射ビームは広がりながら進むが，水流の中に閉じ込められたまま，水槽の中まで到達しているようすが分かる．

全反射面を平面にすれば，ビームが広がることなく，光を閉じ込めることができる．図7のように，屈折率が高い砂糖水の層を，低屈折率の真水と寒天で挟むと，高屈折率の砂糖水層の中に閉じ込められた光が，うねりながら進んでいく．

光通信に使われる光ファイバーは，図8のように高屈折率のコアと低屈折率のクラッドの芯鞘構造（鉛筆の芯と鞘のような2層構造）になっており，コアの中を光が進む．光ファイバーには，用途に応じた，いくつかのタイプがある．マルチモードファイバーはコア径が太く，ファイバー同士の接続が容易であるが，光の減衰が大きいため，伝送距離が短い使用用途に限られる．シングルモードファイバーは，マルチモードに比べて慎重な取り扱いが必要とされるが，減衰が少なく，主に長距離通信で使用されている．

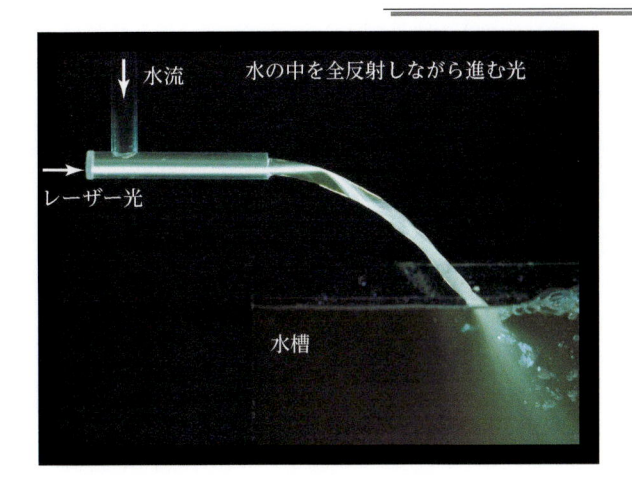

光ファイバーは，通信の他にも，装飾，照明，光計測などに使用される．装飾用では，見た目の美しさのために，光を通すとファイバーが光るものもある．もちろん，そのようなファイバーは伝送ロスが大きく，通信用途では使いものにならない．

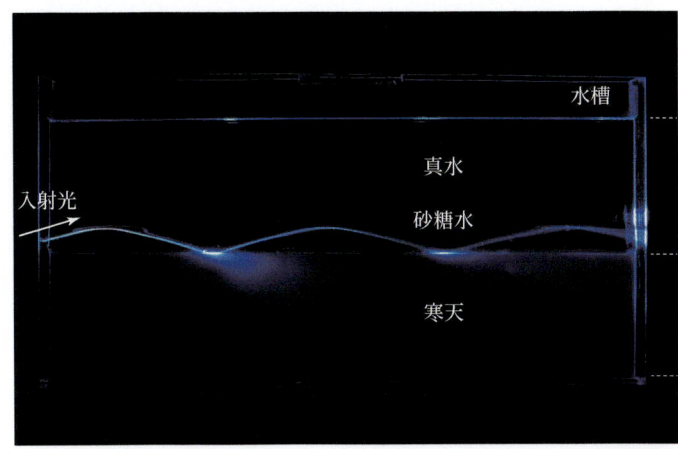

図7：屈折率分布を使った光の閉じ込め

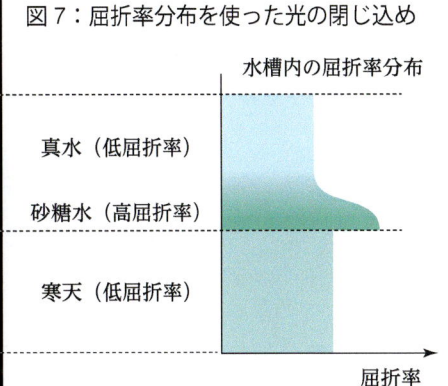

図8：光ファイバーの構造

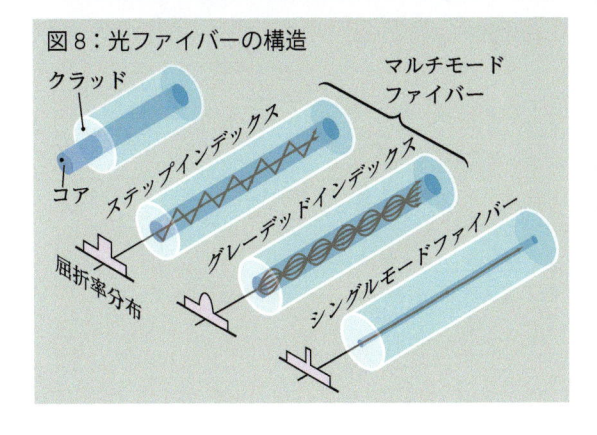

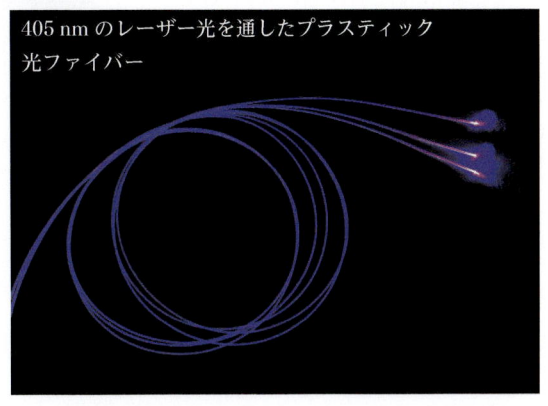

強め合う光 / 弱め合う光

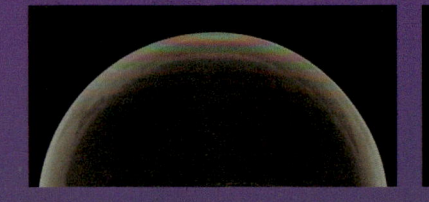

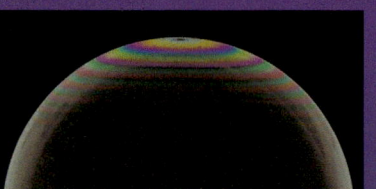

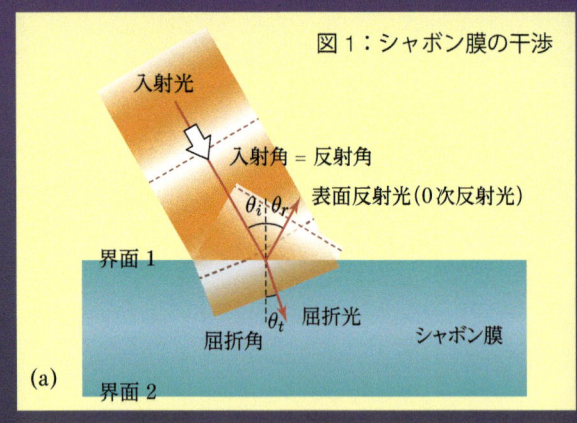

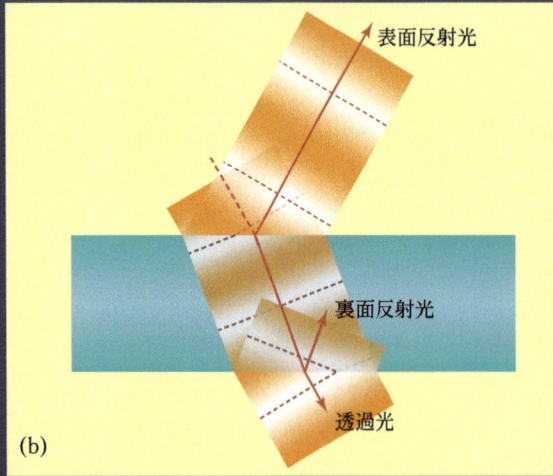

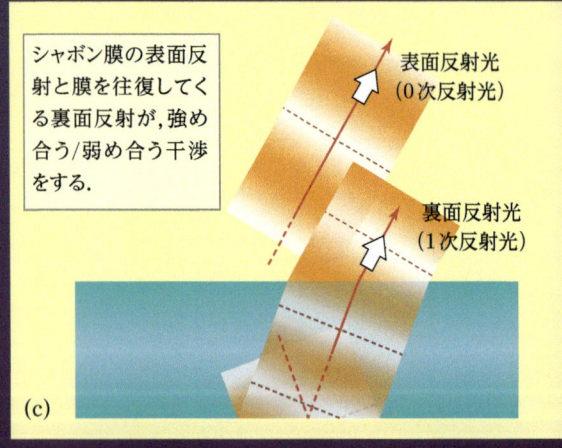

図1：シャボン膜の干渉

(a) 入射光 / 入射角 = 反射角 / 表面反射光（0次反射光）/ θ_i, θ_r / 界面1 / 屈折光 / 屈折角 / θ_t / シャボン膜 / 界面2

(b) 表面反射光 / 裏面反射光 / 透過光

(c) シャボン膜の表面反射と膜を往復してくる裏面反射が，強め合う/弱め合う干渉をする．
表面反射光（0次反射光）/ 裏面反射光（1次反射光）

シャボン膜による干渉

シャボン玉や水面上の油膜に見られる鮮やかな虹色が，膜の干渉によって作り出されていることは，よく知られている．干渉とは，2つ以上の光が空間のある場所で重ね合わされたときに，強め合う，あるいは弱め合う現象である．

図1に示したシャボン膜の干渉を見ていこう．左上空から入射された平面波は，空気/シャボン膜界面（界面1）で一部反射される（これを0次反射光と呼ぼう）．一方，反射しなかった残りの平面波は，界面1で屈折してシャボン膜中を進む．シャボン膜中では，光の伝搬速度と波長が屈折率分の1になる．膜の裏面に到達して界面2で反射された平面波は，膜を往復して再び界面1を透過し，空気中に出ていく（これを1次反射光と呼ぼう）．

0次反射光と1次反射光は，重ね合わされた状態で空気中を右上方へと進んでいく．その時の0次反射光と1次反射光の位相関係によって，強め合う，または弱め合う干渉が起こる．

白色光がシャボン膜に入射した場合，各波長ごとに干渉が起こり，ある特定の波長帯で強め合った場合に，鮮やかな色が観測者の目に届くのである．

シリコン基板上のシリコン酸化膜（SiO_2）厚さ：約102 nm

3. 光の振る舞いを調べる

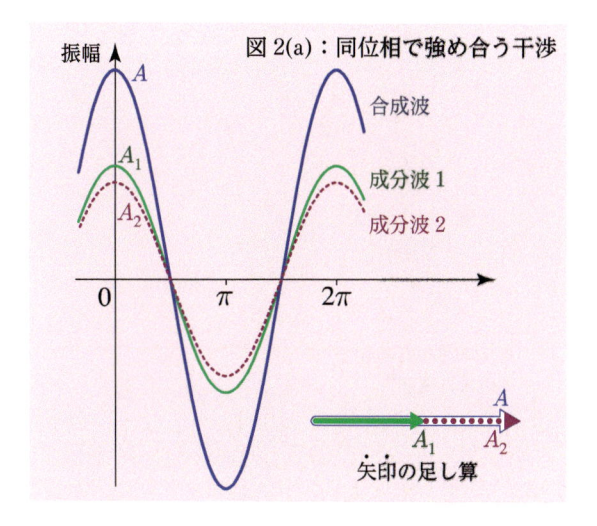

図2(a)：同位相で強め合う干渉

図2(b)：逆位相で弱め合う干渉

強め合う干渉／弱め合う干渉

　干渉が強め合う／弱め合う条件を確認しておこう．図2(a)のように成分波1と成分波2が同位相の場合，平行な矢印同士の足し合わせになり，長い最終矢印が得られる．つまり，同位相の波を足し合わせると強め合う干渉をする．一方，図2(b)のように成分波1と成分波2が逆位相の場合，反平行な矢印の足し算によって最終矢印は短くなる．つまり，逆位相の波を足し合わせると弱め合う干渉をする．

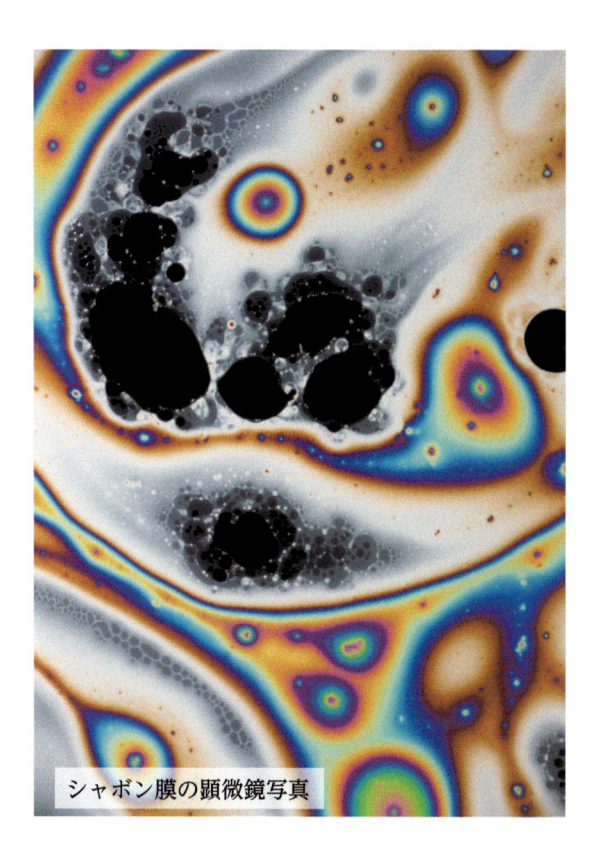

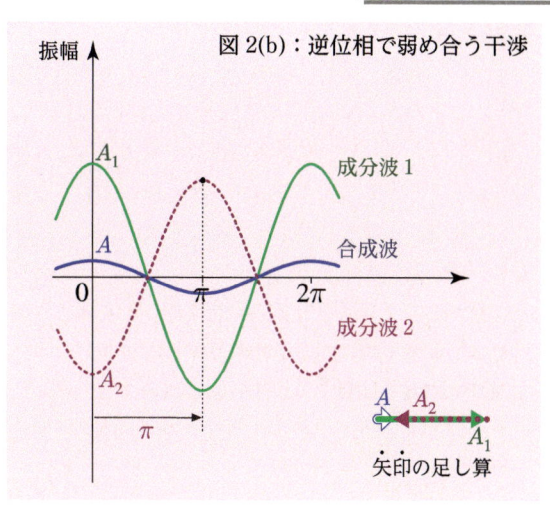

干渉による発色

　干渉による発色を干渉色と呼ぶ．下に示した例のように，干渉色は，屈折率，膜厚などの条件によって様々な色を呈する．シャボン膜の黒は，膜厚が非常に薄く，ほぼ完全な逆位相の干渉が起きている部分である．弱め合う干渉を利用して，特定波長帯の反射を消しているのがメガネやカメラレンズの反射防止コーティング（ARコーティング）である．ARコーティングでは，所望の特性を得るために，多層膜コーティングするのが一般的である．

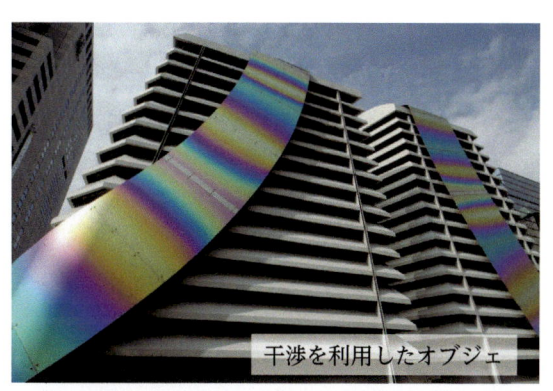

シャボン膜の顕微鏡写真

干渉を利用したオブジェ

レンズの反射防止コーティング

薄膜干渉を矢印で考える

ガラスの薄膜を例に,膜の干渉について考察していこう.ここでは,ある波長のs偏光が入射したとする.

まず,図3で,ガラスの表面反射を考える(これを0次反射光と呼ぶことにする).話を簡単にするために,0°入射を仮定しよう.0次反射光は,次の三つのステップで目に到達する.

①光源からガラス表面までの伝搬:矢印の回転
　光が伝搬する間,長さ1の矢印が回転する.
②ガラス表面の反射:矢印の短縮と反転
　光はガラス表面で反射される.その際,図4の青線が示すように,矢印は長さが0.2倍に短縮され,向きが反転する.
③ガラス表面から目までの伝搬:矢印の回転
　反射光が目まで進む間,長さ0.2の矢印が回転する.光の強度は最終矢印の長さの二乗なので,ガラス表面からの反射光の強度は4%である.

次に,図5に示した,ガラス薄膜を1往復してくる裏面反射光(これを1次反射光と呼ぶ)が目に到達する間に起こる矢印の変化について考えよう.

①光源からガラス表面までの伝搬:矢印の回転
②空気/ガラス界面の透過:矢印が0.98倍に短縮
　空気/ガラス界面の反射は4%で,残りの96%が透過する.二乗して0.96になるのは約0.98なので,矢印の長さは約0.98倍に短縮される.
③ガラス中の伝搬:矢印の回転
④ガラス/空気界面の反射:矢印が0.2倍に短縮
　裏面反射では,図4の緑線の通り,0.2倍の短縮は起こるが反転はしない.
⑤ガラス中の伝搬:矢印の回転
⑥ガラス/空気界面の透過:矢印が0.98倍に短縮
⑦ガラス表面から目までの伝搬:矢印の回転

これら一連のステップでは,矢印の回転は足し算,矢印の長さは短縮の掛け算によって,最終矢印が求められる.図5の場合,入射光の矢印の長さ1が,0.98倍,0.2倍,0.98倍されて,最終矢印の長さ0.192が求まり,全ステップの回転を足したものが最終矢印の方向になる.最終矢印の方向は,膜の厚さと屈折率で変化する.

ガラス薄膜の正確な反射率を求めるためには,「全ての経路」を足し合わせる必要があり,図3と図5の経路だけでは不十分である.薄膜の干渉では,図6のような膜を2回往復する2次反射,3回往復する3次

図3:ガラス表面反射の連続して起こる三つのステップ
(見やすさのために,光線に角度を付けて描いてある)

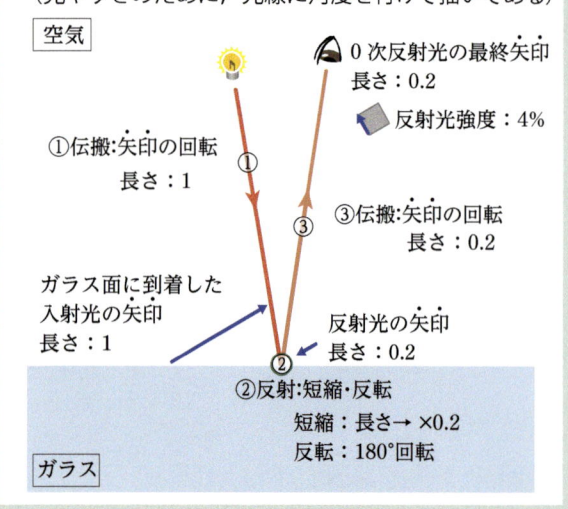

図4:反射に伴う矢印の短縮と反転の入射角依存性

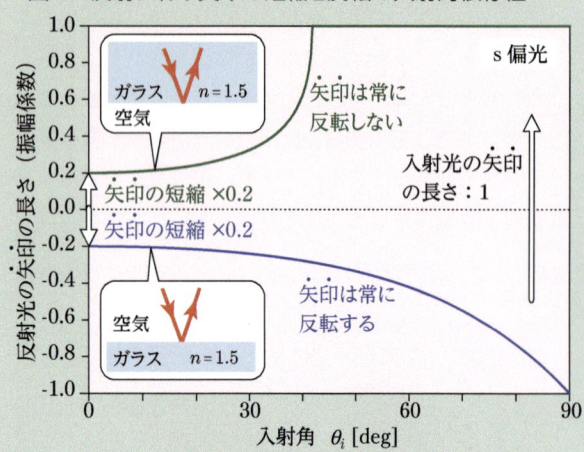

図5:1次反射光における矢印の掛け算

矢印の長さは膜厚に関係なく決まるが,向きは膜厚で変わる

反射などの高次の反射光を全て足し合わせなくてはならない．高次反射光は，膜内での反射を繰り返しながら，図6のように，急激に弱くなっていく．

　無限個の矢印の足し算を図示するのは困難なので，図7に示す(a)弱め合う干渉をする膜厚の場合と，(b)強め合う干渉をする膜厚の場合について考える．ガラス薄膜反射の最終矢印の長さは，弱め合う干渉で最小，強め合う干渉で最大なので，それ以外の膜厚での最終矢印は両者の中間の長さになる．(a)の場合，光が膜を往復する間に矢印は360°の整数倍回転し，1次反射以降の高次反射光の矢印は，全て同じ向きに揃う．また，0次反射光は反転するが，高次反射光は反転せず，0次反射光と逆向きになる．この時，全ての反射光の足し合わせは，完全に打ち消し合って，最終矢印はゼロになる．一方，(b)の場合，光が膜を往復する間に，矢印は180°の奇数倍回転し，高次反射光は奇数次が0次反射と同じ向き，偶数次が逆向きに揃う．その結果，全ての矢印を足すと，0次反射光と1次反射光を足した合成矢印の長さより若干短い最終矢印が得られる．

　図8のように，1次反射以降の高次反射光を足し合わせた矢印（緑）と0次反射光の矢印（青）を足し算して得られる最終矢印から，ガラス薄膜の反射率を求めることができる．膜の厚さが変わると，高次反射光の矢印（緑）が若干の長さ変化を伴いながら回転して，反射率が周期的に変化する．

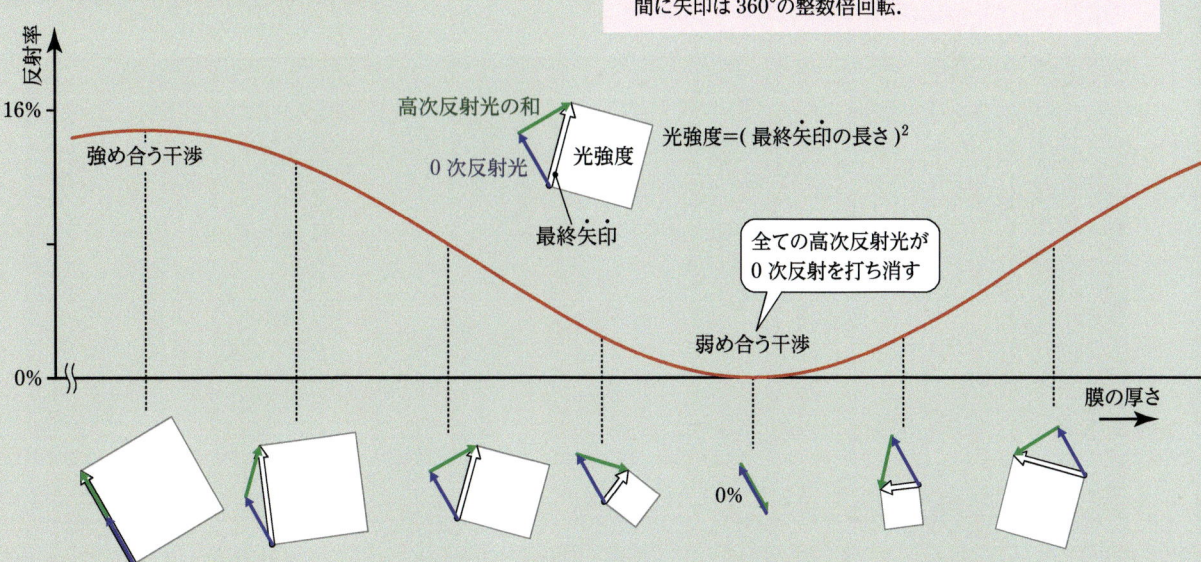

図6：ガラス薄膜内部の多重反射

矢印の長さ
1次反射光：0.1921
2次反射光：0.0077
3次反射光：0.0003
⋯
高次反射光ほど弱くなる

②，⑥，⑩，⑭⋯短縮 ×0.98

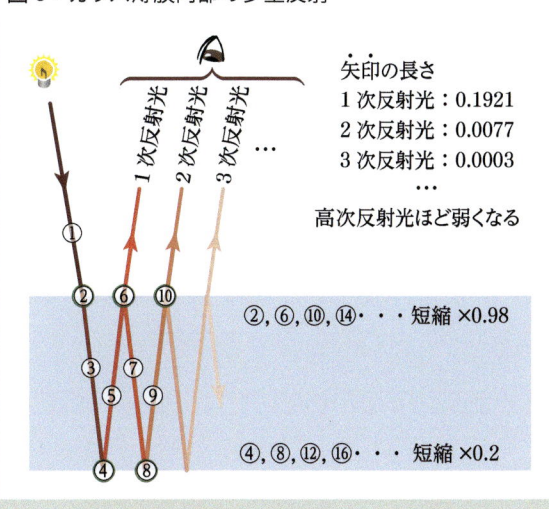

④，⑧，⑫，⑯⋯短縮 ×0.2

図7：高次反射光の足し合わせ

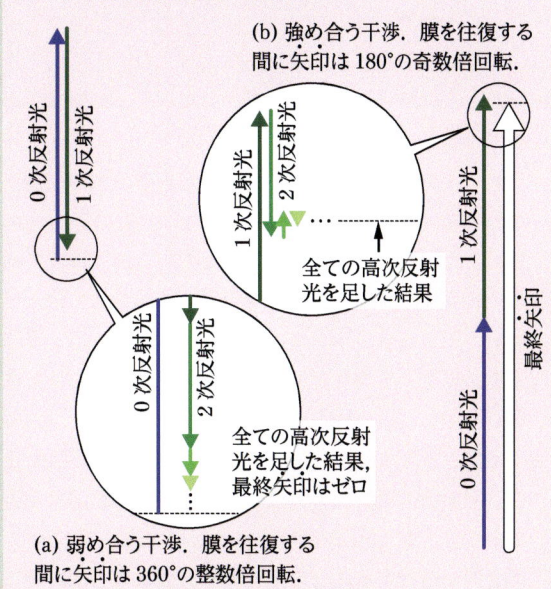

(b) 強め合う干渉．膜を往復する間に矢印は180°の奇数倍回転．

全ての高次反射光を足した結果

(a) 弱め合う干渉．膜を往復する間に矢印は360°の整数倍回転．

全ての高次反射光を足した結果，最終矢印はゼロ

図8：膜厚によって変わる反射光の強度

反射率

16%

強め合う干渉

高次反射光の和
0次反射光
光強度＝(最終矢印の長さ)^2
最終矢印

全ての高次反射光が0次反射を打ち消す

弱め合う干渉

0%

0%

膜の厚さ →

回り込む光

光や音には，障害物背後の影となる領域に回り込む性質がある．この波に特有な性質を回折という．回折は，波の波長が長いほど強く表れる．例えば，花火大会で，「音は聞こえるが，花火は物影で見えない」といった経験をしたことがあるだろう．これは，波長の長い音が容易に物影に回り込むのに対して，波長が短い光はわずかしか回折せず，光が届かない影を作るためである．

ホイヘンスの原理

ホイヘンスの原理は，波面上の各点が仮想の光源となって2次的な微小球面波を放出し，その足し合わせによって次の波面が形成されるという波動理論である．1678年，オランダの物理学者ホイヘンスによって提唱された．ホイヘンスは，この原理を使って，光の直進，反射，屈折などの光学現象を説明することに成功した．

さて，図1(a)の左から右に進む平面波に注目しよう．平面波の波面上の各点が放射する微小球面2次波によって，次の波面が形成される行程が繰り返されて，平面波が進行する．この平面波を波長よりも広い開口に入射したとすると，開口部に並んだ仮想光源列から放射された微小球面2次波が，次の平面波面を作り，順次この行程が繰り返されて開口背後の領域に平面波が伝わっていく（ただし，開口のエッジ付近は少し乱れる）．同じ開口に開口幅より長い波長の波が入射した図1(b)では，開口部各点からの微小球面2次波を足し合わせても，仮想点光源の数が少ないために平面波にはならず，広がりながら遮光板背面に回り込んで伝わっていく．

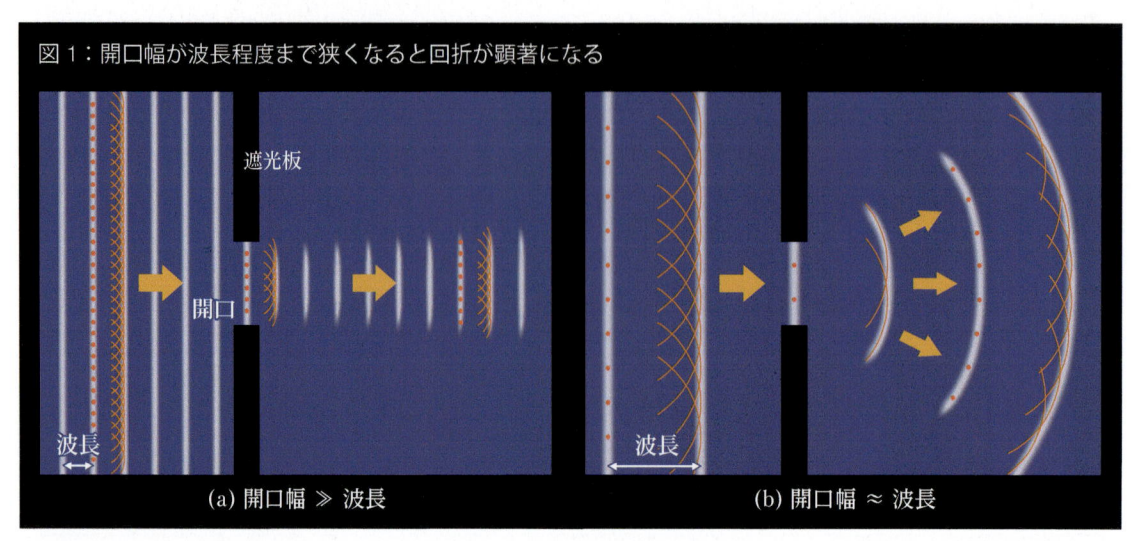

図1：開口幅が波長程度まで狭くなると回折が顕著になる

(a) 開口幅 ≫ 波長

(b) 開口幅 ≈ 波長

図2：開口に並ぶ2次光源列からの光の足し合わせ

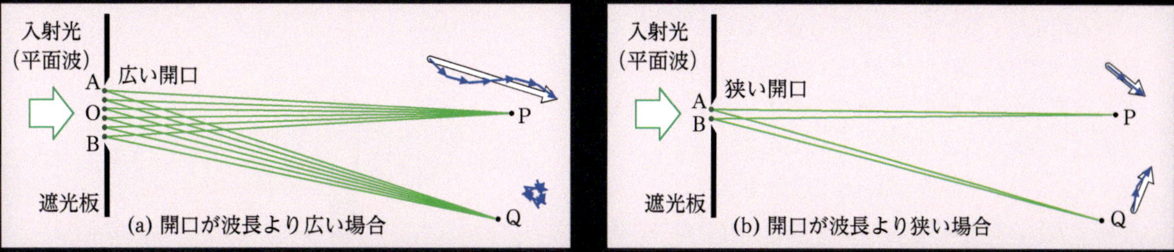

(a) 開口が波長より広い場合

(b) 開口が波長より狭い場合

回折における波長と開口幅の関係

　開口が波長より広い図2(a)の回折では，開口中心Oからの2次波は，開口正面Pに最小の所要時間で到達する．この時，開口が波長より広いため，経路AP，BPを通る2次波は，OPより遅れるが，Pが開口からある程度以上離れていれば，その遅れも無視でき，Pに到達する全ての2次波を足し合わせると，大きな最終矢印になる．一方，正面から外れたQでは，AQとBQの光路差|AQ−BQ|が，波長に比べて十分に大きく，2次波の矢印の向きはバラバラで，足し合わせても大きな最終矢印にはならない，つまり，回折光は観測されない．一方，開口が波長より狭い図2(b)では，光路差|AQ−BQ|は最大でもABであり，波長に比べれば十分に小さい．開口が小さいため観測各点に到達する2次波は少ないが，2次波同士の位相差は小さく，どの観測位置でも矢印加算後の最終矢印は値を持つようになる．つまり，開口正面以外でも回折光が観測されるのである．

フラウンホーファー回折

　図3を考察しよう．入射平面波によってスリット開口上に仮想点光源列が作られ，その仮想点光源列から出た2次波が重ね合わされて，開口背後に広がる．その際，2次波が互いに干渉するので，開口から投影スクリーンまでの距離を変えると，回折像が複雑に変化する．ある距離以上離れると，開口の形状とは異なる緩やかな回折像になる．この回折をフラウンホーファー回折と呼ぶ．それ以上距離を離しても，回折像の形は変わらず，像の大きさのみが変化する．

図3：フラウンホーファー回折

ある距離以上では，強度分布の形は変わらず大きさだけが変化する．

フラウンホーファー回折

投影スクリーンの位置

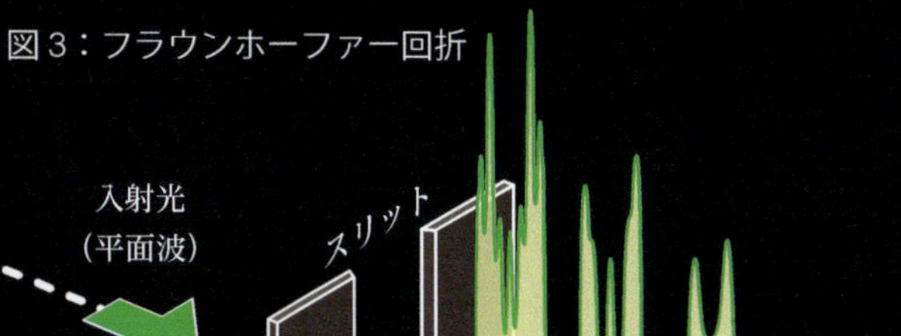

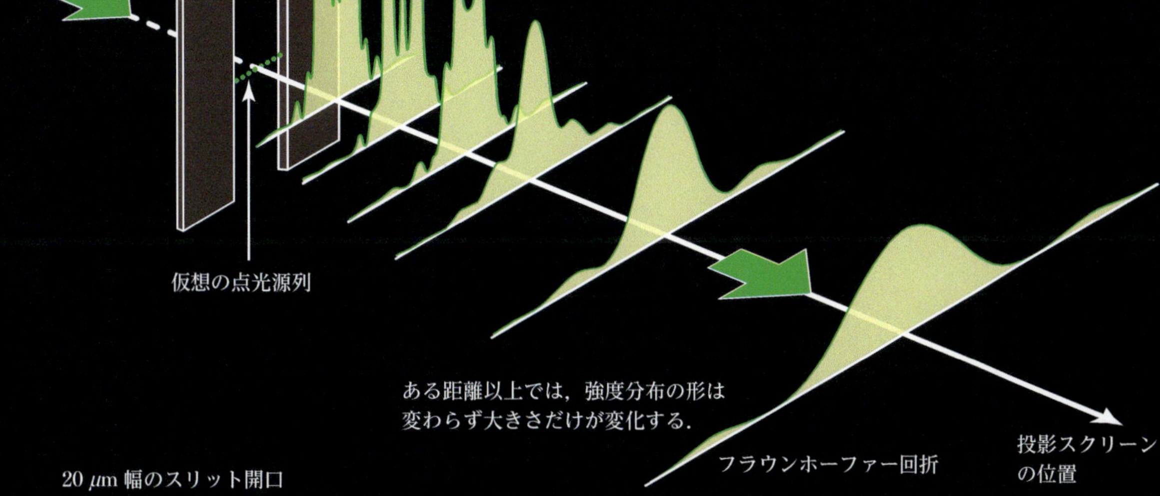

20 μm 幅のスリット開口

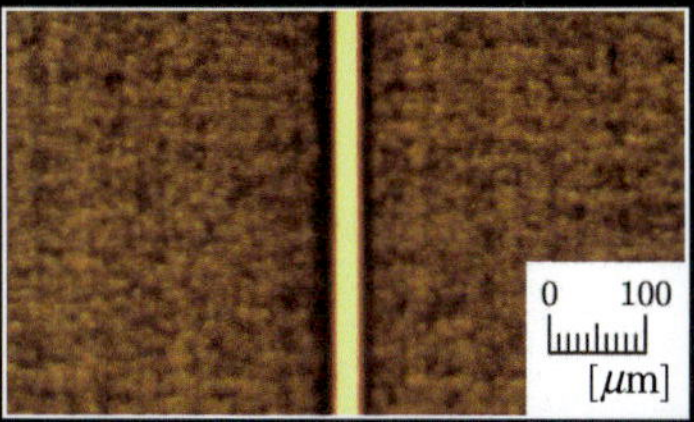

スリット開口のフラウンホーファー回折像（波長：532 nm）

球面波が長い距離を進むと平面波になる

ある距離以上離れると回折像の形が変わらなくなる理由は，仮想点光源から放射された微小球面2次波が，ある程度以上の距離を空間伝搬すると，図4のように平面波と見なせるようになるからである．つまり，フラウンホーファー回折とは，開口と投影スクリーンの距離を十分に離すことにより，平面波となった2次波が，投影スクリーン上で重ね合わされてできる回折のことである．

フラウンホーファー回折を矢印で考える

図5を参照しながら，フラウンホーファー回折の性質を調べていこう．

点光源をスリット開口正面の十分離れた位置に配置すれば，開口に平行な平面波が照射される．その結果，スリット開口に並ぶ仮想点光源列は，同時に微小球面2次波を放出する．仮想点光源列から放出された微小球面2次波群は，開口の後方に広がりながら進み，十分遠くに置かれた投影スクリーンに，等しい振幅の平面波群となって到達する．ここで言う「十分遠く」とは，開口幅の数千倍以上の距離である．例えば，幅

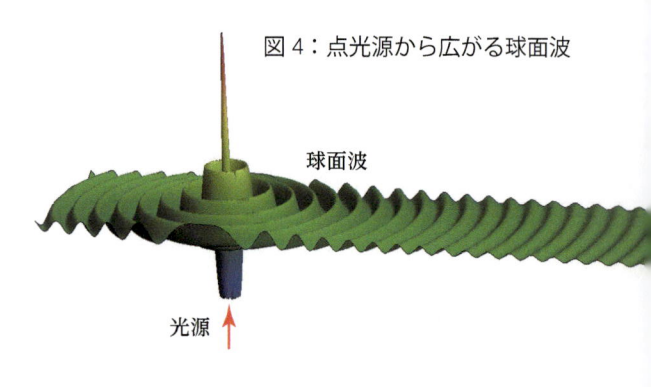

図4：点光源から広がる球面波

$30\,\mu m$ の開口では，開口からスクリーンまでの距離を数十cm程度にとる．

スクリーンに投影される回折像は，右下の写真のような強度パターンを示す．図では，回折像を開口と同程度の大きさで書いてあるが，実際は，開口の数千倍の大きさである．このフラウンホーファー回折に特有なパターンは，多くの2次平面波が足し合わされた結果である．ここでは，10個の仮想光源からスクリーンに到達する2次波を仮定して，まず，スクリーンの中心Aから調べていこう．開口幅は，スクリーンまでの距離に対して数千分の1以下なので無視でき，スクリーン中心に到達する2次波は，同じ長さ同じ向きの

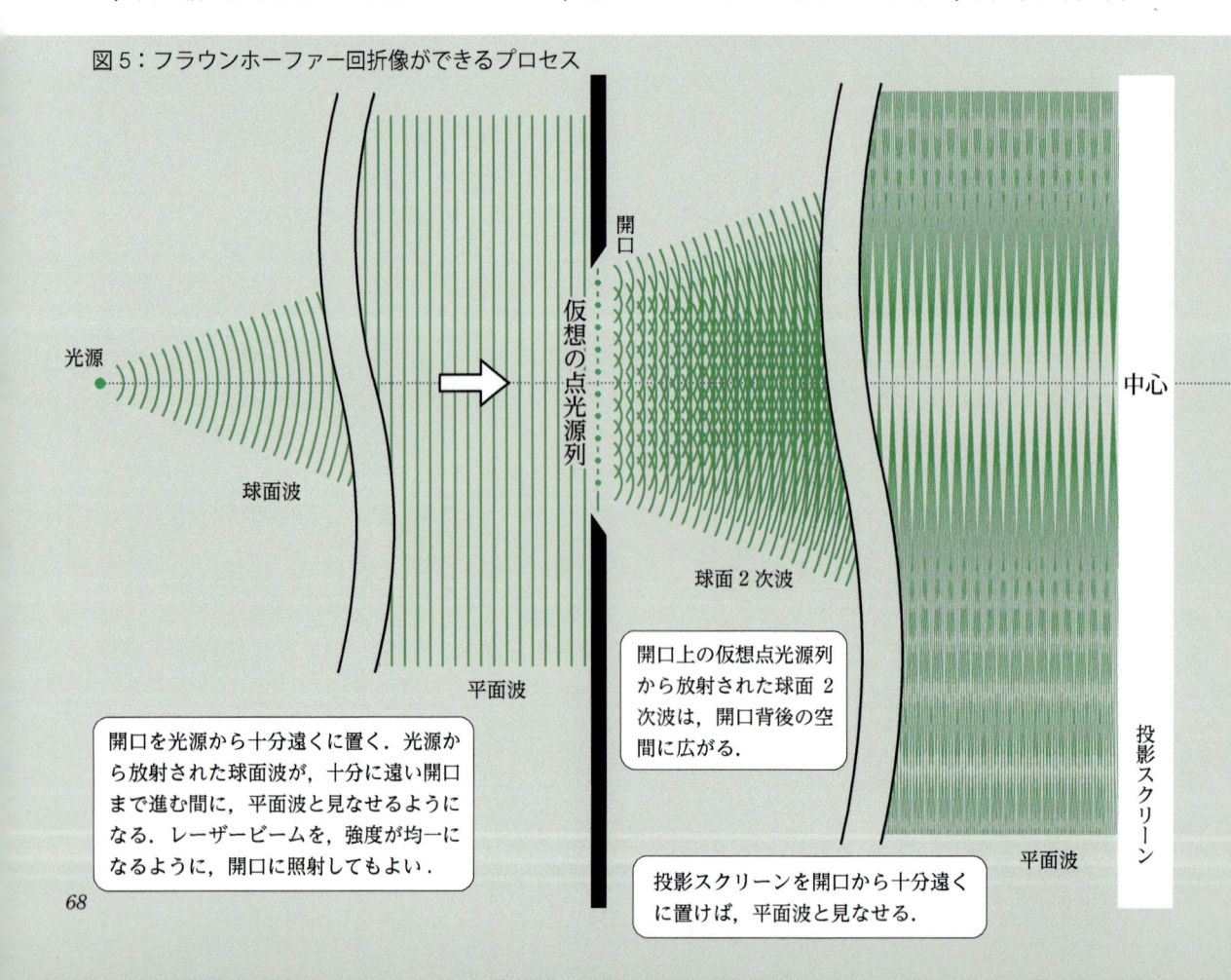

図5：フラウンホーファー回折像ができるプロセス

開口を光源から十分遠くに置く．光源から放射された球面波が，十分に遠い開口まで進む間に，平面波と見なせるようになる．レーザービームを，強度が均一になるように，開口に照射してもよい．

開口上の仮想点光源列から放射された球面2次波は，開口背後の空間に広がる．

投影スクリーンを開口から十分遠くに置けば，平面波と見なせる．

3. 光の振る舞いを調べる

> 点光源から広がる球面波は，長い距離を進むと平面波と見なせるようになる．それ以上の距離では，平面波の振幅が減衰するだけで，波形は変わらない．

平面波近似

10個の矢印で表せる．全ての矢印を足し合わせると，大きな最終矢印が得られ，スクリーン中心では光強度が最大になる．

スクリーン中心から下に少しずれたBでは，開口下端からの2次波の所要時間が最も短く，開口上部に行くほど所要時間が徐々に長くなる．矢印の足し算では，少しずつ右回りに回転した10本の矢印が足されるため，最終矢印は短くなる．さらに離れたCでは，開口の下端と上端の所要時間差がさらに大きくなり，矢印の足し算は1周して最終矢印の長さはゼロになる．以下同様に，中心から離れるほど，所要時間差が拡大し，矢印の足し算はぐるぐる回りながら最終矢印の長さはゼロに近づく．

開口幅が半分の場合，仮想光源も半分の5個と考えればよい．中心Aでの最終矢印の長さは半分になるので，光強度は4分の1になる．また，10本の矢印の足し算ではCの位置で1周したが，5本の矢印の足し算で1周するには，10本の場合の倍の所要時間差が必要になるため，Eの位置で矢印の足し算が1周して最終矢印がゼロになる．つまり，回折像の大きさが倍に広がる．

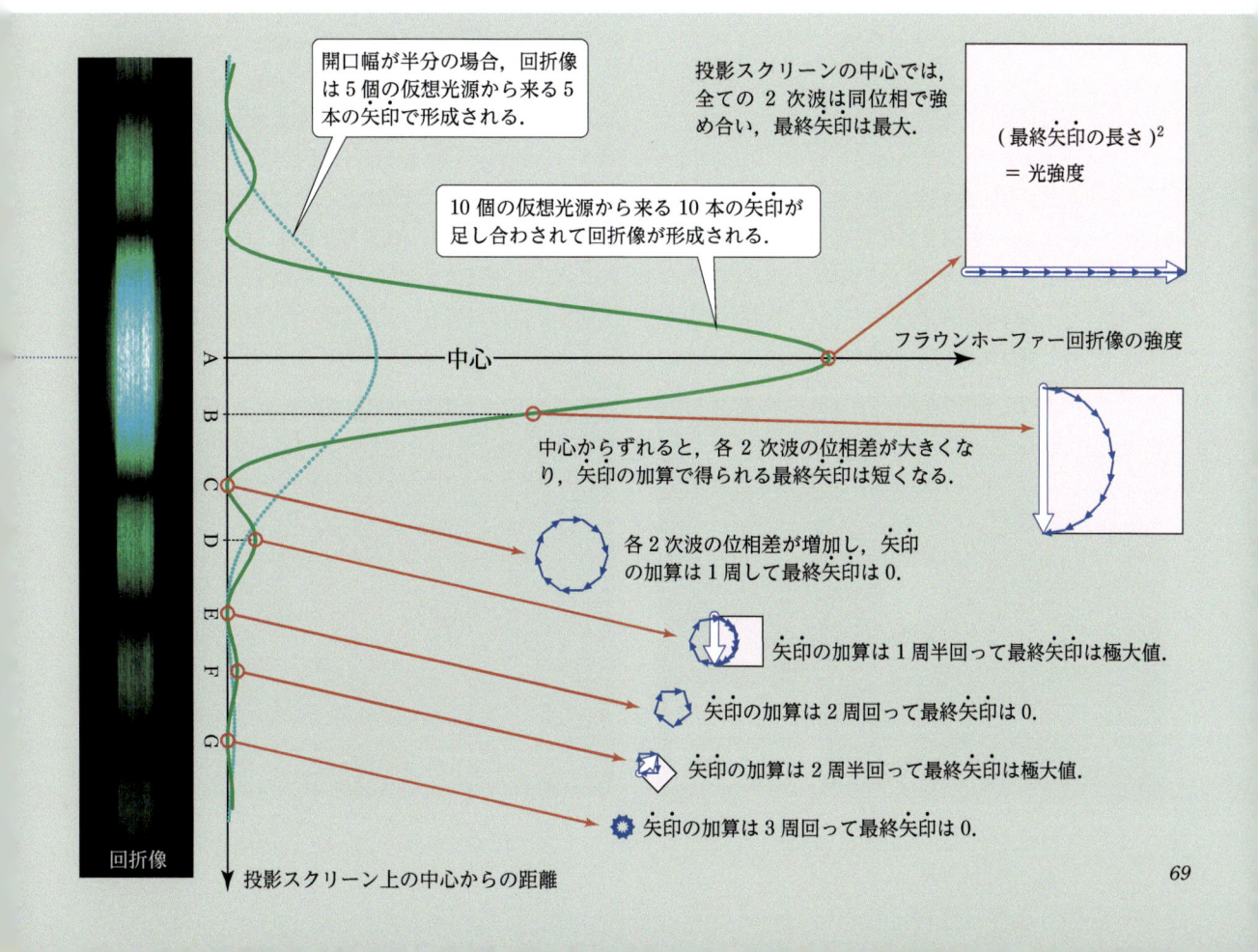

開口幅が半分の場合，回折像は5個の仮想光源から来る5本の矢印で形成される．

投影スクリーンの中心では，全ての2次波は同位相で強め合い，最終矢印は最大．

10個の仮想光源から来る10本の矢印が足し合わされて回折像が形成される．

(最終矢印の長さ)^2 = 光強度

フラウンホーファー回折像の強度

中心からずれると，各2次波の位相差が大きくなり，矢印の加算で得られる最終矢印は短くなる．

各2次波の位相差が増加し，矢印の加算は1周して最終矢印は0．

矢印の加算は1周半回って最終矢印は極大値．

矢印の加算は2周回って最終矢印は0．

矢印の加算は2周半回って最終矢印は極大値．

矢印の加算は3周回って最終矢印は0．

回折像

投影スクリーン上の中心からの距離

閉じ込めると広がる光

画像 ©2012 Digital Earth Technology, DigitalGlobe, GeoEye, ©2012 Google, 地図データ ©2012 ZENRIN

　フラウンホーファー回折は，光学分野で非常に重要である．何故なら，光学分解能は，フラウンホーファー回折によって決まるからである．ここでは，円形開口のフラウンホーファー回折と光学分解能の関係，開口数（NA）と光学分解能の相関などについて調べていくことにしよう．

円形開口のフラウンホーファー回折

　前節では，スリット開口のフラウンホーファー回折について調べてきた．開口が円形になっても，数式が違うだけで，考え方は同じである．まず，円形開口のフラウンホーファー回折像を示そう．左下の写真の円形開口（$\phi 25\ \mu m$）を使用して，スクリーンに回折像を投影すると，右下の写真のような同心円状のフラウンホーファー回折像が得られる．イギリスの天文学者エアリーの名にちなみ，この回折像をエアリーパターンと呼ぶ．また，中心から最初の暗線に囲まれた明るい中心領域を，エアリーディスクという．回折光のエネルギーの約84％が，エアリーディスク内に集中している．写真では，エアリーディスクのサイズが開口と同程度に見えるが，開口の数千倍程度の大きさ（撮影時のエアリーディスク径は5 cm程度）である．

フラウンホーファー回折と光学分解能

　フラウンホーファー回折では，光源とスクリーンが開口から十分に離れている必要があるが，図1(a)のように，レンズを2枚使えば，コンパクトな光学配置で，フラウンホーファー回折を起こすことができる．すなわち，レンズ1の焦点に光源を置くことで，直径Dの円形開口に平面波を照射でき，開口をレンズ2の焦点に置くことで，開口の仮想光源からの微小球面2次波を，レンズ2で平面波に変換することができる．この

円形開口 $\phi 25\ \mu m$

フラウンホーファー回折像（波長：633 nm）

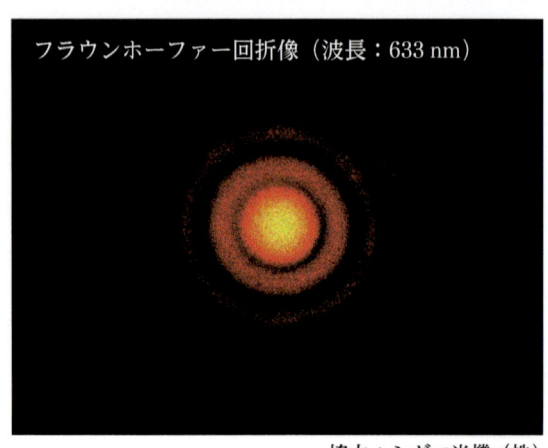

協力：シグマ光機（株）

3. 光の振る舞いを調べる

図1：レンズを使ったフラウンホーファー回折

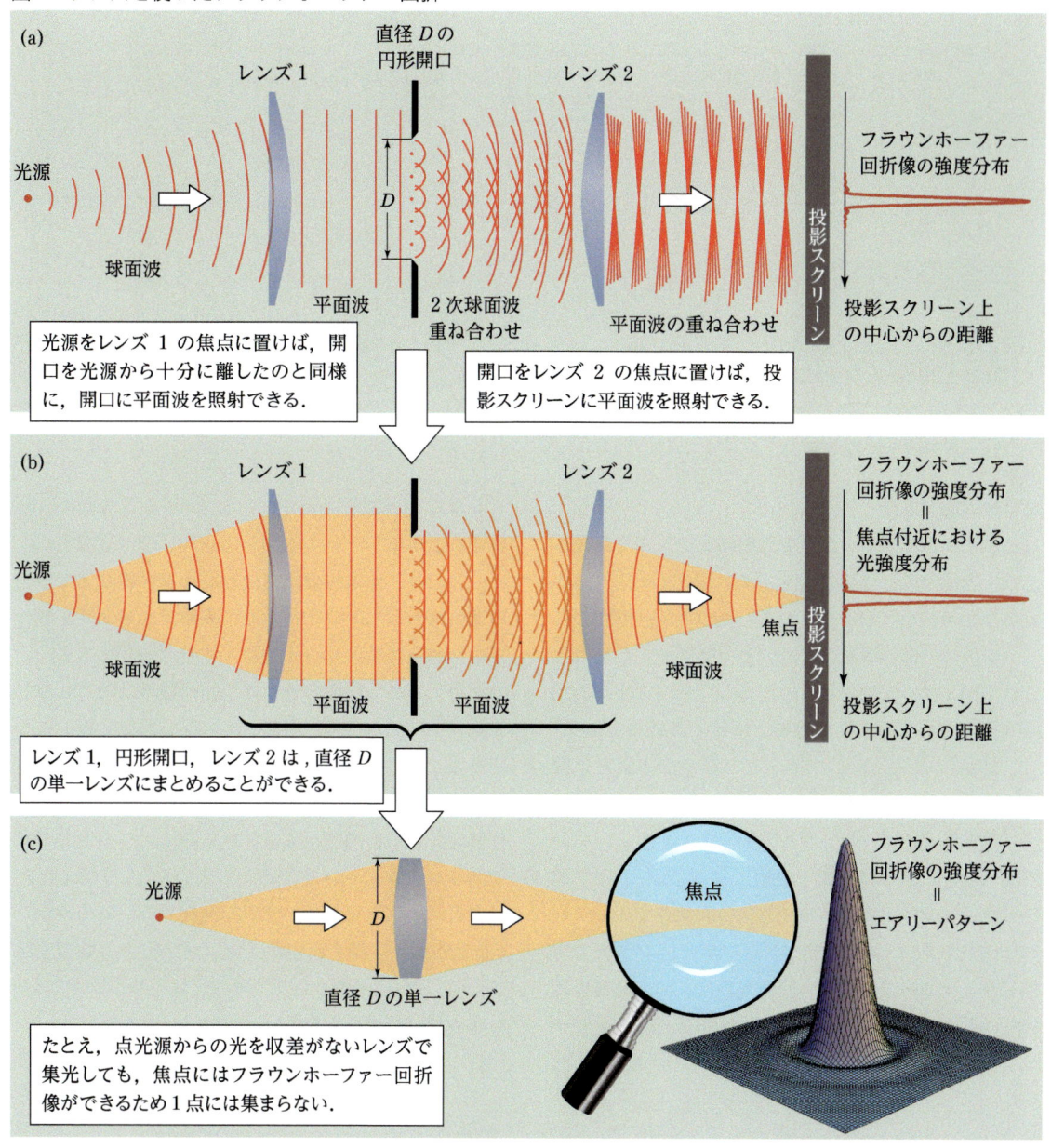

(a) 光源／球面波／レンズ1／平面波／直径 D の円形開口／D／2次球面波重ね合わせ／レンズ2／平面波の重ね合わせ／投影スクリーン／フラウンホーファー回折像の強度分布／投影スクリーン上の中心からの距離

光源をレンズ1の焦点に置けば，開口を光源から十分に離したのと同様に，開口に平面波を照射できる．

開口をレンズ2の焦点に置けば，投影スクリーンに平面波を照射できる．

(b) 光源／球面波／レンズ1／平面波／平面波／レンズ2／球面波／焦点／投影スクリーン／フラウンホーファー回折像の強度分布＝焦点付近における光強度分布／投影スクリーン上の中心からの距離

レンズ1，円形開口，レンズ2は，直径 D の単一レンズにまとめることができる．

(c) 光源／D／直径 D の単一レンズ／焦点／フラウンホーファー回折像の強度分布＝エアリーパターン

たとえ，点光源からの光を収差がないレンズで集光しても，焦点にはフラウンホーファー回折像ができるため1点には集まらない．

時，円形開口の直径 D が大きいほど，投影される回折像は小さくなる．大きな開口からの微小球面2次波は，足し合わせると平面波になるので，(a) は (b) のように書き換えることができる．

(b) のレンズ1-レンズ2間は平面波で伝搬するので，2枚のレンズの間隔を近づけても投影像に影響はない．レンズ間距離を限りなく近づけた場合の (b) は，(c) に示す直径 D の単一レンズと等価であることが理解できるだろう．実は，直径 D のレンズの結像系は，直径 D の円形開口と同じ機能を果たし，全く同じフラウンホーファー回折を起こす．そのため，たとえ，無限小の点光源からの光を集光しても，レンズが有限の直径 D を持つ限り，点には結像されず，必ずエアリーパターンが生じる．

結像面でのエアリーディスクが小さければ小さいほど，像を分離する能力，すなわち分解能が高くなる．ここで，開口が狭いほど回折像が広がり，開口が広いほど回折像が中心に集中することを，思い出してほしい．焦点距離が同じなら，直径 D が大きいレンズほど，分解能が高いことを，定性的に理解できるであろう．

図2：レイリーの分解能定義

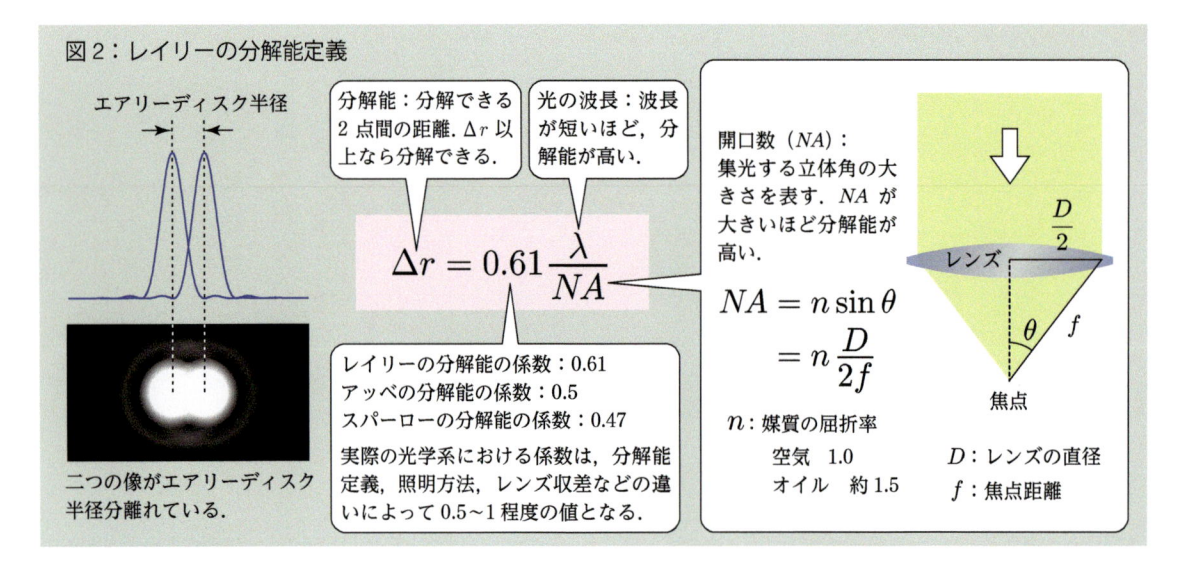

エアリーディスク半径

分解能：分解できる2点間の距離．Δr以上なら分解できる．

光の波長：波長が短いほど，分解能が高い．

開口数（NA）：集光する立体角の大きさを表す．NAが大きいほど分解能が高い．

$$\Delta r = 0.61 \frac{\lambda}{NA}$$

$$NA = n\sin\theta = n\frac{D}{2f}$$

レイリーの分解能の係数：0.61
アッベの分解能の係数：0.5
スパーローの分解能の係数：0.47
実際の光学系における係数は，分解能定義，照明方法，レンズ収差などの違いによって0.5～1程度の値となる．

n：媒質の屈折率
空気　1.0
オイル　約1.5

D：レンズの直径
f：焦点距離

二つの像がエアリーディスク半径分離れている．

光学分解能の定義

たとえ，点光源からの光を理想的なレンズで集光しても，光は1点には集まらず，エアリーディスク分の広がりを持った像が形成される．そのため，近接した二つの像は，ある距離より近いと分離することができない．例えば，光度が等しい近接した二つの星を望遠鏡で見たときに，二つが分離して見える条件として，「二つの像の中心が，エアリーディスクの半径だけ離れていること」と定義するのがレイリーの分解能で，図2の式がレイリーの分解能を表す式である．Δrは分解能（分解できる2点間の距離），λは波長，NA（開口数）はレンズが集光する立体角の大きさを表している．係数の0.61は，Δrをエアリーディスク半径と定義したレイリーの分解能の場合であり，他の分解能定義では値が多少異なる．式から分かるように，λが小さくなるかNAが大きくなるとΔrが小さくなり，分解能が上がる．いわゆる明るいレンズほど分解能がよい．しかし，光入射の仕方，分解能の定義などで多少の違いはあるものの，どんなに高性能なレンズを使っても，波長程度のものを分離するのが限界である．この回折による分解能の制約は，回折限界と呼ばれる．

図3で，二つの像の距離rに依存した像分離のようすを見ていこう．(a) rがΔrより大きければ，二つの像は明確に分離することができる．(b) rがレイリーの分解能に等しい場合，合成される像は二つの像の中間で凹みが残る．(c) rを小さくしていくと，中間の凹みは次第に小さくなって，やがて消失する．この状態のrを分解能と定義するのが，スパーローの分解能である．(d) さらにrが小さくなると，2つの像は重なり，もはや分解できなくなる．

図3：エアリーディスクと光学分解能

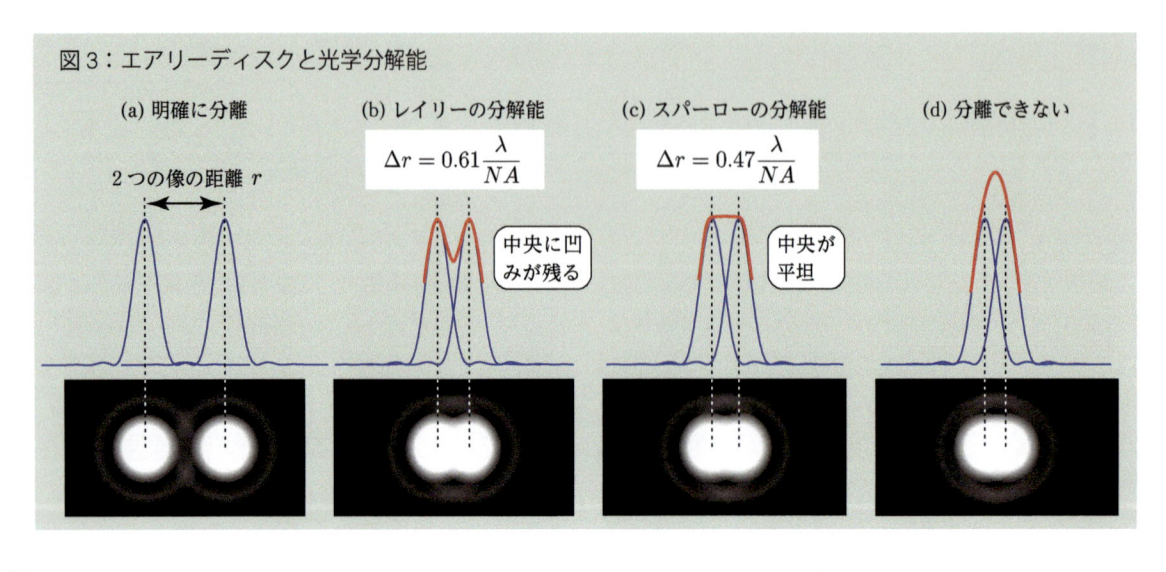

(a) 明確に分離 — 2つの像の距離 r

(b) レイリーの分解能 — $\Delta r = 0.61 \frac{\lambda}{NA}$ — 中央に凹みが残る

(c) スパーローの分解能 — $\Delta r = 0.47 \frac{\lambda}{NA}$ — 中央が平坦

(d) 分離できない

NAが大きいと分解能が高くなる

　NAとエアリーディスクの関係を，調べていこう．図4(a)では，NAが小さいレンズが狭い立体角で集光するようすを，五つの経路で表している．5本の矢印は，中心で必ず強め合う．スクリーンの中心から下方にずれた位置では，レンズ下端からの経路で所要時間が最小となり，レンズ上部に行くほど所要時間が徐々に長くなるため，各経路の矢印は時計回りに少しずつ方向がずれて，足し合わせた結果の最終矢印は短くなる．中心から下方にある位置までずれると，矢印の足し算の結果は1周して，最終矢印の長さはゼロになる．この位置がエアリーディスク半径である．

　図4(b)のNAが大きいレンズは，大きな立体角で集光されるので，11本の経路で表そう．スクリーンの中心から下方にずれた位置では，(a)の場合と同様に，経路間で所要時間のずれが生じて最終矢印は短くなる．矢印の足し算では，(a)の倍以上の矢印が足されるため，矢印1本当たりの角度ずれが(a)の半分足らずで，矢印を足し合わせた結果が1周し，最終矢印の長さがゼロになる．つまり，(b) NAが大きいレンズのエアリーディスク半径は，(a) NAが小さいレンズの場合の半分未満で，(b)のレンズは(a)のレンズの2倍以上分解能が高い．

　開口数（NA）が異なる対物レンズを使って撮影したヒシガタケイソウの一種（*Frustulia amphipleuroides*）の顕微鏡画像を示す．撮影条件は，(a) $NA = 0.55$, (b) $NA = 0.95$，共に，倍率40倍，照明波長 $\lambda = 440 \sim 500$ nm（白色LED＋干渉フィルター），コンデンサー絞りは対物レンズ開口の70%に設定した．NA条件による分解能の違いは，一目瞭然である．

図4：NAの大きさとエアリーディスク径の関係

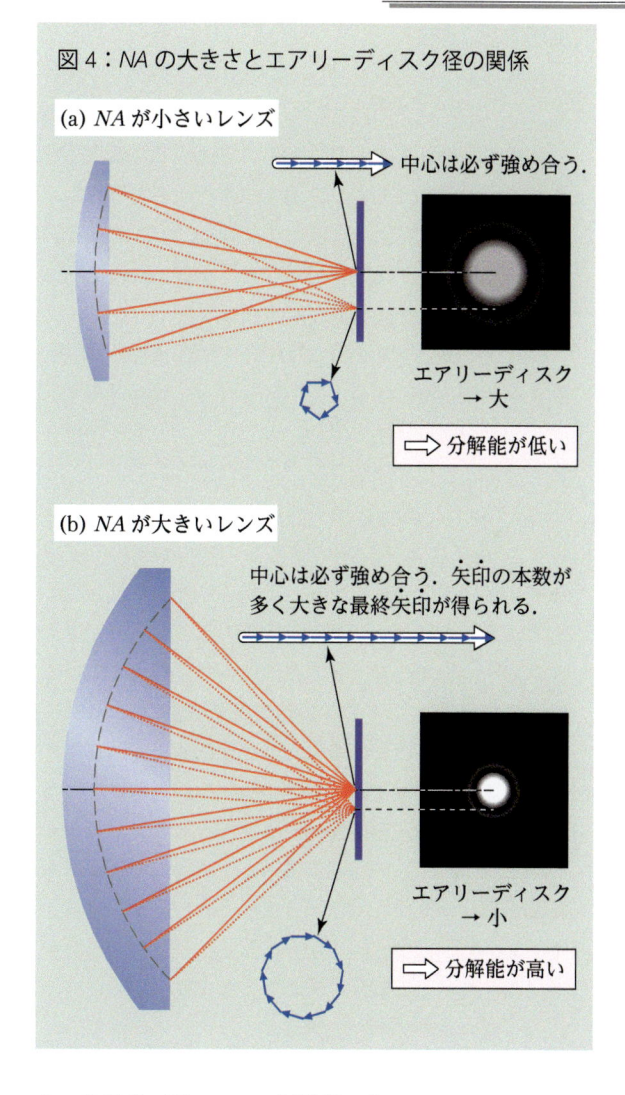

(a) NAが小さいレンズ
中心は必ず強め合う．
エアリーディスク → 大
分解能が低い

(b) NAが大きいレンズ
中心は必ず強め合う．矢印の本数が多く大きな最終矢印が得られる．
エアリーディスク → 小
分解能が高い

ヒシガタケイソウの一種の顕微鏡写真：NAによる分解能の違い

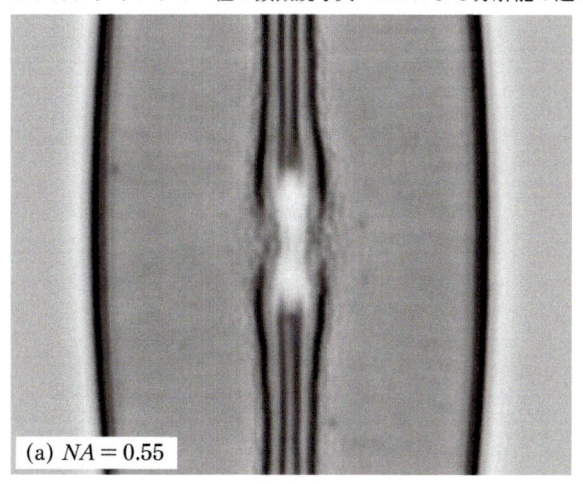

(a) $NA = 0.55$

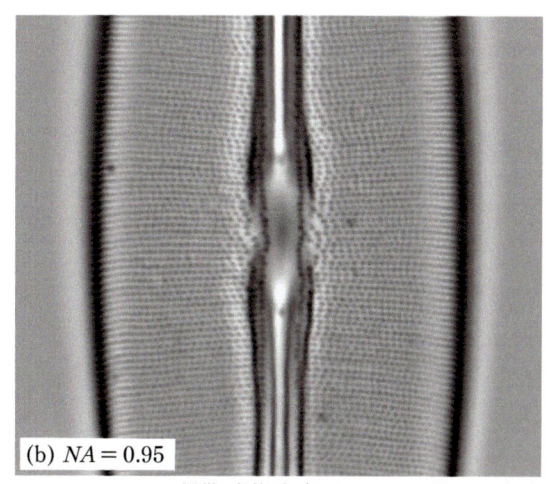

(b) $NA = 0.95$

提供：奥修氏（ミクロワールドサービス）

曲がる光の実験

蜃気楼のように光を上に凸に曲げるためには，屈折率が下方で高く，上方にいくほどだんだんと低くなる分布構造を作ります．二つの液体を使ってこの構造を作る場合，水と油のように混ざり合わない組み合わせでは，生じた境界面で直線的に反射し，p.48 のようには曲がりません．屈折率の高い液体と低い液体は，混ざり合う組み合わせを選ぶ必要があります．

p.48 の実験では，屈折率が高い下層に飽和砂糖水，屈折率が低い層に水道水を用いました．砂糖は室温で 100 cc の水に 200 g 以上溶けるので，小容量の水槽を使わないと多量の砂糖が必要になります．そこで，写真 (a) のように薄い水槽を作りました．光路の可視化には，(b) の蛍光ペン用の詰め替えインクを用いています．蛍光インクは牛乳などと違って光を散乱しないので，光線が広がることなく水槽の中を進んでいきます．途中で光が弱まらず光路がはっきり見えつづけるように，あらかじめインクの濃度を調整して下さい．蛍光インクは，使用する光源の波長で蛍光を出すものを使います．実験では，青色レーザーを光源にし，黄緑に発光する蛍光色素を使いました．

砂糖水は，ゴムチューブを付けた注射器を使い，水槽の側面に付かないように注意して下から流し込みます．続いて，上層の水道水をゴムチューブ付きの注射器で液面近くから静かに入れていきます．上層に使う水道水は，水槽の内部に気泡がでないように，煮沸したものを用いるとよいでしょう．下層の砂糖水は水道水より比重が大きいので，上層に静かに流し込まれた水道水とは，容易には混ざり合いません．水槽の準備ができたら，砂糖水側から斜め上方向にレーザー光を入れます．光路を確認して，入射角度が大きすぎて光が上に抜けてしまわないようにします．最初，2層の境界が明瞭だと，(c) のように折れ曲がる場合があります．その時は2層の間の屈折率勾配をなだらかにするために，先を渦巻き状に丸めた針金を水槽の上から入れて，2層の界面を優しく混ぜます．混ぜた直後は下から上への濃度変化が不均一なので，(d) のように光が割れてしまったりしますが，そのままおいておくと (e), (f) のようにだんだんと安定していきます．

p.61 の波打つ光も，この水槽で撮影しています．屈折率の高い砂糖水を真ん中の層にするために，下層は寒天を使って屈折率の低い水をゲル化して，比重の高い砂糖水が下に沈まないようにしています．

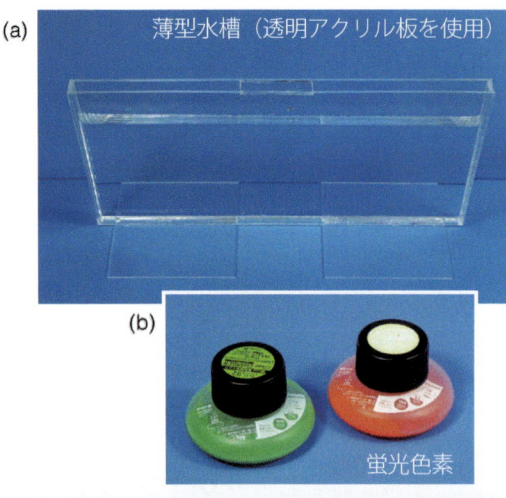

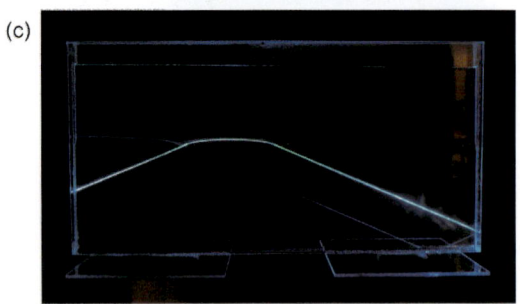

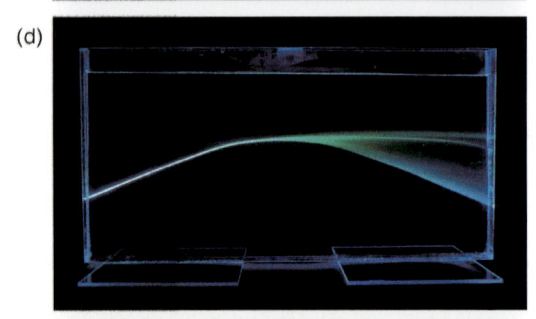

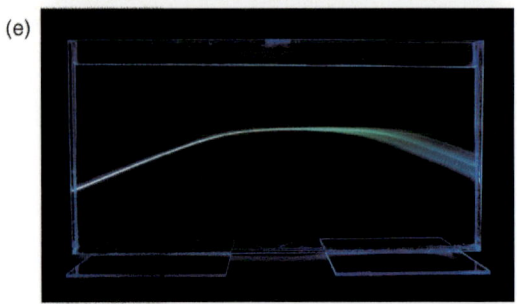

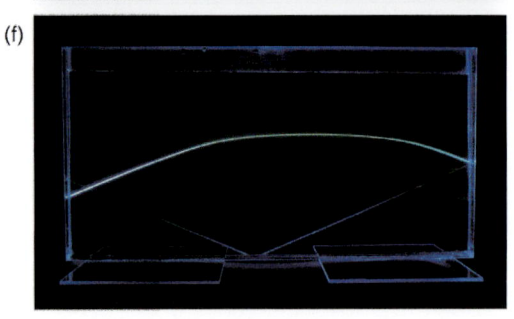

第 4 章

なぜヒマワリは黄色く見えるのか

山梨県北杜市明野のヒマワリ畑

　夏の日差しを浴びて咲くヒマワリの写真，読者の皆さんには，きれいな黄色に見えているだろうか．もっとも，液晶ディスプレイで見ている筆者と，印刷物で見ている皆さんとでは，違う「黄色」を見ていることになる．また，室内か屋外か，晴れか曇りかなど，見る環境によっても，見え方が変わってくる．そもそも，ヒマワリの写真から来る光を，眼の視細胞が信号に換え，脳が信号処理をして色を認識している訳だから，A さんが見ている「黄色」と B さんが見ている「黄色」が同じかどうかを確かめるすべはない．

　本章のテーマは，「色」である．ものの色がどのように決まるのか，印刷やディスプレイはどのように色を再現しているのか，構造色とは何かといった話題を取り上げていく．

眼が感じる色彩

人間の眼

眼は，複雑な光学機器である（図1）．眼に入った光は，角膜で屈折し，虹彩で光量が調整され，水晶体でピント調整が行われて，網膜に結像する．水晶体は，図2のように，前眼房や硝子体（しょうしたい）より若干屈折率が高いが，前眼房や硝子体との屈折率差が小さいため，結像にはあまり寄与しない．眼の結像作用の大半は，角膜が担っている．

図1：頭上から見た右眼の断面

図3：視細胞（錐体・桿体）の分布

図2：眼球各部の屈折率

桿体と錐体の分布 [2]

眼には，桿体（かんたい）と錐体（すいたい）の2種類の視細胞がある．図3のように，錐体は中心窩を中心とした黄斑部に密に集中しており，この部分が視力の大半を担っている．黄斑部は，視軸中心からの角度にして数度しかなく，人間が一度にはっきりと見ることができる視野は，黄斑部に対応する数度の範囲に限られている．しかし，人間が物を見る時には，常に眼球を動かして様々な方向の画像を取り込み，それらを合成して視覚としているため，黄斑部の狭さを感じることはない．

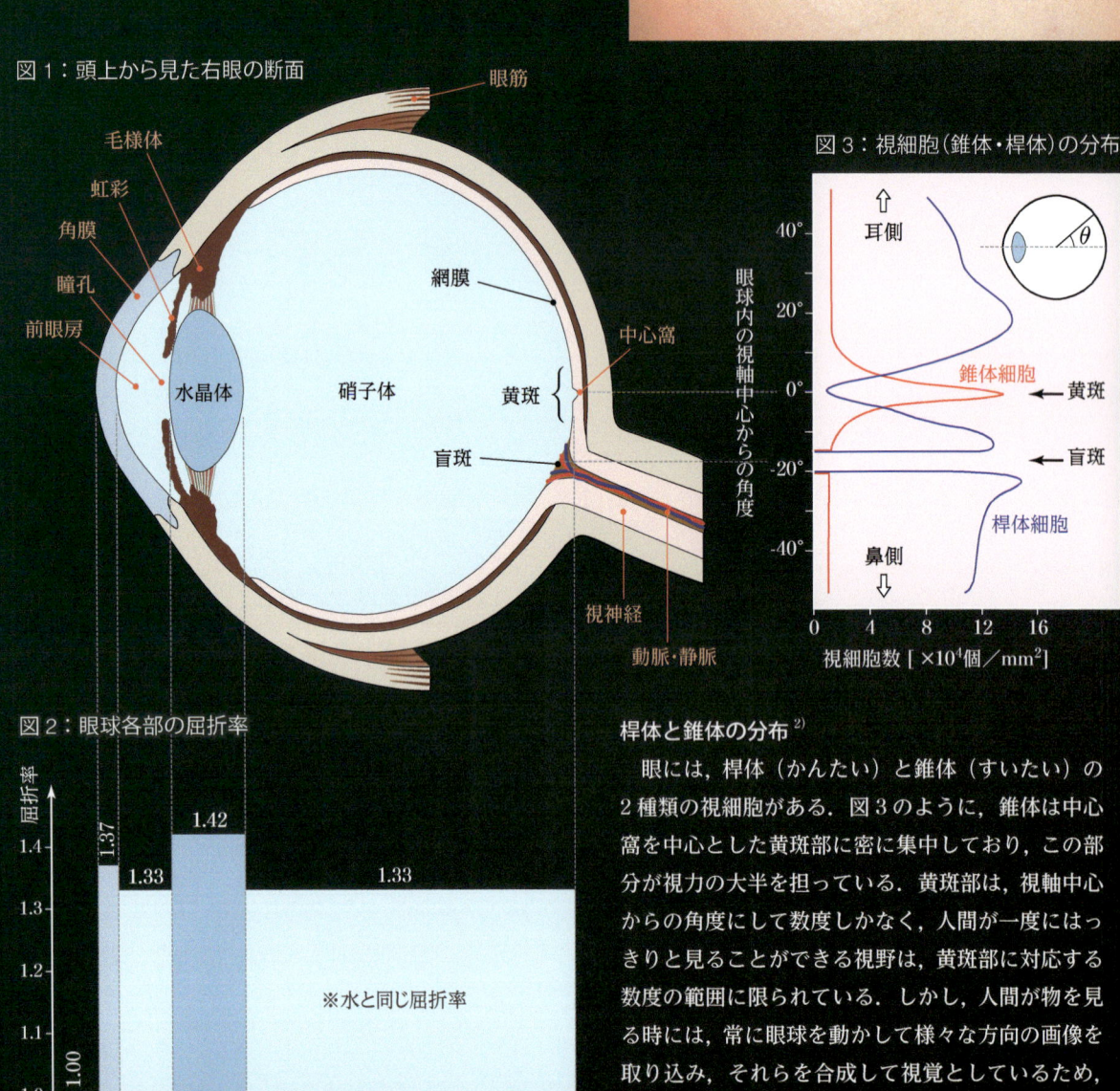

色の識別

図4に桿体と錐体の構造を，図5に網膜内に並ぶ桿体と錐体のようすを示す．桿体には1種類の細胞しかないため，色を識別することはできない．一方，錐体には異なった波長の光に対して反応強度が異なる3種類の細胞があり，3種類の錐体の反応強度比から，人間は色彩を区別している．桿体は色を識別できないが，錐体より感度が高いため，暗闇などでは，桿体が主に働く．暗闇で物の形は分かるが色が判然としないのは，明暗しか分からない桿体によって物を見ているためである．

錐体の種類数は，動物によって異なる．多くの魚類，両生類，は虫類，鳥類は，4種類の錐体を持っている．それに対し，多くのほ乳類は，2種類の錐体しか持っていない．ほ乳類の錐体の種類が少ないのは，進化の過程で，夜行性の生活をしていた時代に，2種類の錐体を失ったためと考えられている．

錐体の数によって，色の見え方は大きく異なるはずである．鳥類のように4種類の錐体を持つ動物は，人間よりも豊かな色彩世界に生きていることであろう．また，昆虫の中にも紫外に感度がある眼を持つものがいる．例えば，蝶の羽には，私たちには見えない紋様が刻まれていることがある．

日本人を含む黄色人男性の5%，白人男性の8%，黒人男性の4%は，錐体数が少なく，特定の色の差が識別しにくいという色覚特性を有している．案内標識など公共の場における様々な表示，インターネットにおける情報提供画面などに，これらの人の見やすさを考慮した配色デザイン（ユニバーサルデザイン）が求められるようになってきている．

図4：桿体細胞と錐体細胞

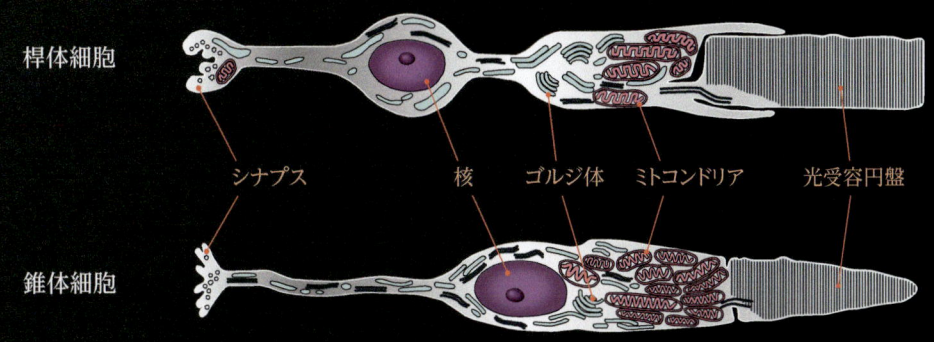

桿体細胞

錐体細胞

シナプス　　　核　　ゴルジ体　ミトコンドリア　　　光受容円盤

図5：網膜の構造イメージ

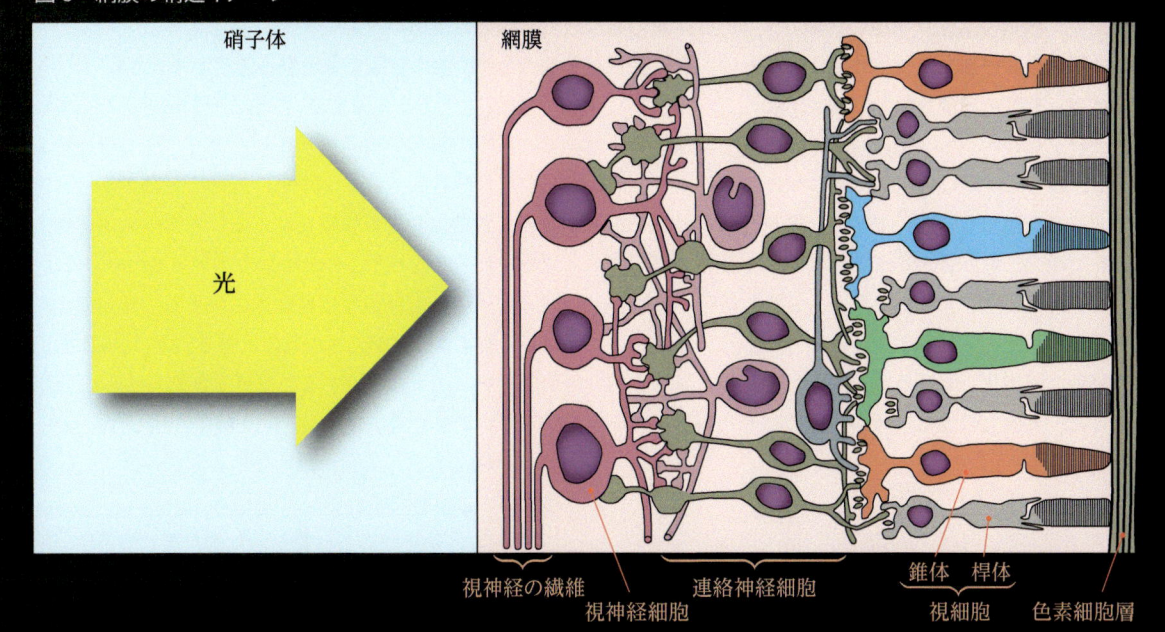

硝子体　　　網膜

光

視神経の繊維　　連絡神経細胞　　錐体　桿体
　　視神経細胞　　　　　　　　　視細胞　色素細胞層

錐体の感度分布は光の三原色ではない

　3種類の錐体は，S錐体，M錐体，L錐体と呼ばれ，図6のような感度分布を持つ．錐体の感度分布は，赤，緑，青の光の三原色とは明らかに異なっている．M錐体とL錐体の感度分布は大きく重なっているが，S錐体は，他の二つと離れて，青い光に対する感度が高い．また，400〜550 nmの波長領域では三つの錐体の感度分布が重なり合っている．実は，S錐体，M錐体，L錐体の感度分布の重なりに，人間の眼が様々な色を識別できる秘密が隠されている．

　図7のように，仮想的な3つの錐体が，光の三原色に感度を持つ場合を想像してみよう．光の波長が，525 nmから575 nmの間で変化したとする．この波長領域では，緑に感度を持つ仮想M錐体しか反応せず，S錐体とL錐体からの信号はゼロで変化しない．仮想M錐体の感度は，550 nmが最大なので，光強度を一定にして，波長を525 nmから長波長側に変化させていくと，色は変わらずに，550 nmまでは明るさが増し，その後は，暗くなっていくように見える．これでは，最初の525 nmの光が波長を変えずに強度を変えたのと区別が付かない．他の波長領域でも，一つの錐体しか感度を持たない領域であれば，その範囲では波長が変化しても，まったく同じ色で明るさだけが変化しているように見えることになる．

　感度に重なりがある実際の錐体では，状況が一変する．同じように，525 nmから575 nmまでの波長変化を考えると，S錐体，M錐体，L錐体の刺激の割合が，波長によって変化する．そのため，光強度だけではなく，波長の変化が明確に認識できる．3種類の錐体の感度分布が重なりを持っていることは，色の識別にとって非常に重要なのである．

　デジタルカメラも3色のバランスで色を記録しているが，錐体とは異なり，赤，緑，青の三原色に近い感度分布を採用している．これが，蛍光灯などの光で撮影した場合，見た目と違う発色になってしまう原因の一つである．デジタルカメラが，三原色を用いる理由の一つは，ディスプレイなどの出力が，赤，緑，青の三原色で画像化しているため，入力も同じ三原色を用いると，入出力の対応付けが簡単になり，効率がよいからである．

xy色度図

　三つの錐体の刺激強度の比で色が決まるので，三つ

図6：実際の錐体の感度分布

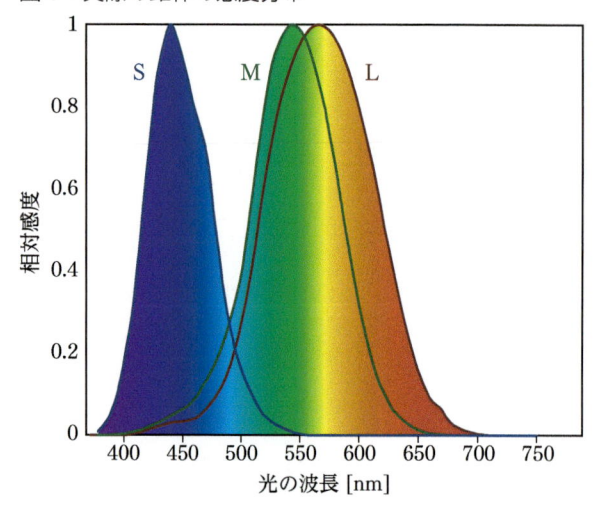

図7：三原色に感度を持つ仮想的な錐体の感度分布

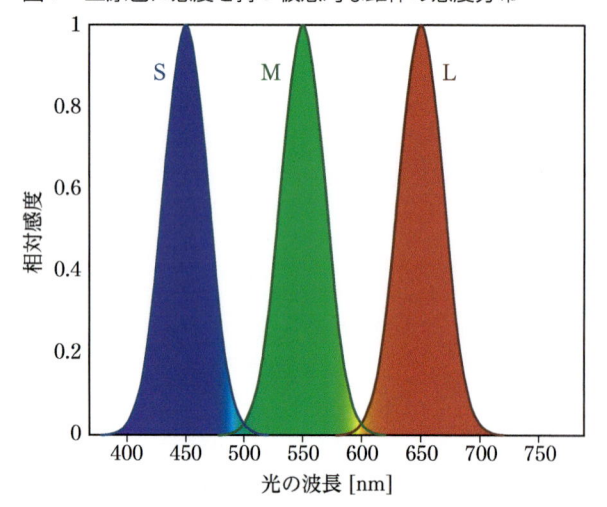

の錐体の刺激強度を直交する3軸に取った3次元の図で，全ての色を数値で表現することができる．

　経験的に，ある光強度範囲では，光強度が異なっていても三つの錐体の信号比率が同じなら，同じ色に見えることが知られている（図8）．三つの錐体の信号強度の和で各錐体の信号強度を割って，各錐体の信号強度比を求めておくと，二つの錐体の信号強度が分かれば，残りの一つの信号強度は自動的に決まる．言い換えれば，光強度の情報が失われるのと引き換えに，3次元の色座標を2次元に圧縮することができる．さらに，実用的に使いやすい軸になるように，座標変換したものが，xy色度図である．人間が識別できる全ての色は，xy色度図の中に示されている．

　図9のxy色度図の上に描かれた釣り鐘状の領域の中に含まれる色は，人間の目が感じることのできる全て

図8：明るさによる色の見え方の違い

の色である．その外側の座標値の色は，人間が見ることができない色で，虚色と呼ばれる．

釣り鐘状の領域の外周曲線には，単一波長の光の色が波長順に並ぶ．この曲線上の色を，**スペクトル純色**と呼ぶ．釣り鐘底部の直線は，長波長の赤と短波長の紫色の混合として生じる色調を示す線である．色度図上の任意の2点の色を選び，その2点を結んだ直線上の色は，2点の色の混ぜ合わせで再現することができる．釣り鐘状の領域内部に位置する色は，色々な波長の光が混ざった混色である．

放射光の色温度

外から入射された全ての波長の電磁波を完全に吸収し，また熱放射できる物体を黒体と呼ぶ．熱せられた黒体からは，温度に応じた色の光が放射される．放射された光の色に対する黒体の温度を色温度という．色度図の中に描かれている曲線は，数字が示す色温度に対応した色を結んだものである．

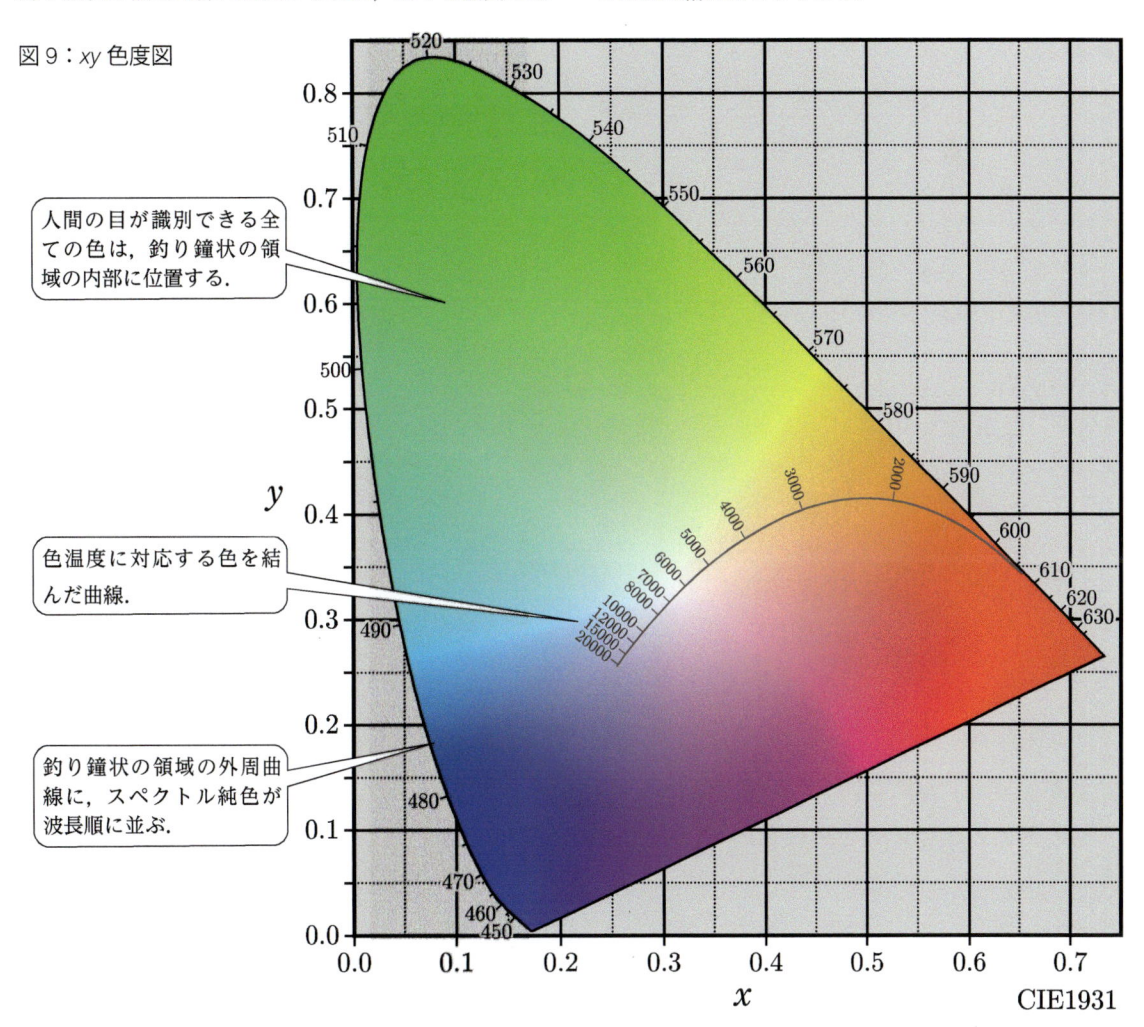

図9：xy 色度図

- 人間の目が識別できる全ての色は，釣り鐘状の領域の内部に位置する．
- 色温度に対応する色を結んだ曲線．
- 釣り鐘状の領域の外周曲線に，スペクトル純色が波長順に並ぶ．

CIE1931

色を重ねる

液晶ディスプレイの三原色

LCDを10倍程度拡大すると，赤(Red)，緑(Green)，青(Blue)の輝点が見える．赤，緑，青の3色を，加算混合の三原色（光の三原色）と呼ぶ．加算混合では，この3色の加算で色が作り出される．光がないときには黒，イエローは緑＋赤，シアンは緑＋青，マゼンタは青＋赤，白は赤＋緑＋青で作られている．

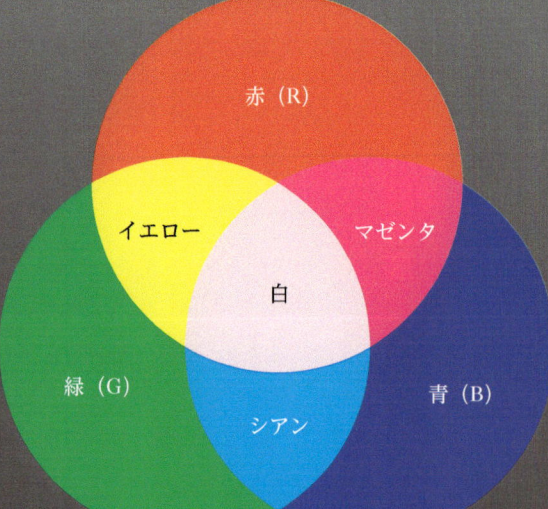

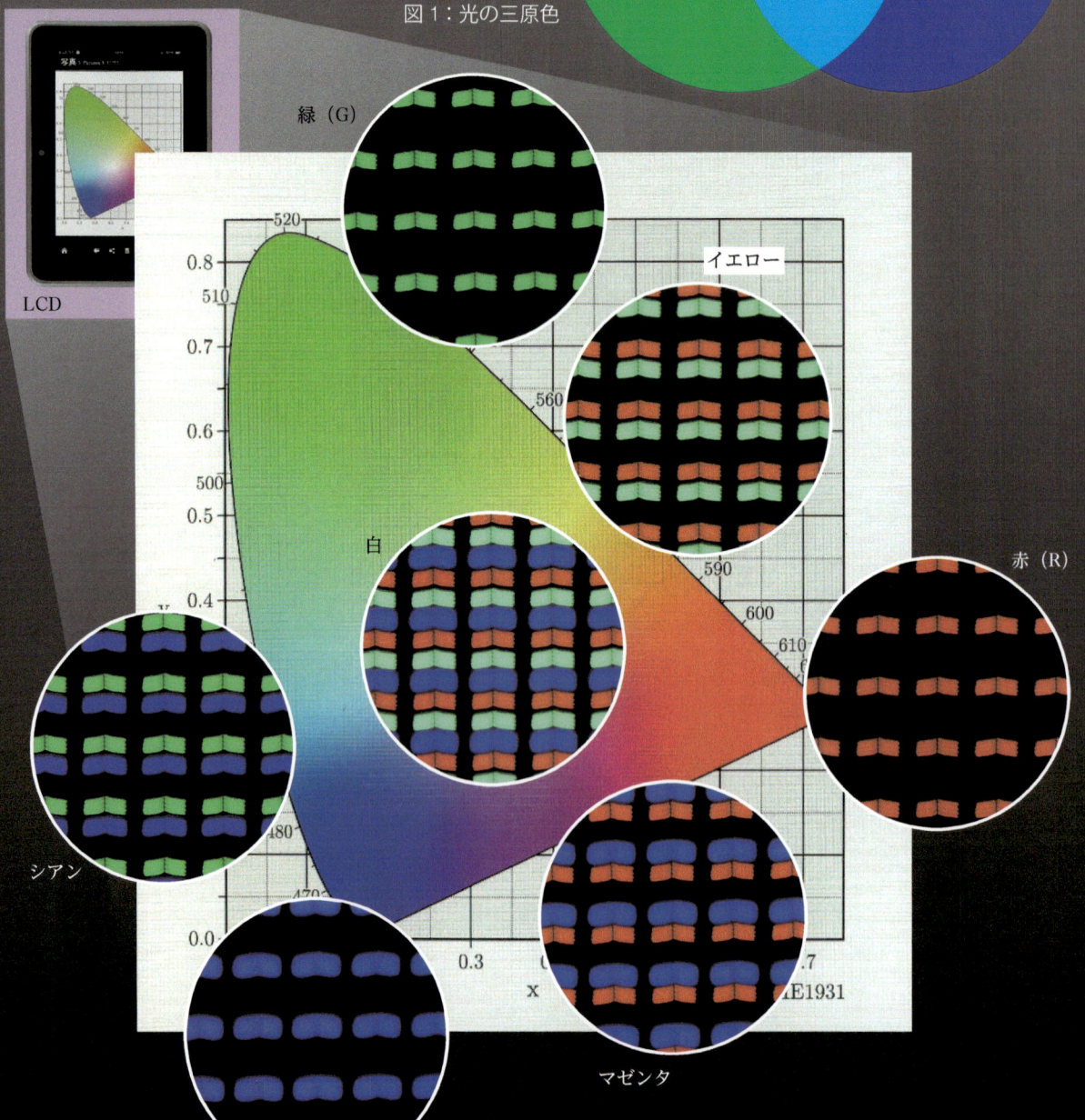

図1：光の三原色

4. なぜヒマワリは黄色く見えるのか

印刷の三原色

　印刷物を10倍程度拡大すると，規則的に並んだ小さな点（網点）が見える．印刷では，シアン（Cyan），マゼンタ（Mazenta），イエロー（Yellow）の3色を減算混合の三原色（色の三原色）と呼び，緑はC+Y，赤はY+M，青はC+Mで作られる．減算混合では，インクがない状態の白に，ある色のインクが塗られると，インク色の補色が光吸収によって引き算され，残った反射光によって色が作り出される．色を重ねると，より多くの色が引かれるため，元の色より暗くなる．

図2：色の三原色

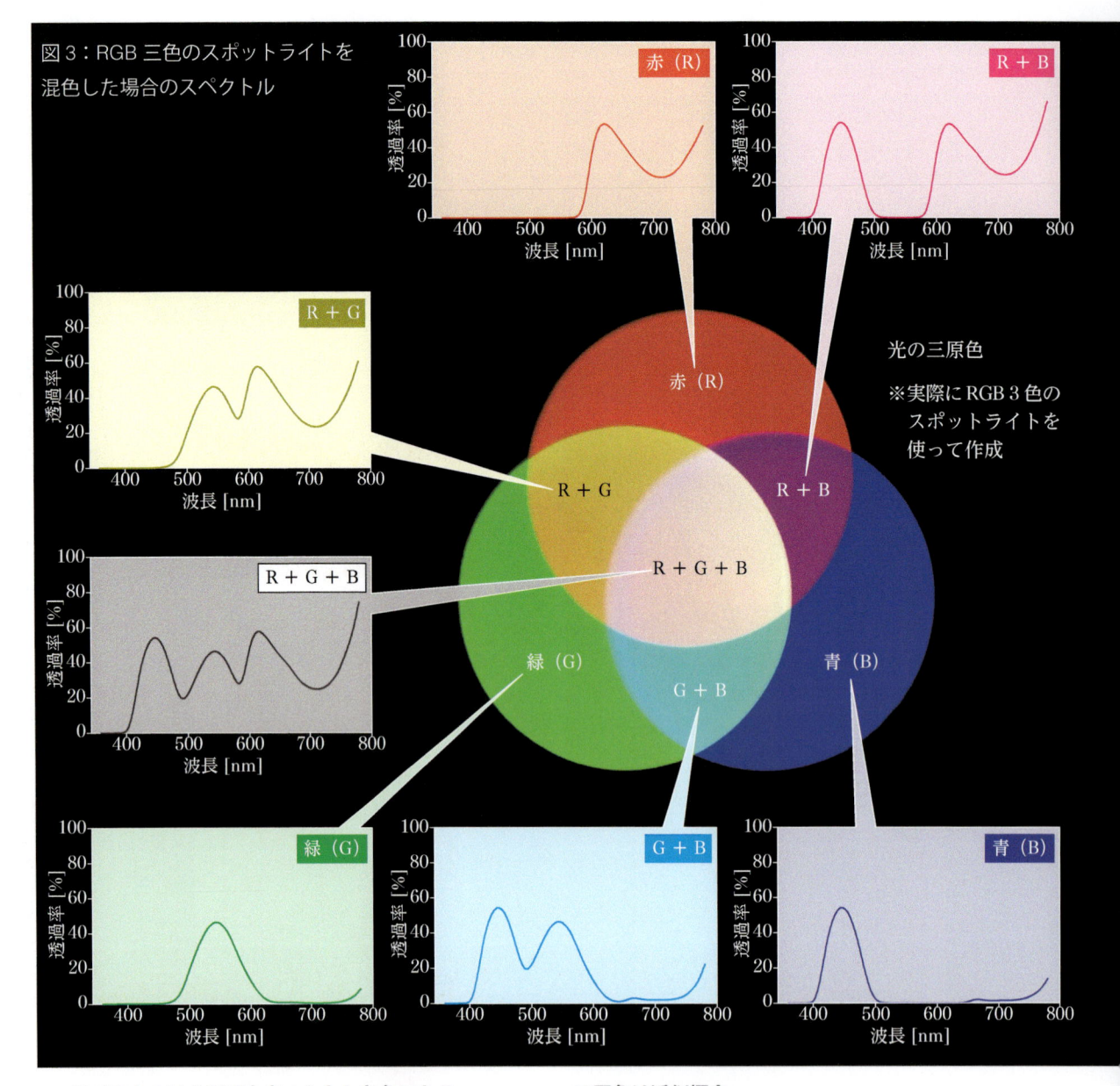

図3：RGB三色のスポットライトを混色した場合のスペクトル

スペクトルは凸凹でもちゃんとした色になる

ディスプレイで実際に使われる三原色は，スペクトル純色ではなく，ある波長帯の光が混ざった混色である．図3は，写真用三原色フィルターを通したスポットライトの色とそのフィルターの透過スペクトルである．赤，緑，青といっても，それぞれ波長幅100 nm程度の分布を持っている．例えば，赤と緑の重ね合わせである黄色のスペクトルは，赤と緑のスペクトルを足したものである．足し算により得られたスペクトルは凸凹しているが，人間の目には黄色に見える．白は，全ての色を均等に含む印象があるが，スペクトルの赤，緑，青にある三つの山の強度バランスが取れていれば，人間の目には白く見える．

三原色は近似概念

色度図上の二つの色を結んだ直線上の色は，二つの色の加算混合で作ることができる．三つ目の色を加えて，三角形を作るとしよう．ある頂点の色と，その頂点に対する辺上の色を混ぜれば，三角形の内側の色が作り出せる．三つの色で作られた三角形の内側にある全ての色は，三つの色の加算混合で作り出すことができるのである．

さて，色度図で人間に見ることができる色は，釣り鐘状の領域内であることを思い出してほしい．色度図内のどのような3点を選んで三角形を作ったとしても，その三角形では再現できない外側の色が存在することになる．実は，加算混合でも減算混合でも，三原

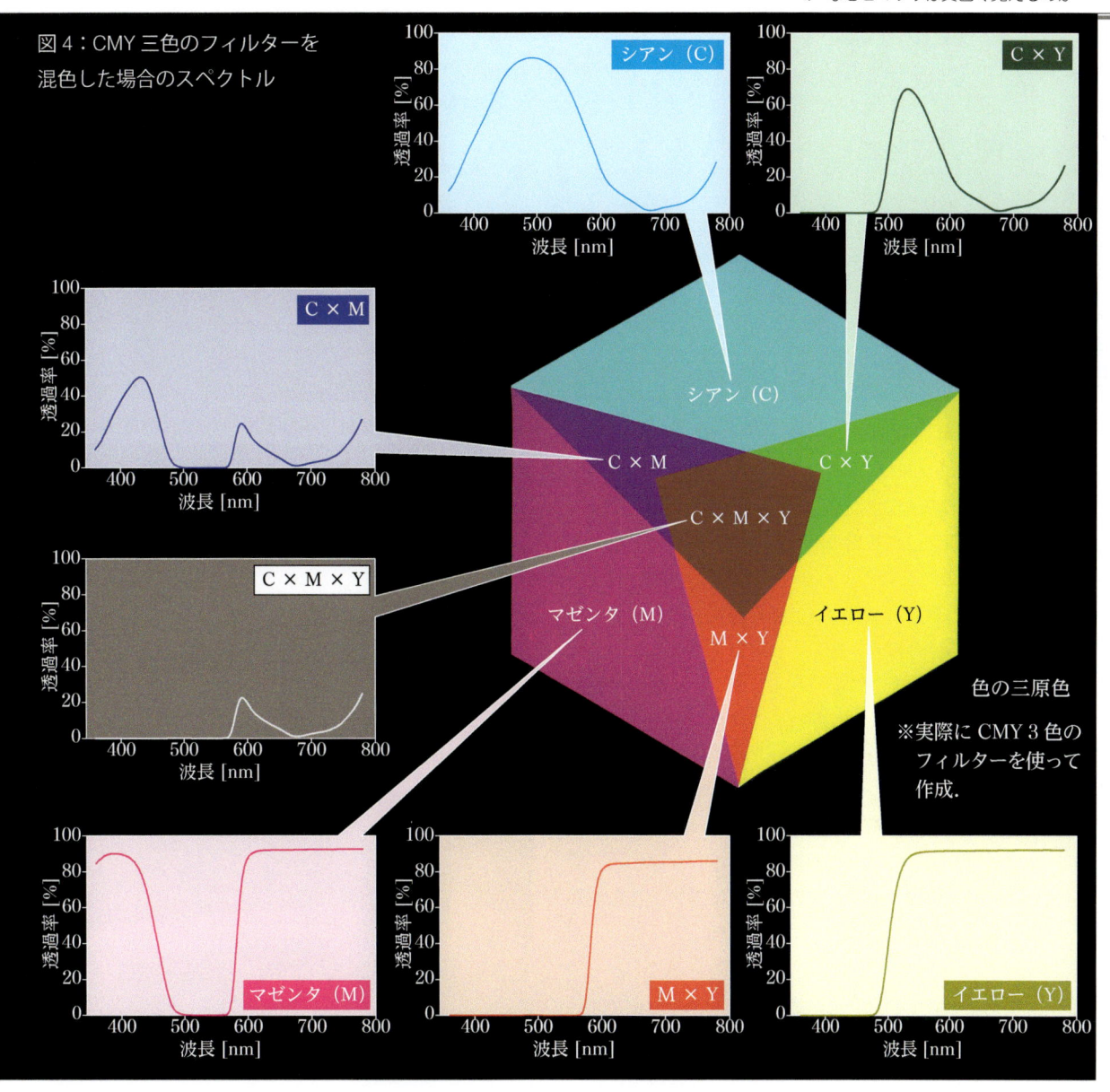

図4：CMY三色のフィルターを混色した場合のスペクトル

色の三原色
※実際にCMY 3色のフィルターを使って作成.

色で全ての色が作り出せるというのは近似的な話であり，赤，緑，青の三原色は，大きな面積の三角形を作り出せる三つの色でしかない．三角形の外側の色も再現しようとした場合，3より多くの原色を混ぜ合わせる必要がある．それにもかかわらず，テレビや印刷が三原色で事足りているのは，世の中に存在する多くの色は純度が低く，色の感じ方に主観的な要素があるためである．

ディスプレイの三原色には，いくつかの規格がある．規格によって三原色の色座標が違っており，再現できる色の範囲が異なる．しかし，いずれの規格でも，分光器を通して見られる鮮やかなスペクトル純色は再現することができない．

印刷の色再現

減算混合の三原色は，シアン：白から赤を引いたもの，マゼンタ：白から緑を引いたもの，イエロー：白から青を引いたものである．例えば，シアンとイエローを重ねると，白から赤と青を引くことになり緑が残る．その時得られる緑のスペクトルは，シアンとイエローのスペクトルを掛け合わせたものである．三原色を重ね合わせると，シアン，マゼンタ，イエローのスペクトルが掛け合わされて黒になるはずだが，実際には，完全な黒にすることは難しい（図4の例では，波長600 nm付近の光が消え残って赤みがかっている）．そのため，印刷では，三原色に加えて，黒インクが併用される．

吸収が決める物の色

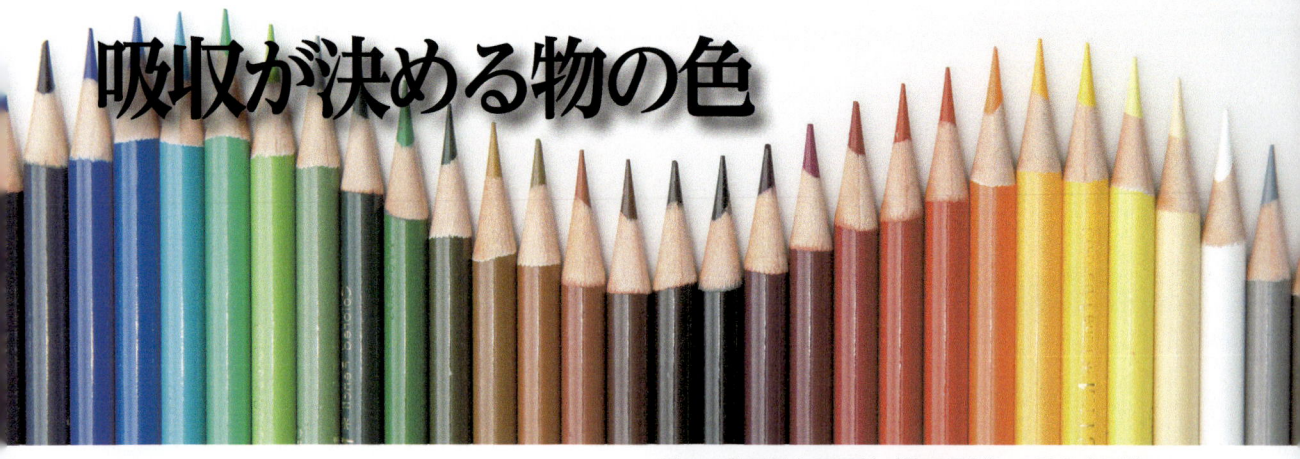

白い紙と鏡はどこが違うのか

図1(a)のテーブルの上には，白い紙が置かれている．光と影のようすから，紙が平面であることが分かる．白い紙が，自然光の下で白く見えるのは，紙が全ての波長の光を偏ることなく反射しているからである．一方，図1(b)の鏡は，全ての波長の光を反射しているにもかかわらず，紙のように白く見えることはなく，背後にあるものの姿を映す．きれいに磨き上げられた鏡では，表面に指紋が付いていない限り，鏡自体がどこにあるのか分からない．

両者の反射で異なる点は，紙の表面では光が乱反射するのに対して，鏡の表面では正反射（鏡面反射）することである．ものの表面が「見える」ためには，鏡のような正反射ではなく，表面で乱反射することが必要なのである．

乱反射と吸収が色合いを決める

正反射は，入射角と等しい反射角方向に出射する通常の反射である．一方，反射角以外の方向にも広がって出射する反射を，乱反射と呼ぶ．乱反射を起こす物質の表面を観察すると，多かれ少なかれ，磨りガラスのような凸凹が見られる．そのため，一定角度で入射された光でも，微視的に見れば，色々な角度を持つ小さな平面の集合体に光が入射されたことになり，微小平面ごとに出射方向が変わって，全体として乱反射が生じる．逆に，一つの出射角方向から乱反射表面を見ると，色々な方向から入射した光が重なって目に入ってくるため，鏡のように像が映ることはなく，構造のない単なる色が見えるのである．

乱反射で出射方向が広がる程度は，表面の凹凸状態によって様々であり，入射角に等しい反射角周辺に強く出射する場合もあれば，図2に示す紙の乱反射のよ

図1：乱反射と正反射（鏡面反射）の見え方の違い

図2：紙表面の乱反射

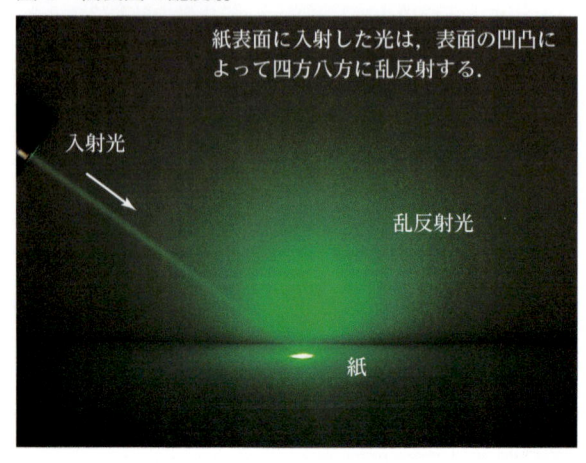

紙表面に入射した光は，表面の凹凸によって四方八方に乱反射する．

図3：吸収と乱反射によって物の色と形が認識できる

4．なぜヒマワリは黄色く見えるのか

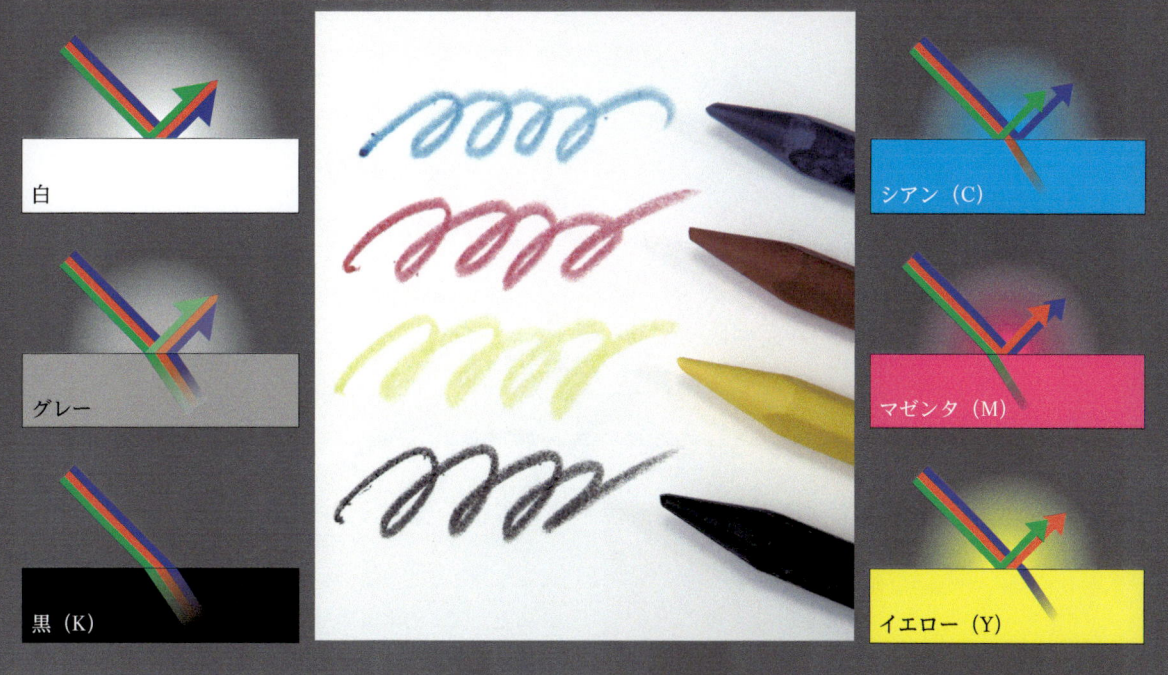

白
グレー
黒（K）

シアン（C）
マゼンタ（M）
イエロー（Y）

うに，入射角によらず空間の全方向に出射する場合もある．

図3に示すように乱反射するものが光を吸収しなければ，その表面は白く見える．しかし，赤を吸収するものは，緑と青を乱反射してシアンに見え，緑を吸収するものはマゼンタ，青を吸収するものはイエローに見える．これらの色が混ざり合うことで，多くの色彩が作り出される．吸収が作り出した色は，乱反射によってあらゆる方向に広がる．そのため，見る方向が変わっても，色が変化することはない．千代紙の美しい色彩は，顔料の吸収と和紙表面の乱反射によって私たちの目に届いているのである．

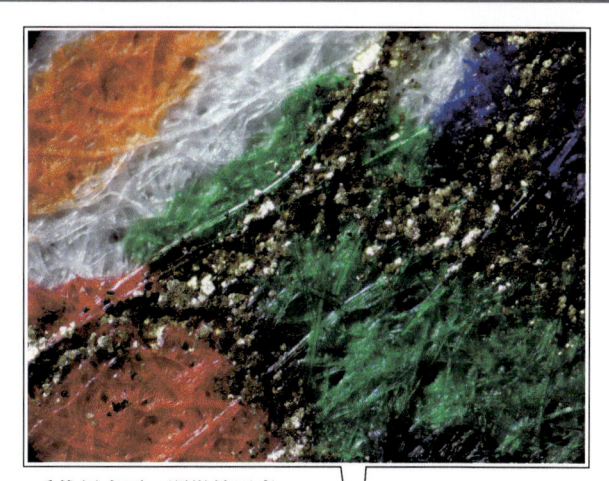

千代紙表面の顕微鏡写真

千代紙．美しい色彩は吸収と乱反射によってもたらされる

85

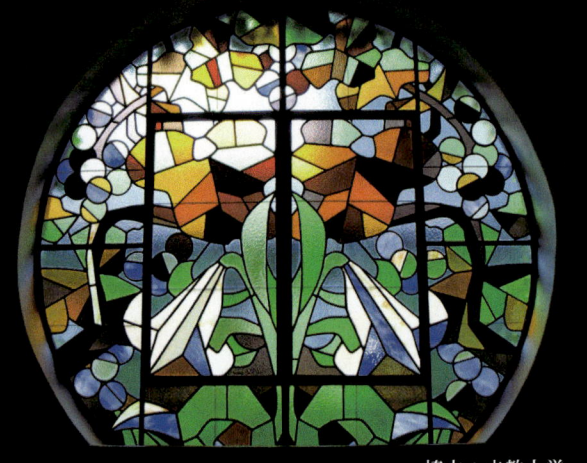

図4：赤いステンドグラスの透過光

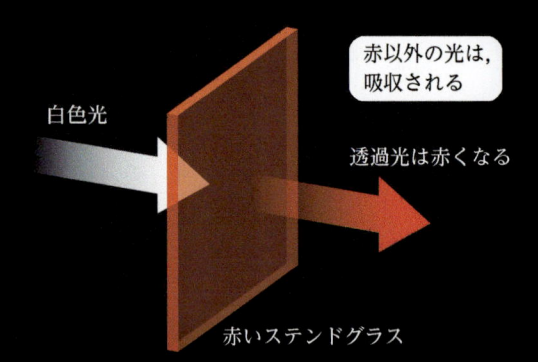

白色光　→　赤以外の光は，吸収される
透過光は赤くなる
赤いステンドグラス

協力：立教大学

図5：赤/緑/青セロハンの透過率スペクトル

図6：ラインマーカーで，どうして文字が消せるのか

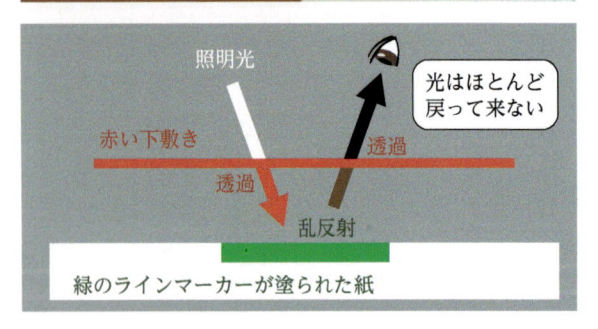

照明光
赤い下敷き
透過
透過
乱反射
光はほとんど戻って来ない
緑のラインマーカーが塗られた紙

ステンドグラスの光

　色鮮やかなステンドグラスの色彩も，光の吸収によって作られる．赤いステンドグラスに白色光を入射すると，図4のように，当然，赤い光が出てくる．これは，光がステンドグラスを透過する間に赤以外の光が吸収され，生き残った赤い光だけが目に届くためである．

　図5に示した赤，緑，青，3色のセロハンの透過率スペクトルを比較してみよう．例えば，赤いセロハンでは，600 nm より短い波長の光は吸収されてしまい，600 nm より長波長側の赤い光しか通らないことが分かる．

文字を消すラインマーカー

　単語を暗記する時に，ラインマーカーを使う方も多いのではないだろうか（図6）．赤い下敷きを通して，緑にマークされた部分を見ると黒く見えるために，文字が読めなくなる．これは，赤い下敷きの透過，緑のマークの乱反射，再び赤い下敷きの透過の間に，可視領域の光がほとんど吸収されてしまうためである．

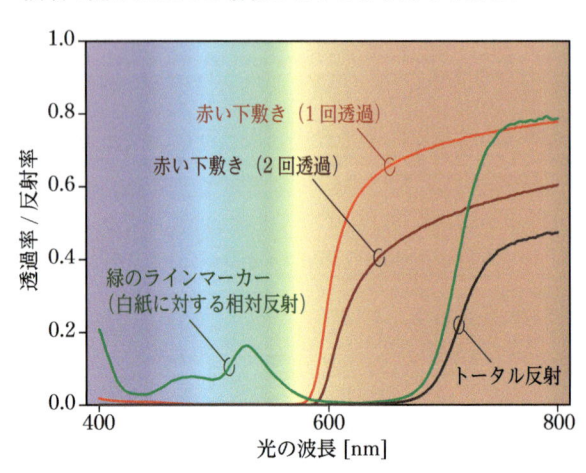

赤い下敷き（1回透過）
赤い下敷き（2回透過）
緑のラインマーカー（白紙に対する相対反射）
トータル反射

4. なぜヒマワリは黄色く見えるのか

植物は緑が嫌い

青々と茂る草木を見ると，「植物は緑が好きなのではないか」と思えてしまうが，実は逆である．光合成では，クロロフィルが光合成に必要な光エネルギーを吸収する．図7の吸収スペクトルを見れば分かるように，550 nm を中心とする緑の波長領域は，ほとんど吸収されない．実際，紫陽花の葉の吸収スペクトルを測定してみると，クロロフィル由来の吸収を確認することができる．植物は，光合成に使われない緑の光を反射しているのである．

発光ダイオード（LED）を用いた植物栽培

最近，LED を用いた植物栽培工場が話題になっている．植物栽培用 LED としては，白色 LED の他に，赤と青の LED を組み合わせたものが市販されている．植物が光合成で必要とする青い光と赤い光のみを照射し，効率よく光合成をさせることが目的である．今回，植物栽培実験に使用した LED の発光スペクトルは，図8に示すように，光合成に使われない緑の光は含まれない．図9のように，液体クロロフィルに白熱電球の光を照射した場合には緑の光が透過するのに対して，植物栽培用 LED の光を照射すると，LED 光はクロロフィルに吸収されてしまい，ほとんど透過しない．

実際に，図8の LED を使ってサニーレタスを栽培したところ，太陽光栽培に比べて早く収穫することができた．ただし，LED 光栽培では，昼夜照射し続けるので，照射時間が太陽光栽培の約3倍であることが，早期収穫の要因ではないだろうか．LED 光栽培が得かどうかの判断には，設備費，電気代，手間なども考慮する必要がある．

図7：クロロフィルの吸収スペクトル[3]

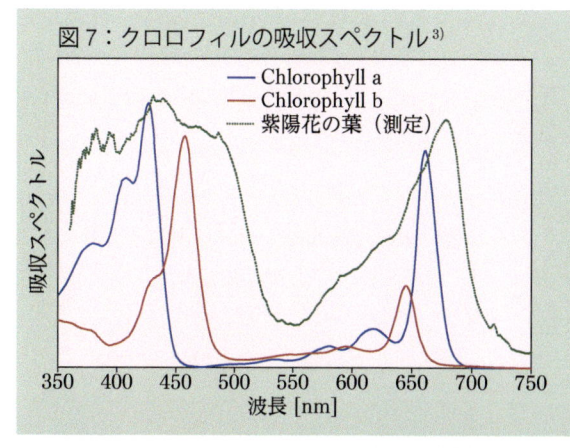

図8：植物栽培用 LED の発光スペクトル

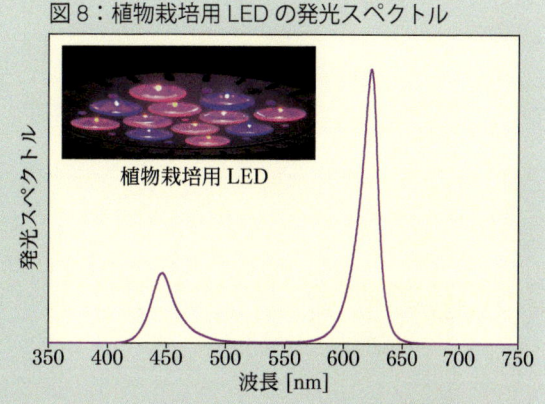

図9：植物栽培用 LED の光はクロロフィルに吸収される

白熱電球　　植物栽培用 LED

植物栽培用 LED を使ったサニーレタスの栽培

光源で変わる色の見え方

前節では，物体の色が吸収と乱反射によって決まることを学んだ．実は，もう一つ色を決める重要な要素がある．それは，物体を照らす光源である．例えば，店では美味そうだったマグロの刺身が，自宅では赤黒く不味そうに見えたといった経験はないだろうか．それは，光源の発光スペクトルの違いが原因である．自然な色とは，自然光（太陽光）のもとで見た色である．照明などの光源が物体を照らしたとき，その物体の色の見え方が如何に自然光に近いかの度合いを，演色性という．自然光に近いほど演色性が高く，優れた照明であると判断される．

光源の色々

各種光源の色，光源に照らされたカラーチャート，発光スペクトルを見比べていこう．一見，同じ色に見える光源でも，異なる発光スペクトルを持ち，照らされた物体の色は必ずしも同じにはならない．

(a) 太陽や (b) 白熱電球のように，ある波長範囲にわたって連続分布したスペクトルを連続スペクトル，ネオン管や水銀灯のように，所々の波長に不連続な輝線を含むスペクトルを線スペクトルという．(c)〜(e) の蛍光灯は，低圧水銀蒸気中の放電で発する紫外線を蛍光体に当て，3波長（青：450 nm，緑：550 nm，赤：610 nm）の蛍光発光で白色を作っている．蛍光灯 (c)〜(e) の基本的な輝線の発光波長は同じだが，発光強度のバランスが異なり，色調が違っている．

21世紀に入り，省電力の照明として急速に普及しているのが白色発光ダイオード（白色LED）である．白色LEDは，青色LEDと黄色に発光する蛍光体を組み合わせて白色を実現している．

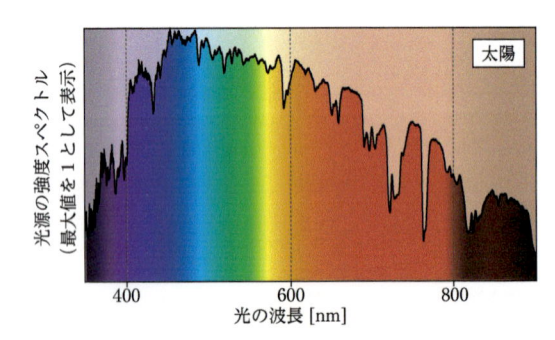

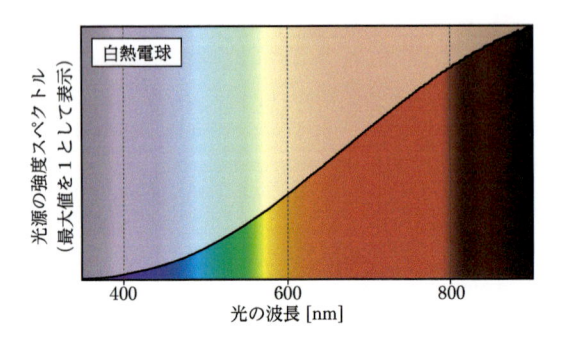

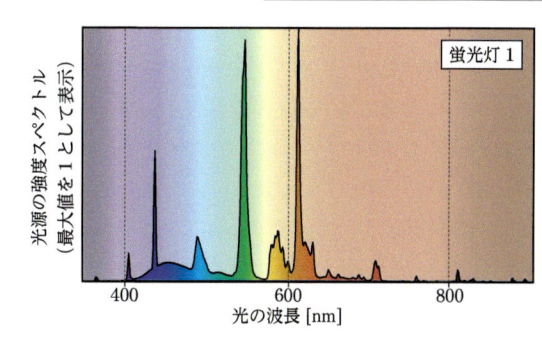

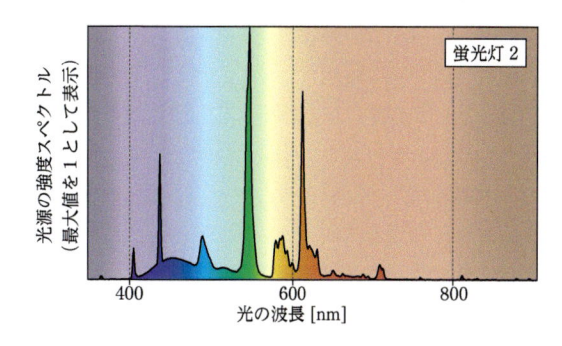

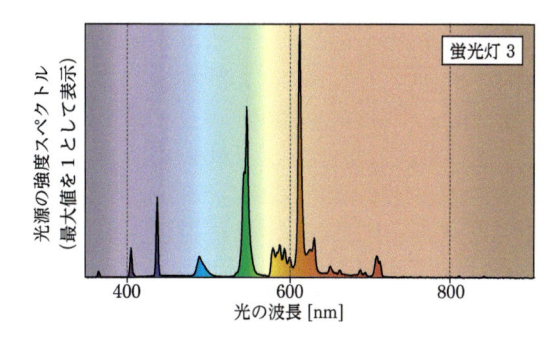

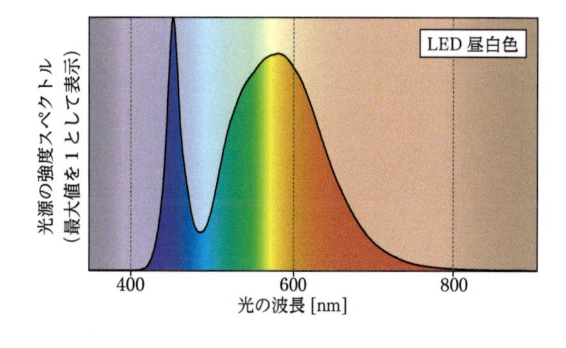

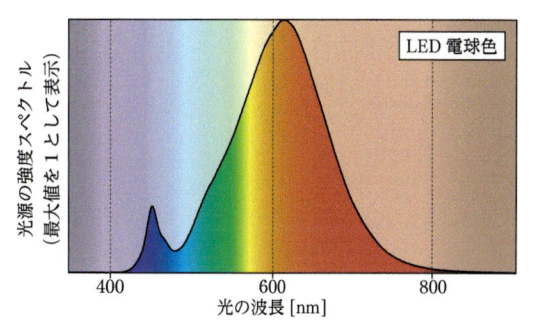

4. なぜヒマワリは黄色く見えるのか

(c) 蛍光灯 1

(d) 蛍光灯 2

(e) 蛍光灯 3

(f) LED 昼白色

(g) LED 電球色

89

白い光を求めて（炎の明かりから白色 LED へ）[4]

明かりの始まり： イスラエルのゲシャー・ベノット・ヤーコヴ遺跡で炉跡が確認され，人類の明かりの歴史が遅くとも約 78 万年前に始まったことが分かっている．最初の明かりは，たき火，松明，動物の脂を用いた原始的なランプなどで，後にロウソクが登場する．これら炎の明かりは，ほの暗く黄色の光を放ち，太陽のように，物の色を正しく見せてはくれない．20 世紀になって人類が「白い光」を手に入れるまでの間，炎の黄色い明かりの時代が長く続いた．

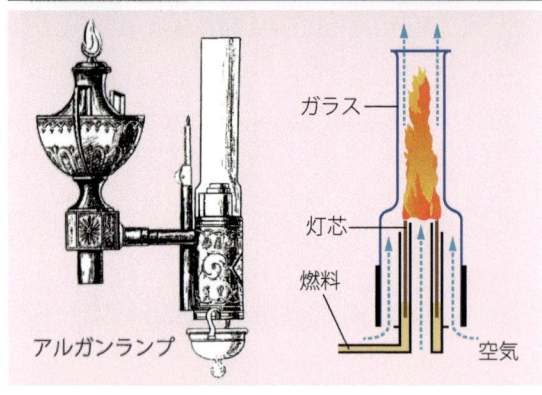

黄色い明かりの時代： オイルランプの原型は，石の器に入れた獣脂に植物繊維の芯を浸したもので，大きく改良されたのはルネサンス以降である．油壺を灯芯より高く離して配置することで，オイルの自動供給を可能にしたカルダーノランプが登場し，ガラス製のホヤで風の影響を抑える改良がなされた．1783 年に発明されたアルガンランプは，パイプ状の灯芯内側を下から空気が流れ込んで新鮮な酸素が炎に供給され，明るく，燃焼効率がよかった．アルガンの燃焼方式は，現在の石油ストーブに見ることができる．

ガス灯は，1792 年，英国のウィリアム・マードックが，鉄の精錬に必要なコークス製造の副産物として得られる石炭ガスを照明に利用したのが始まりである．ガス灯の普及には，石炭を乾留する装置，石炭ガスの貯蔵タンク，ガスを導くパイプ，ガス灯，流量をコントロールするコックなどのシステム全体を作る必要があった．後に，米国のトーマス・エジソンが電灯システムを構築する際，マードックのガス灯システムを徹底的にモデルとしたことは，よく知られている．ガス灯は，それまでの明かりより明るく，19 世紀の中頃までに広く普及したが，依然として黄色い光であった．

「白い光」の時代へ： ガス灯を白い光を放つ白熱ガス灯に変えたのは，炎の周囲を覆うマントルの発明である．マントルには酸化トリウムと希土類であるセリウムが微量含まれていて，青く光るセリウムによって，白熱ガス灯は白い光を放った．白熱ガス灯は，家庭から産業界にまで広く普及し，当時，エジソンが開発した炭素フィラメント電球の普及を 30 年ほど遅らせた．日本では，1872 年（明治 5 年）に横浜でガス灯の事業が開始，1896 年（明治 29 年）には白熱ガス灯が英国から輸入されたが，1915 年（大正 4 年）をピークに，手軽で便利，安全で清潔な電球との競争に破れて，やがて姿を消していくことになる．

19 世紀になり，電気と磁気，電気と光の密接な関係が，理解され始めた．エジソンは，ヨーロッパ各国で行

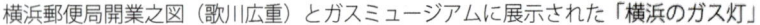

浅田電球製作所製
エジソン電球

われていた電球開発競争に,満を持して最後に加わった.エジソンが1879年に京都八幡産の竹ひごを使って完成させた炭素フィラメント電球は,暗く黄色い光で,寿命も短かった.電球で白い光を得るには,フィラメント温度を高温で安定させる必要がある.ウィリアム・クーリッジは融点3387℃のタングステンをフィラメントに採用し,アービン・ラングミュアは高温でのタングステンの蒸発を抑える窒素ガス入り電球を発明した.窒素よりも分子量が大きく熱伝導率が低い不活性ガスのアルゴンを封入したタングステンフィラメント電球は,炭素フィラメント電球の2倍の寿命,3倍の効率を実現した.その後も,日本の三浦順一が二重コイル電球を発明(1921年),ガス対流によるフィラメントの温度低下を軽減して効率を改善し,フランスのアンドレ・クロードがキセノン,クリプトンの封入によって断熱性を向上し小型化に成功した(1935年).さらに,1959年,エドワード・ツブラー,フレデリック・モズビーは,アルゴンに微量の酸素とヨウ素を添加すると電球内でハロゲンサイクル現象が起こることを発見した.ハロゲンサイクルとは,フィラメントから昇華したタングステンが電球内の低温部でハロゲンと化合してハロゲン化タングステンを形成,再びフィラメント付近に戻ったハロゲン化タングステンが1400℃以上に加熱され分解し,タングステンがフィラメントに戻る反応サイクルである.この発明により,電球寿命はさらに約2倍に伸びた.

ルミネッセンスの明かり: 明かりの発生メカニズムは,突き詰めると,熱放射とルミネッセンス(蛍光)の二つである.熱放射を原理とする明かりは,松明に始まり白熱電球に至る約80万年の明かりの歴史そのものである.一方,ルミネッセンスを利用した明かりの歴史はまだ100年ほどだが,今日,人工光の90%はルミネッセンスを利用した蛍光灯,水銀灯,ナトリウムランプ,白色発光ダイオード(白色LED)などである.

蛍光灯は,水銀蒸気による放電と蛍光体のルミネッセンスを利用した明かりで,電源につなぐだけでは点灯しないため,水銀の放電を立ち上げて安定に保つための回路,電極構造,蛍光体などを新たに開発する必要があった.白い光を実現するために,色々な蛍光体が試された.1946年,1蛍光体で白く光るハロリン酸カルシウム(青発光のアンチモンと赤発光のマンガンを微量添加)の蛍光灯が市販された.1970年代,カラーテレビのRGB蛍光体開発を背景に,希土類元素を利用した3波長蛍光灯(青:450 nm,緑:550 nm,赤:610 nm)が開発され,1980年代には,電球ソケットに直接取り付けられる電球型蛍光灯が市販された.

白色LEDは,1990年代に登場する.1993年,日亜化学工業が20世紀中の実現は不可能とされていた青色LEDの製品化に成功し,続いて,1996年,白色LEDを市販した.白色LEDは,青色LEDと青色の補色である黄色に発光する蛍光体を組み合わせることで,白色の発光を実現している.2014年,青色LED開発の功績により,赤﨑勇,天野浩,中村修二の3氏にノーベル物理学賞が授与された.現在,省エネ・エコブームを背景に,消費電力が少ない白色LEDが,急速に普及している.

東京スカイツリーの
LEDイルミネーション

虹の不思議

撮影：長谷川能三氏（大阪市立科学館）

水滴に入射する光の経路

虹は，一般に，水滴による反射・屈折作用によって生じると説明される．水滴に入射した光線の出射角は，図1，図3(a)の通り，入射位置が水滴の中心から外側になるにつれて大きくなり，ある位置で最大となった後は減少する．最大となる角度は赤い光で約42°，青い光で約40°である．出射する光強度は，図3(b)のように，最大出射角で他の角度に比べて遙かに大きくなるので，赤い光は42°方向に，青い光は40°方向に出射されると考えてよい．

図2のように，太陽と水滴，水滴と目を結んだ線の成す角が40°～42°となる方向に，虹が現れる．赤い光と青い光を比べると，赤の最大角度の方が2度ほど大きいために，赤の方が外側に現れる．

主虹と副虹

水滴の中で1回だけ反射した光による虹は，主虹と呼ばれる．主虹の外側に，副虹と呼ばれる二つ目の虹が現れることもある．副虹は，水滴内部で2回反射した光によって作られる虹である．

水滴内で2回反射した場合，入射位置が水滴中心からずれるに従い出射角は小さくなり，最小出射角付近で出射光が最も強くなる．その角度は，赤い光が約50°，青い光が約54°である．主虹より1回反射回数が多いために，主虹と比べて強度が弱くなり，色の並び順が主虹とは逆になる．

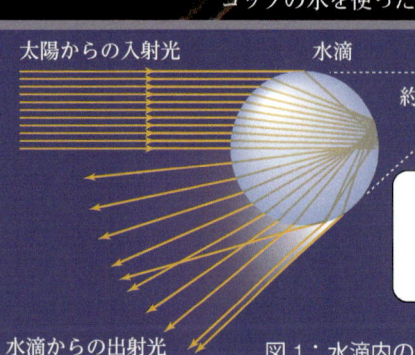

コップの水を使った虹の再現

太陽からの入射光　　水滴　　約42°

・出射光は約42°付近に集中する．
・約42°より外側には出射しない．

水滴からの出射光　　図1：水滴内の光の反射

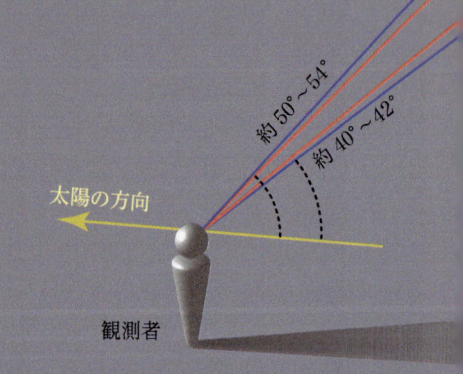

約50°～54°　約40°～42°

太陽の方向

観測者

図2：主虹と副虹

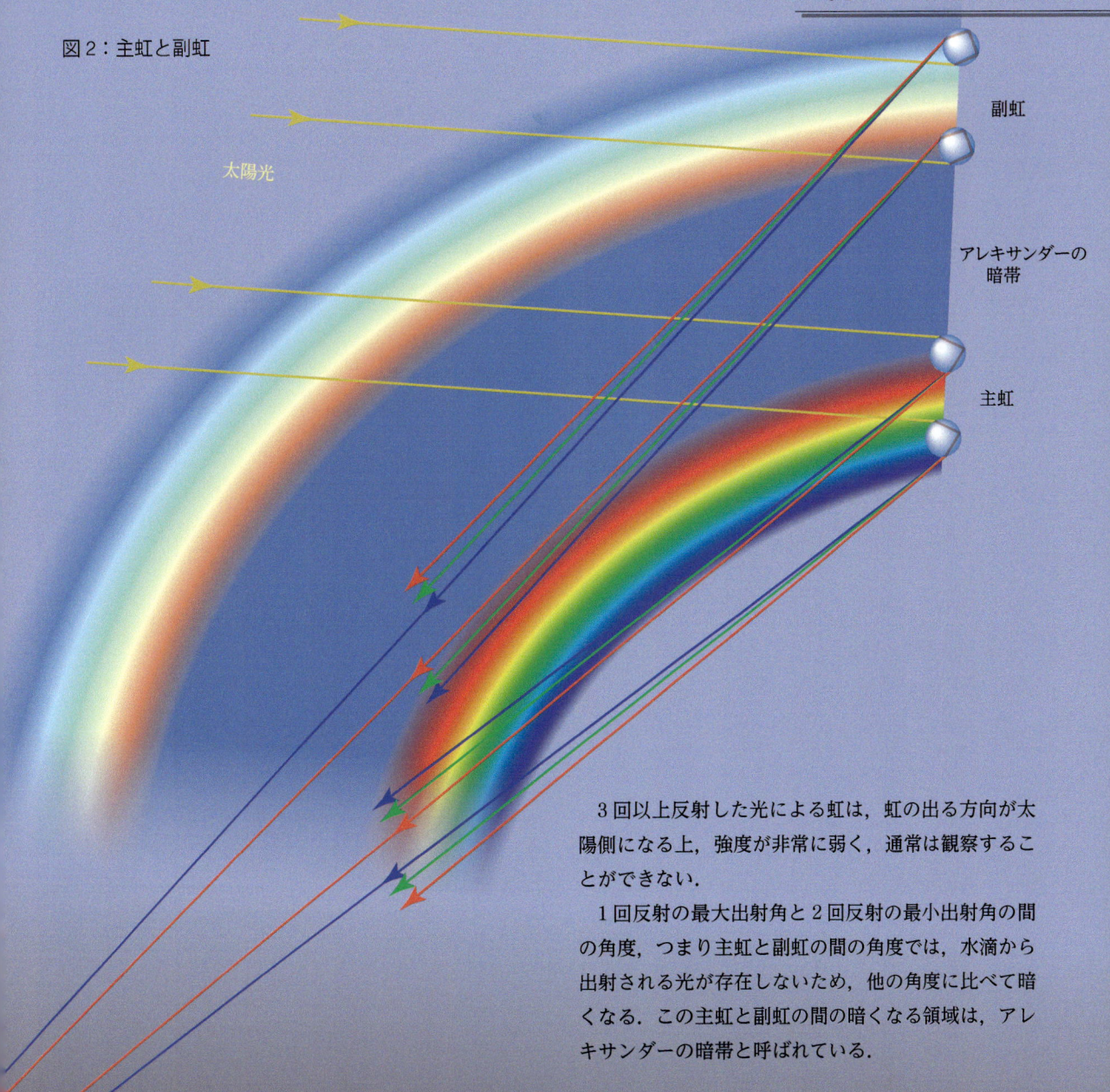

太陽光

副虹

アレキサンダーの暗帯

主虹

3回以上反射した光による虹は，虹の出る方向が太陽側になる上，強度が非常に弱く，通常は観察することができない．

1回反射の最大出射角と2回反射の最小出射角の間の角度，つまり主虹と副虹の間の角度では，水滴から出射される光が存在しないため，他の角度に比べて暗くなる．この主虹と副虹の間の暗くなる領域は，アレキサンダーの暗帯と呼ばれている．

図3：幾何学的に求めた虹の出射角度と出射角度に対する出射光の強度分布

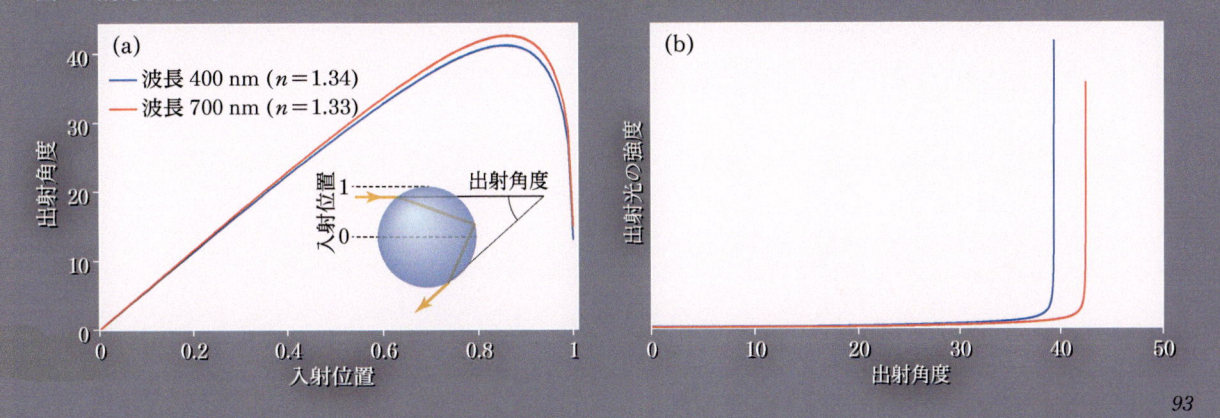

(a) 波長 400 nm ($n=1.34$)
波長 700 nm ($n=1.33$)

入射位置 / 出射角度

(b) 出射光の強度 / 出射角度

虹は反射・屈折だけでは説明できない

　鮮やかに輝く虹の内側に，さらに虹が見えることがある．これは，過剰虹と呼ばれる．また，白虹と呼ばれる色のない白い虹が見られることもある．p.92 では，反射・屈折で，虹を幾何学的に説明したが，それだけでは過剰虹や白虹の成因を説明することはできない．

　水滴内での光の光路長は，水滴のサイズや水滴に対する光の入射位置によって異なる．そのため，隣り合う光路の光が，たとえ同じ位相で水滴に入射しても，通常，出射後の位相はばらばらになり，図4のように位相が揃った光が出射されることはない．しかし，水滴サイズと入射位置の条件が整えば，図4のように，特定の出射角に対して，位相が揃った光が水滴から出射されるようになる．

過剰虹

白虹

撮影：近藤 幸廣氏，撮影日：2010年6月1日 5：52，撮影地：尾瀬ヶ原

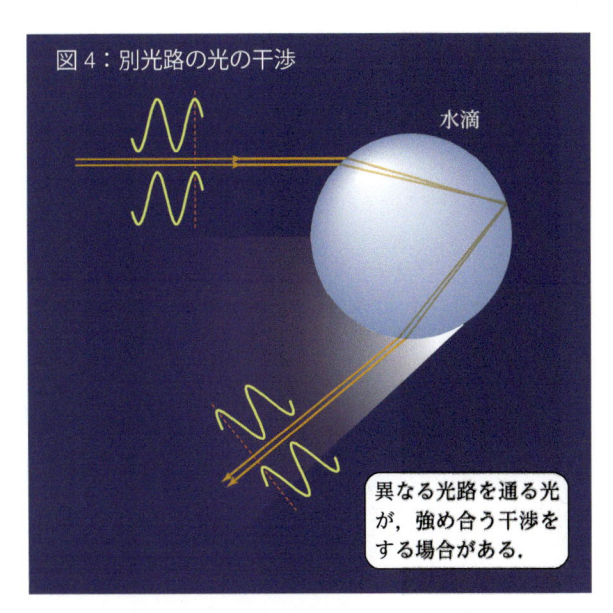

4. なぜヒマワリは黄色く見えるのか

図4：別光路の光の干渉

水滴

異なる光路を通る光が，強め合う干渉をする場合がある．

図5：水滴サイズと出射角度に対する出射光強度分布

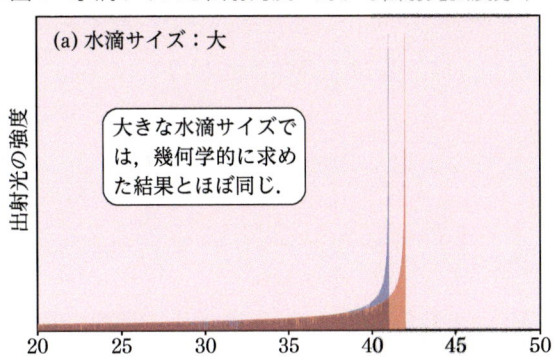

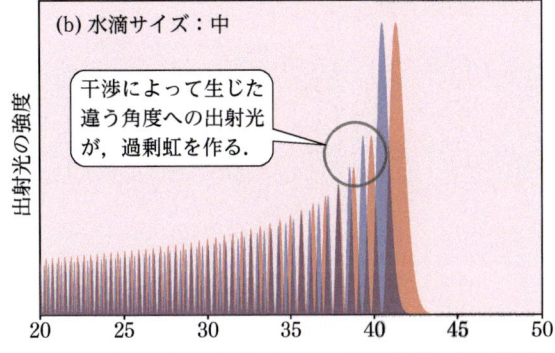

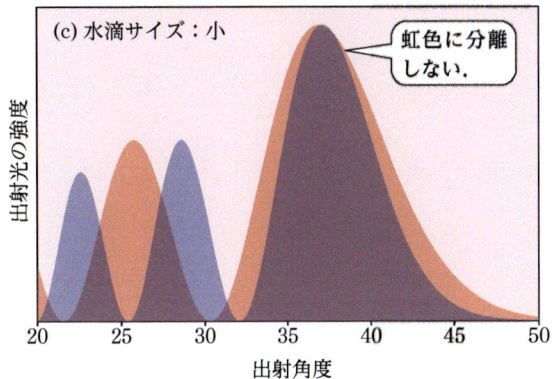

(a) 水滴サイズ：大

大きな水滴サイズでは，幾何学的に求めた結果とほぼ同じ．

(b) 水滴サイズ：中

干渉によって生じた違う角度への出射光が，過剰虹を作る．

(c) 水滴サイズ：小

虹色に分離しない．

出射角度

「強め合う光/弱め合う光」(p.62) で議論したように，同位相では光は強め合い，逆位相では弱め合う．図5に，干渉を考慮した出射角に対する出射光強度分布を示す．図5(a) のように，水滴サイズが十分に大きい場合，幾何学的に計算された p.93 の図3と同様の光強度分布になる．図5(b) 水滴サイズ：中と図5(c) 水滴サイズ：小では，幾何学的な計算と全く異なる結果が得られる．虹の色調は，水滴サイズに大きく依存するのである．図5(b) のように，水滴サイズが少し小さくなると，干渉の影響が無視できなくなり，最大出射角より低い出射角領域に，干渉による光強度の振動構造が見え始める．図5(b) では，右から2番目，3番目の光強度ピークで赤い光と青い光が分離しており，これらの出射光が過剰虹を作り出す源になる．水滴サイズがさらに小さくなると，図5(c) のように，虹を作っていた一番右側の赤い光と青い光の出射角が重なり合って，虹色に分解されなくなる．これが，白虹の正体である．

虹は一期一会

　虹を作り出す水滴のサイズやその分布は，気象条件に左右される．また，虹の見え方は日の当たり方や背景によって変化する．そのため，それぞれの虹には個性があり，全く同じ姿をした虹に巡り会うことは二度とない．

　雪の研究で有名な中谷宇吉郎は，『虹』というエッセイの中で，実際の虹をきちんと観察することの大切さを説いた上で，屈折作用による虹の説明に満足して，実際の虹をよく観察しようとしない人のことを，「学問によって目をつぶされた人」と記している[5]．実際の虹を見る機会に巡り合ったら，注意深く観察してみて欲しい．

水滴のサイズ	虹の色
1000〜2000 μm	紫色が輝き緑色もはっきりする．赤色は出るが青色は薄い．
500 μm	赤色が弱い．
200〜300 μm	赤色が見えず，虹の幅が広くなる．
80〜100 μm	幅広く青みをおび，紫色のみはっきりする．
60 μm	主虹が白色をおびる．
50 μm 以下	白虹

*文献[6]

周期構造が色を作る

CDやDVDを光にかざすと虹色に輝く．CDなどの光ディスクでは，音や画像を記録するピットが，光の波長程度の間隔で，ディスクの半径方向に規則正しく並んでいる．個々のピットで回折された光が足し合わされて，強め合う条件に合った波長の光が輝く色を作る．

光の波長程度の微細な周期構造が作り出す色を構造色と呼ぶ．構造色は，CDなどの光ディスクや回折格子のような平面的な周期構造だけではなく，図1のように，薄膜や多層膜構造，3次元的な周期構造などによっても引き起こされる．構造色は，繰り返し構造の周期間隔によって光の強め合う方向が決まり，見る角度によって色が変化する．CD, DVD, Blu-ray（周期間隔は，それぞれ1.6 μm, 0.74 μm, 0.32 μm）を見比べてみよう．周期間隔が狭いディスクほど，構造色の出射される角度が大きくなることを確認できるであろう．

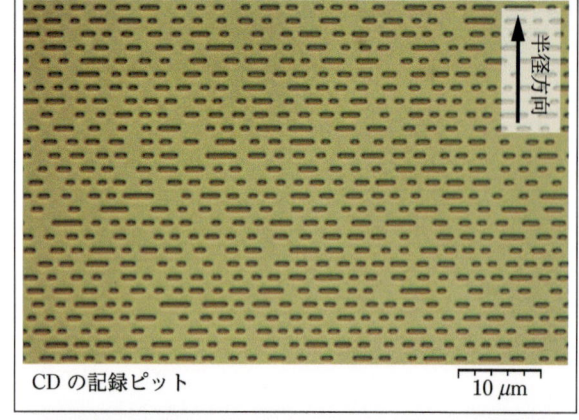

波長ごとに光を分ける光学素子

回折格子は，微細周期構造が起こす光の回折を使用して，白色光をスペクトルに分解する光学素子である．回折格子には，1 mm当たり数百本から数千本の平行な溝が刻まれている．各溝で回折された光は，空間で足し合わされて，波長ごとに異なる角度（回折角）で強め合うために，虹色のスペクトルが生成される．写真では，透過型回折格子に左から白色光を入射し，壁をスクリーンにしてスペクトルを映し出している．

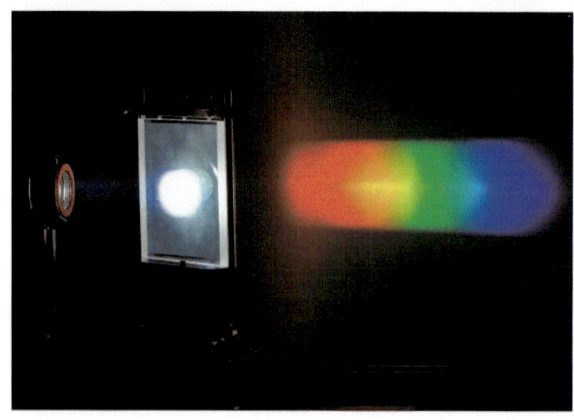

CDの記録ピット　10 μm

協力：分光計器（株）

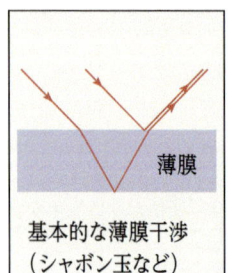

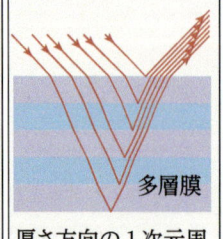

図1：構造色を発現する周期構造

薄膜	多層膜			
基本的な薄膜干渉（シャボン玉など）	厚さ方向の1次元周期構造（多層膜）	面内方向の1次元周期構造（回折格子，CD, DVDなど）	2次元・3次元周期構造（フォトニック結晶）	レイリー散乱 ミー散乱

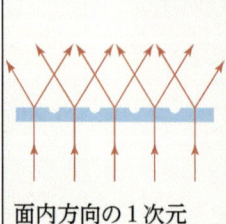

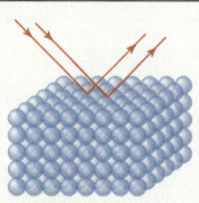

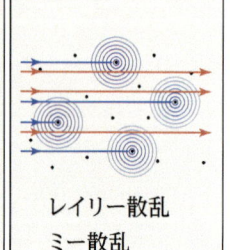

誘電体多層膜ミラー：反射

赤い光をほぼ完全に反射する

誘電体多層膜ミラー：透過

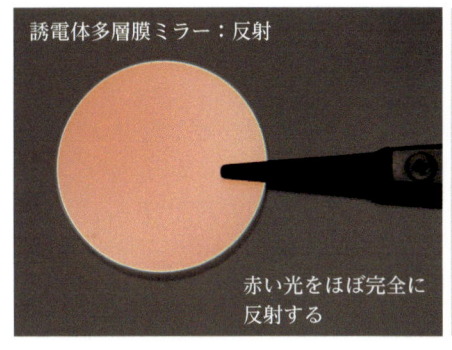

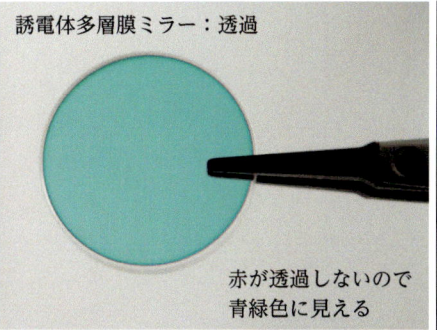

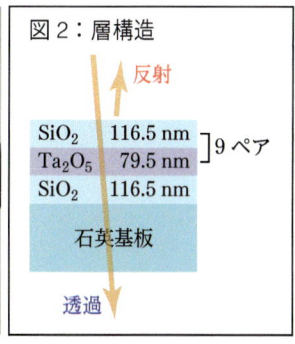

赤が透過しないので青緑色に見える

図2：層構造

SiO$_2$	116.5 nm
Ta$_2$O$_5$	79.5 nm
SiO$_2$	116.5 nm

9ペア

石英基板

反射
透過

特定の色を反射する鏡

高屈折率の透明材料膜（誘電体膜）と低屈折率の誘電体膜を交互に積層した誘電体多層膜ミラーは，所望の波長帯だけを，ほぼ100%反射するミラーである．図2の層構造で作製された誘電体多層膜ミラーの場合，700 nm付近の赤い光をほぼ完全に反射するため（図3），透過光は反射光の補色である青緑色になる．誘電体多層膜技術を用いれば，ミラー以外にも，ある波長だけ透過するバンドパスフィルター，特定波長を反射/別の特定波長を透過するダイクロイックミラーなどを作ることができる．

図3：誘電体多層膜ミラーの透過率/反射率スペクトル

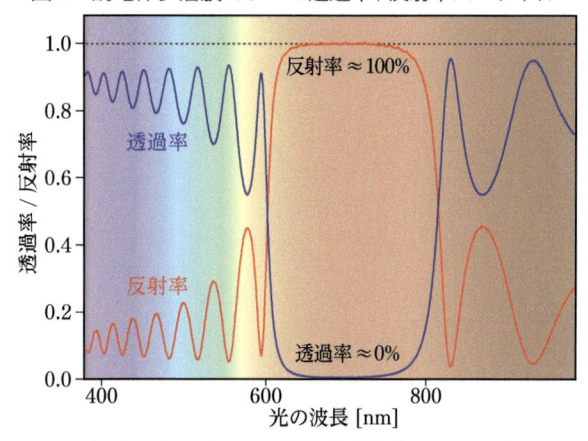

反射率 ≈ 100%
透過率
反射率
透過率 ≈ 0%
光の波長 [nm]

のぼり旗越しに見る車のヘッドライト

のぼり旗の布は，経糸（たていと）と緯糸（よこいと）が規則正しく並んだ構造をしている．のぼり旗を透して光を見ると，布の2次元的な周期構造によって，2次元に広がった回折像を観察することができる．写真は，道路脇に立つのぼり旗越しに見た自動車のヘッドライトである．ヘッドライトの位置を中心にして，スペクトルに分かれた2次元回折像が確認できる．2次元回折像の間隔は，のぼり旗に使われている糸の太さによって変化する．

液晶を使った温度計

液晶温度計も周期構造による発色を利用している．コレステリック液晶と呼ばれる液晶は，一定の周期で螺旋状に分子の方向が旋回する構造をしており，螺旋の周期間隔によって特定の波長の光を強く反射する性質がある．螺旋の周期間隔は，温度によって伸び縮みするため，温度が変わると強く反射される光の波長が変化する．写真の液晶温度計シートには，コレステリック液晶を封入したマイクロカプセルが埋め込まれており，シートの色変化によって温度を知ることができる．

図4：回折格子を矢印の足し算で考える①

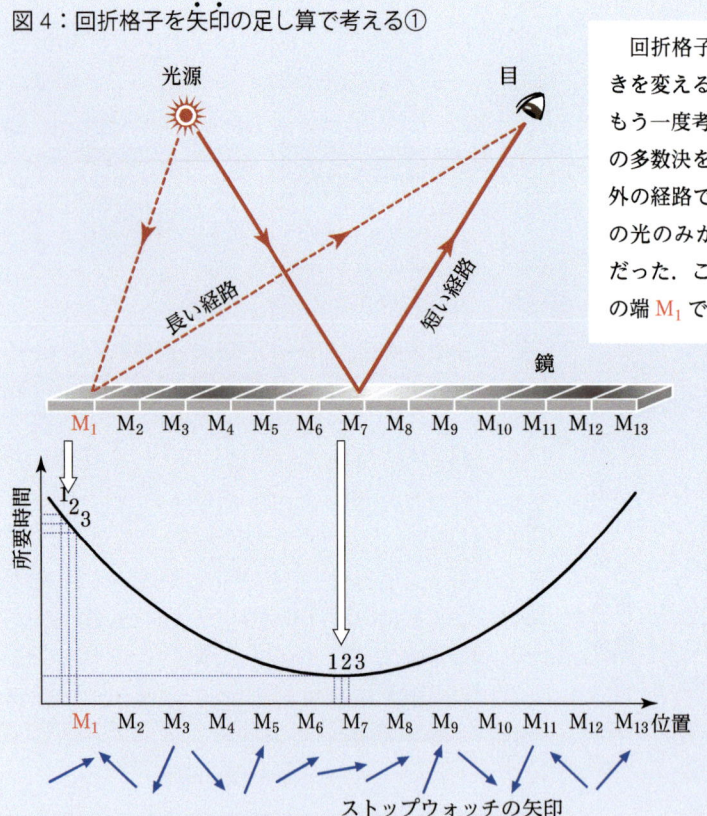

回折格子のスペクトル分解を理解するために，「向きを変える光」(p.51)で議論した鏡の反射について，もう一度考察する．鏡の反射において，鏡全体で矢印の多数決を取ると，所要時間がお椀の底となる M_7 以外の経路では打ち消し合い，M_7 付近で反射する経路の光のみが目に届くというのが，反射における結論だった．ここでは，光が目に到達しないと思われる鏡の端 M_1 での反射について考えていく．

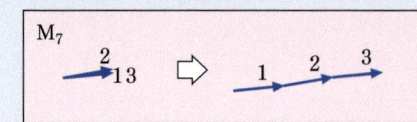

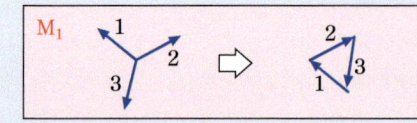

鏡の部分から目に到達する矢印の足し算

矢印の足し算の結果，鏡の端 M_1 での反射光は打ち消し合って，目に届かない．

図5：回折格子を矢印の足し算で考える②

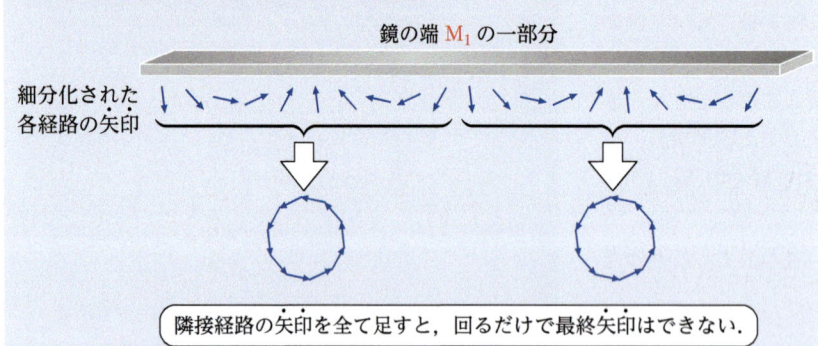

鏡の端 M_1 で，隣接した経路間の所要時間の差が適当になるように，鏡面をさらに細かく区切った部分を考える．細分化された経路の矢印の足し算の結果は，やはり，ぐるぐる回るだけで最終矢印はできない．つまり，目に届く反射光はない．

隣接経路の矢印を全て足すと，回るだけで最終矢印はできない．

図6：回折格子を矢印の足し算で考える③

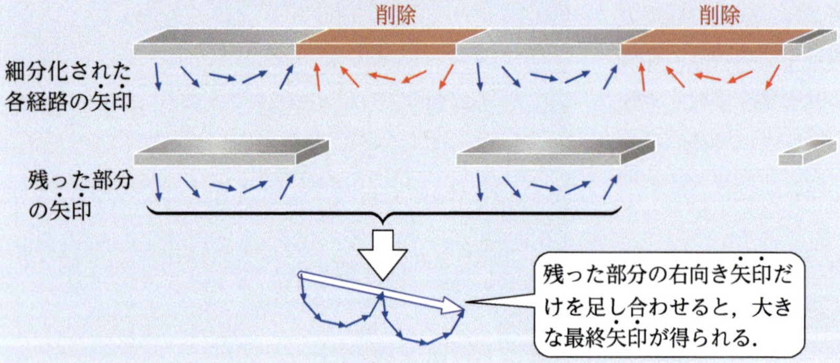

矢印が左向き成分を持っている赤矢印の光を反射する部分を削り取ってみよう．残った鏡の矢印だけを足し合わせると，大きな最終矢印が得られる．つまり，反射しないと思われていた鏡の端からも，かなりの光が目に到達することになる．

残った部分の右向き矢印だけを足し合わせると，大きな最終矢印が得られる．

図7：回折格子を矢印の足し算で考える④

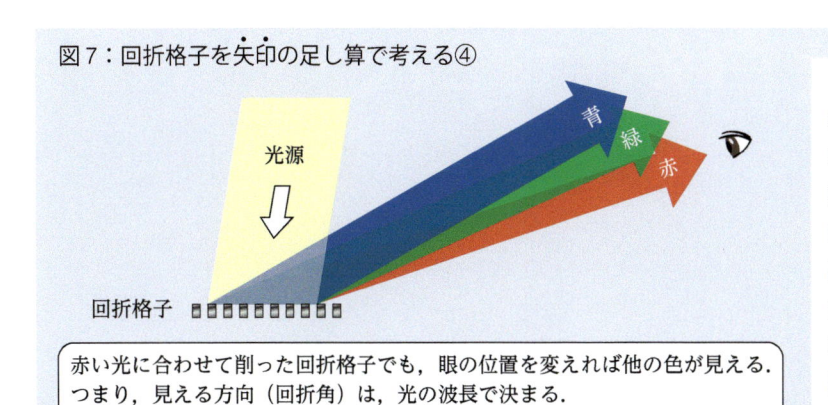

光源
回折格子
青 緑 赤

赤い光に合わせて削った回折格子でも，眼の位置を変えれば他の色が見える．つまり，見える方向（回折角）は，光の波長で決まる．

特定の部分が削り取られた鏡は，回折格子である．部分的な鏡は，光の波長程度の周期間隔で並んでいる．青い光は，赤い光に比べて周波数が高く矢印が速く回転するため，赤い光と同様に目に到達するためには，削除する部分の間隔を狭くする必要がある．

回折格子によるスペクトル分解

回折格子は，波長に近いサイズの繰り返し構造を持ち，写真(a)〜(c)で分かるように，波長に応じた角度に光を回折する．つまり，白色光を入射すればスペクトルに分解することができる．回折する角度：回折角を決めるルールはシンプルで，図8に示す通り，繰り返し構造の隣り合う光路の光路差が波長の整数倍の時に位相が揃って強め合う．m波長分の光路差で回折する光をm次回折光と呼ぶ．1次回折光が最も強く，高次回折光ほど弱くなる．

回折格子の代表的な応用は，白色光をスペクトルに分解して単色を取り出す分光器である．分光器には，一般的に反射型回折格子が使用される．画像(d)は，反射型回折格子の走査型原子間力顕微鏡写真である．1 μm以下の間隔で規則正しく並んだ構造が確認できる．反射型回折格子では，使用したい波長帯の回折効率を高めるために，ノコギリ波状の傾斜角（ブレーズ角）が付けられている．

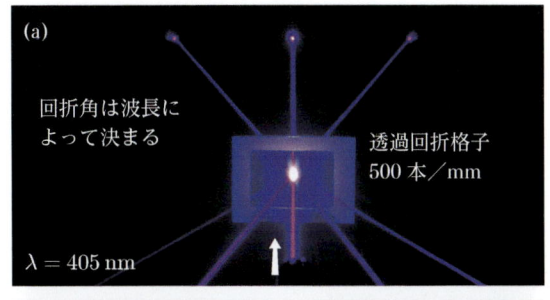

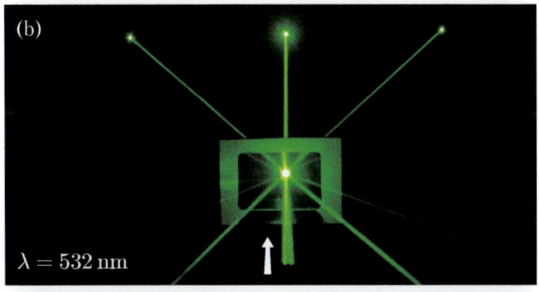

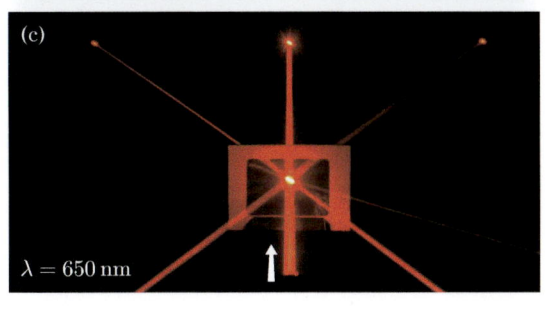

(a) 回折角は波長によって決まる　透過回折格子 500本／mm
$\lambda = 405$ nm

(b) $\lambda = 532$ nm

(c) $\lambda = 650$ nm

図8：透過回折格子で回折光が強め合う条件

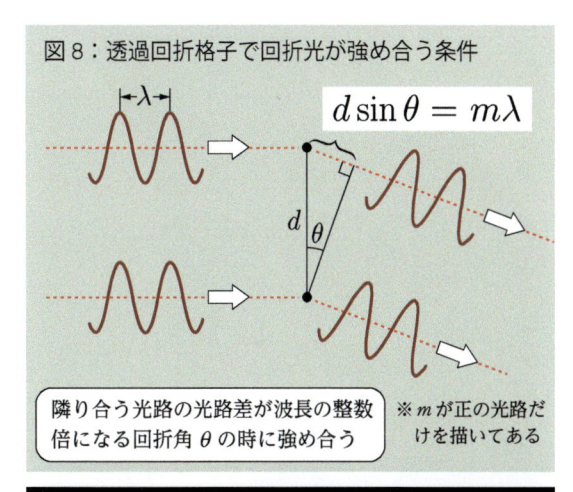

$$d \sin \theta = m\lambda$$

隣り合う光路の光路差が波長の整数倍になる回折角 θ の時に強め合う

※ m が正の光路だけを描いてある

(d) 回折格子の走査型原子間力顕微鏡写真

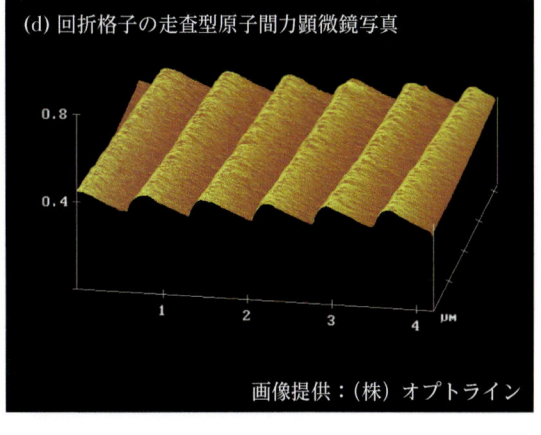

画像提供：(株) オプトライン

「色彩」は自然に学べ

珪藻の顕微鏡写真
珪藻の殻は無色透明なシリカでできているが，殻に微細な周期構造があるため，白色光の暗視野照明（試料の散乱光を観察するための斜め入射照明）で顕微鏡観察すると，鮮やかな回折色・干渉色を示すものがある．

提供：奥修氏（ミクロワールドサービス）

モルフォ蝶の輝く青色[7,8]

生物の体色は，多種多様である．生物の色は，保護色，威嚇色，色による同種の判別など，生き抜くために重要な場面で機能している場合が多い．生物の色には，色素吸収による着色と，微細構造に起因する構造色がある．構造色は様々な生物で見ることができる．

構造色の代表例がモルフォ蝶である．モルフォ蝶の光沢のある青い色は，鱗粉に刻まれた微細構造によって作り出されている．鱗粉を電子顕微鏡で拡大すると，断面が棚状の繰り返し構造が見られる．図1のように，鱗粉に入射した光が，間隔約 200 nm の繰り返し構造で反射された場合，どの隣り合う光路でも，往復の光路差が約 400 nm になるため，波長 400 nm 付近だけ

ディディウスモルフォ
(*Morpho didius*)

ディディウスモルフォの鱗粉：透明な上層鱗と青く輝く下層鱗の2層構造になっている．

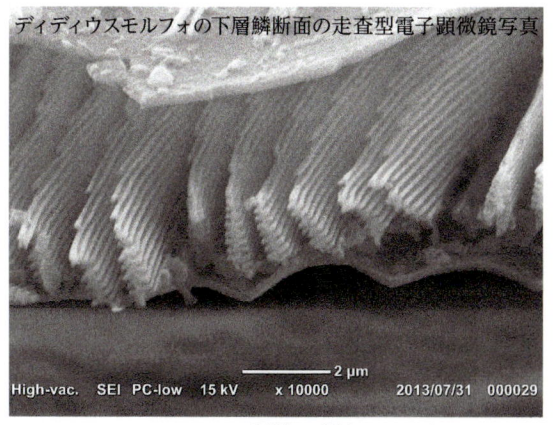

ディディウスモルフォの下層鱗断面の走査型電子顕微鏡写真

提供：（株）ニコンインステック

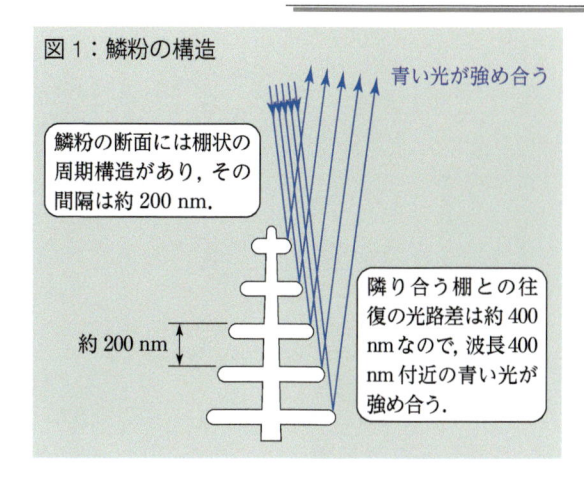

図1：鱗粉の構造

鱗粉の断面には棚状の周期構造があり，その間隔は約 200 nm．

約 200 nm

青い光が強め合う

隣り合う棚との往復の光路差は約 400 nmなので，波長400 nm付近の青い光が強め合う．

が強め合い，輝く青色を作り出す．棚の高さや棚同士の間隔にバラツキがある複雑な構造によって，単純な干渉/回折では得られない深みのある色が生まれる．

構造色を持つ生物

モルフォ蝶の他にも，多層膜構造をした玉虫の翅の干渉色や，微細構造を持つクジャクやカワセミの羽根が放つ発色が，構造色としてよく知られている．構造色を作り出す微細構造は様々であり，多層膜，回折格子，フォトニック結晶などの構造により発色する生物が確認されている．

構造色は，色素による発色とは異なり，化石にもその痕跡が残る．そのため，化石の中に，光の波長程度の周期構造が見つかれば，その古代生物の体色を再現することができる．アンモナイトの化石の中には，下の写真のように，真珠層と呼ばれる多層構造によって殻が虹色に輝くものもある．約5億年前のカンブリア紀に生息した生物の化石の中にも，周期構造を持つものが発見されている．古代の海では，虹色に輝く生物たちが繁栄していたのである[9]．

玉虫

カワセミ

アンモナイト（頭足類）

白亜紀前期（約1億年前）

大青蜂（オオセイボウ）　撮影：一峰法和氏

大青蜂は，宝石のように青く輝く蜂である．自らは巣を作らず，スズバチの巣に卵を産み付ける．大青蜂の幼虫は，スズバチの巣の中にあるスズバチの卵や幼虫，スズバチが幼虫の餌として運んできた芋虫などを食べて成長すると言われる．

ネオンテトラのような鮮やかな色彩が見られる熱帯魚は，特定の波長領域の反射光だけが強め合う構造周期を持つ．

サンマの金属光沢は，体表にある虹色色素胞内のグアニンの板状結晶と細胞質の積層構造が干渉を起こし，可視光全域が反射されることによって生まれる．

真珠層の輝き

貝殻の内側が，きれいな虹色をしているのを見たことがあるだろう．これは，貝殻の主成分である炭酸カルシウム（$CaCO_3$）の微結晶が，真珠層と呼ばれる波長程度の周期を持つ多層構造を形成していて，入射した光が干渉を起こすためである．古くから漆器などの装飾技法である螺鈿（らでん）に使われてきた．写真は，白蝶貝を螺鈿装飾用に薄くスライスした薄貝（左）と白蝶貝の真珠層断面の走査型電子顕微鏡写真（右）である．

ネオンテトラ

サンマの金属光沢

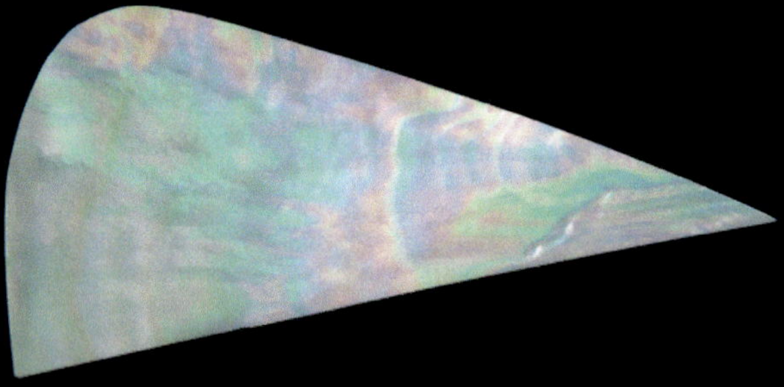

白蝶貝の真珠層の断面（走査型電子顕微鏡写真）

白蝶貝（シロチョウガイ）の薄貝

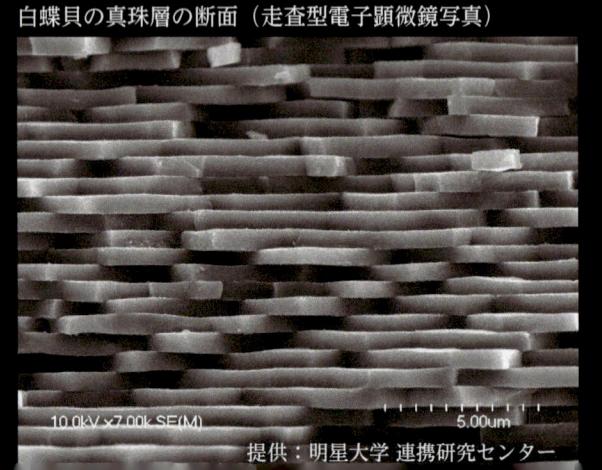

提供：明星大学 連携研究センター

寸又峡

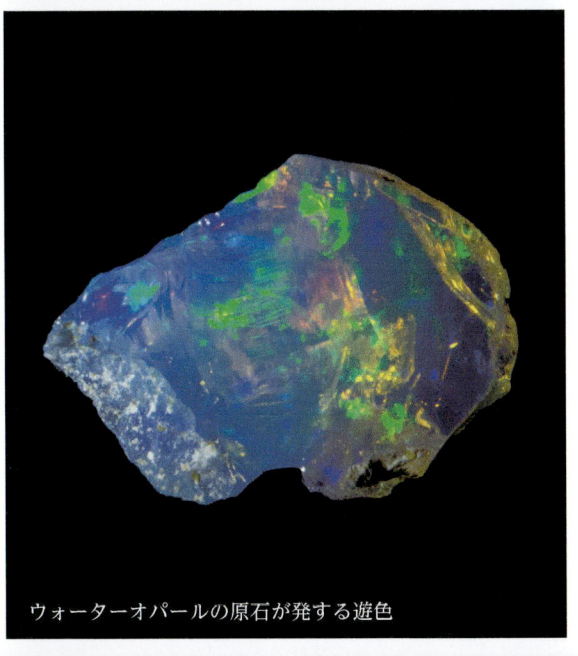

透明なシリカ粒子が色を作る

　水中に分散したシリカ粒子の散乱によって，水が色を帯びることがある．粒子サイズが数十 nm より小さいと，レイリー散乱により青色を呈する．例えば，同じ青い湖でも，水が湧き出す場所や日によって，粒子サイズやそのバラツキ，分散状態が変化するため，色調が異なる．一方，粒子サイズが光の波長程度に大きいと，ミー散乱によって白濁する．

　球状のシリカ微粒子が凝集すると，3次元的な周期構造ができ，構造の周期が光の波長程度の場合には，色付いて見える．3次元構造による回折は，角度により回折面が異なるために，見える色調が変化する．これを遊色と呼ぶ．こうした構造は，人工的に作ることもできるが，天然に存在するのがオパールであり，その美しさから宝石として珍重される．

ウォーターオパールの原石が発する遊色

球状シリカ微粒子（粒径 150 nm）の遊色

凝集した球状シリカ微粒子の走査型電子顕微鏡写真

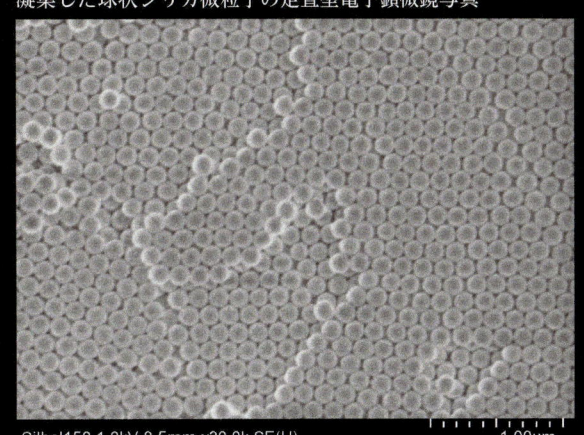

提供：富士化学（株）

偏った光が色彩を生む

ネマティック液晶の偏光による着色

偏光を通すとセロハンテープケースが色付いて見える

複屈折と位相差

2枚の偏光フィルムの透過軸を直交させると，光は透過できない．しかし，屈折率が方向によって異なる複屈折物質（光学異方性物質）をその間に挟むと，光が透過するようになる．複屈折物質には，入射した光の偏光状態を変える性質がある．

図1のように，x軸方向とy軸方向で屈折率が異なる複屈折物質に，x軸から45°回転した振動面を持つ偏光を入射したとする．複屈折物質に入った光のx成分とy成分は，異なる屈折率を感じて異なる速度で複屈折物質中を進行する．そのため，物質通過後のx成分とy成分には位相差が生じ，合成される出射光は入射光とは異なる偏光状態になる．複屈折物質の屈折率差は波長に依存するため，位相差は波長ごとに変化する．図2のように位相差が360°の整数倍になる波長で

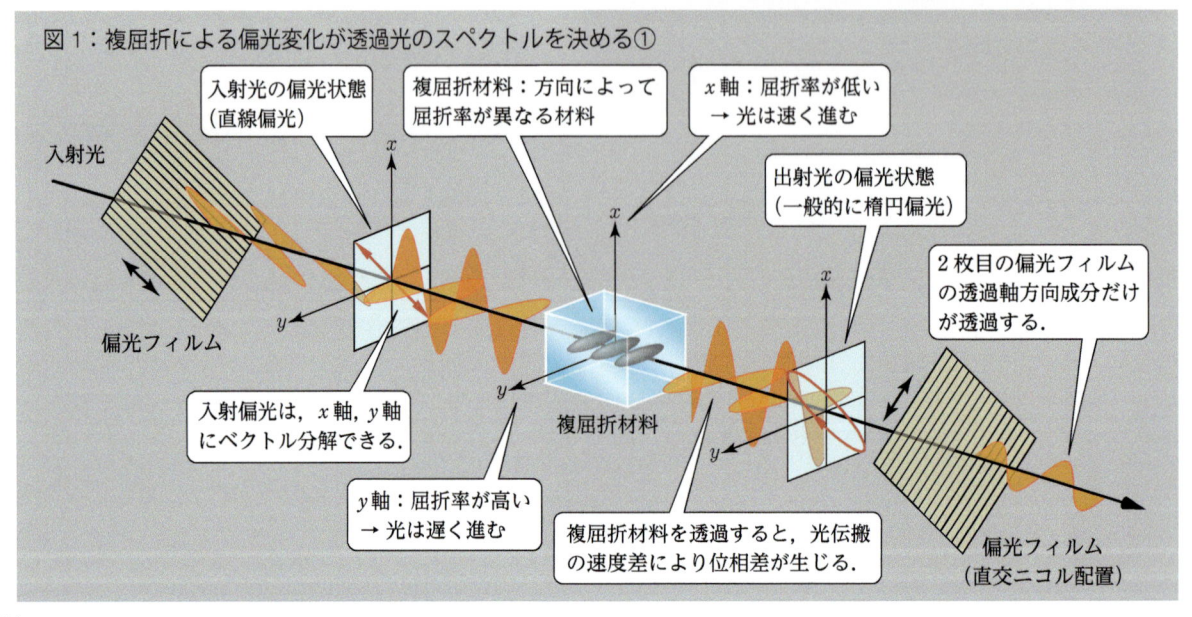

図1：複屈折による偏光変化が透過光のスペクトルを決める①

入射光

偏光フィルム

入射光の偏光状態（直線偏光）

複屈折材料：方向によって屈折率が異なる材料

x軸：屈折率が低い→光は速く進む

出射光の偏光状態（一般的に楕円偏光）

2枚目の偏光フィルムの透過軸方向成分だけが透過する．

入射偏光は，x軸，y軸にベクトル分解できる．

y軸：屈折率が高い→光は遅く進む

複屈折材料を透過すると，光伝搬の速度差により位相差が生じる．

偏光フィルム（直交ニコル配置）

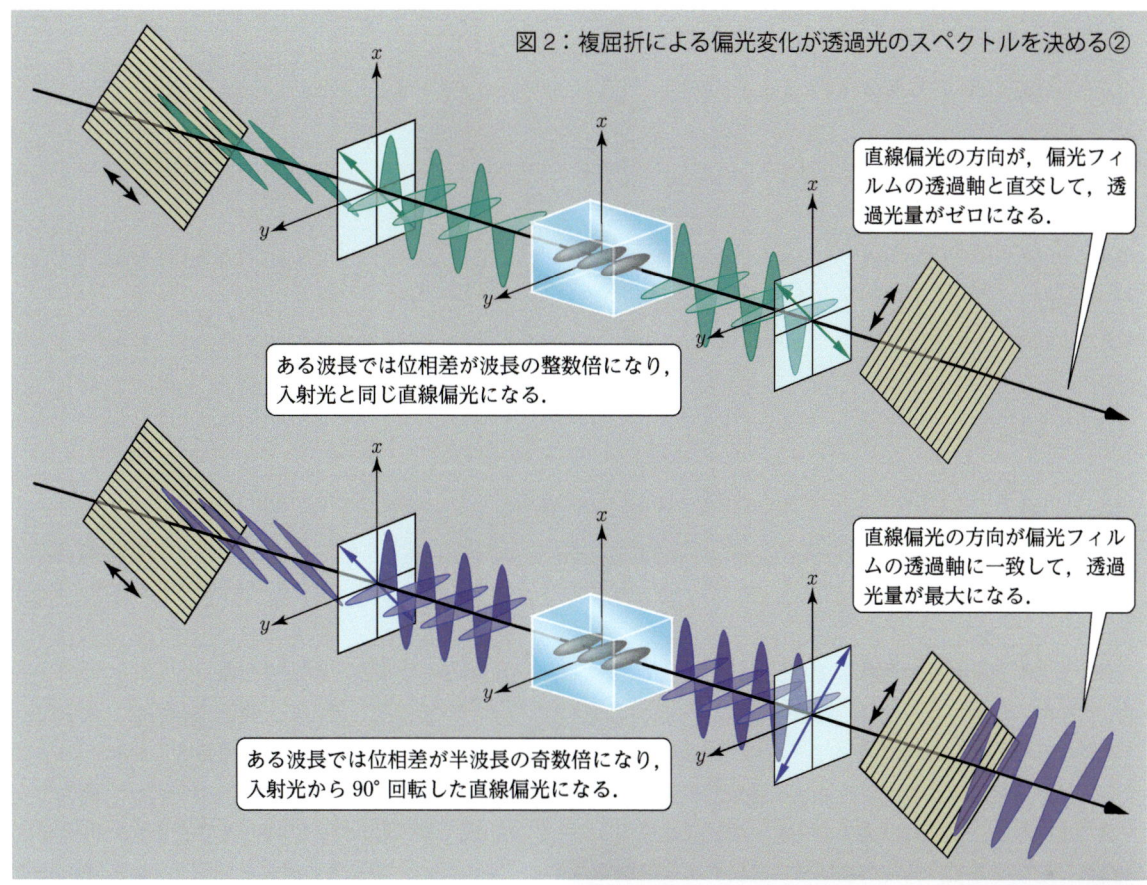

図2：複屈折による偏光変化が透過光のスペクトルを決める②

ある波長では位相差が波長の整数倍になり，入射光と同じ直線偏光になる．

直線偏光の方向が，偏光フィルムの透過軸と直交して，透過光量がゼロになる．

ある波長では位相差が半波長の奇数倍になり，入射光から 90°回転した直線偏光になる．

直線偏光の方向が偏光フィルムの透過軸に一致して，透過光量が最大になる．

は，出射偏光の方向が検光子と直交して光は透過できないが，位相差が半波長の奇数倍になる波長では，出射偏光は入射偏光から 90°回転して検光子を透過する．セロハンテープケースのように，場所によって複屈折物質の厚さや向きにバラツキがあると，検光子を透過できる波長が場所によって変化して，カラフルに色付いて見えることになる．

干渉色図表

　図3のように縦軸に常光と異常光の光路差をとり，その光路差の時の偏光色を示した図を「干渉色図表」と呼ぶ（発色原理は干渉ではないので，本来，「偏光色図表」とすべきだが，慣例的にこう呼ぶ）．干渉色図表では，横軸にとった複屈折試料の厚さと，図中の斜線が表す常光と異常光の屈折率差 Δn から，複屈折性物質の厚さと光路差の関係を見積もることができる．また，干渉色図表は，厚みが分かっている試料の複屈折を，偏光色から判断するのに役立つ．

図3：干渉色図表

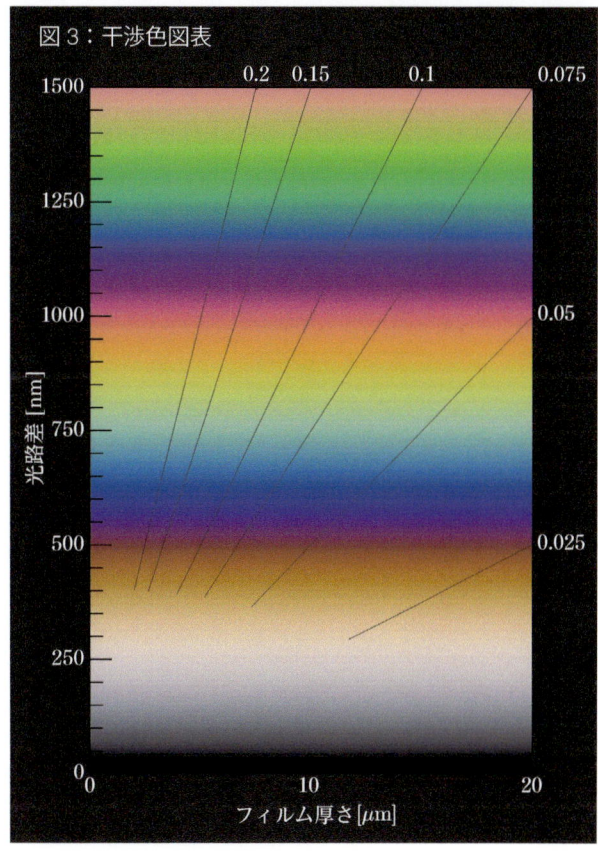

ナマコの仲間の偏光顕微鏡写真

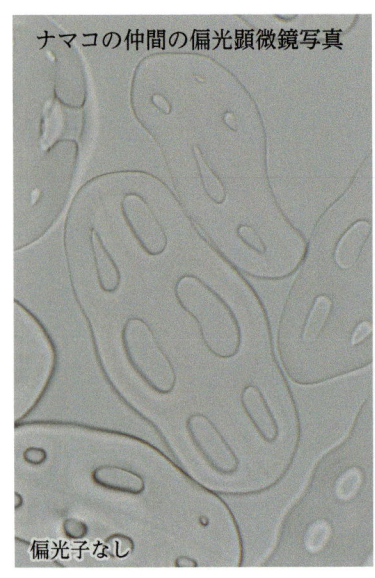

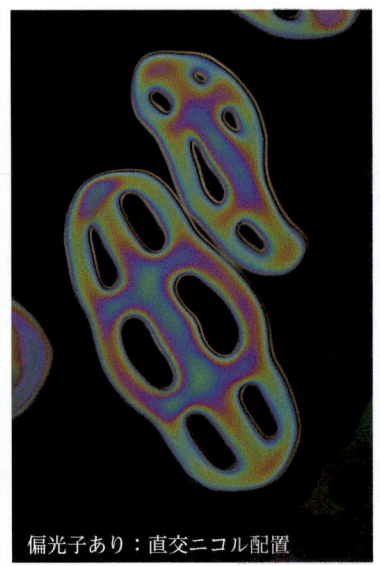

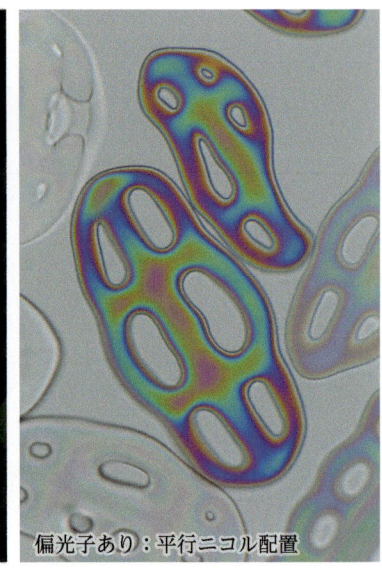

偏光子なし　　　　偏光子あり：直交ニコル配置　　　　偏光子あり：平行ニコル配置

提供：奥修氏（ミクロワールドサービス）

ナマコの仲間の偏光顕微鏡写真

　ナマコの仲間には，体壁に方解石（炭酸カルシウム）の骨片を持っているものがあり，分類の指標となる．マナマコの骨片は，偏光子を通さず顕微鏡観察すると無色透明だが，偏光顕微鏡で偏光子／検光子を適切な角度に配置すると，骨片の複屈折に起因する位相差によって，美しい偏光色を示す．上の写真のように平行ニコルと直交ニコルとでは着色が反対になる．

セロハンテープのステンドグラス

　セロハンテープを使って，検光子の回転で色が変わるステンドグラスを作ることができる．セロハンテープは，巻き取り方向に高分子配向しており，巻き取り方向と幅方向で屈折率が異なる光学異方性を持っている．そのため，偏光子と検光子の間で45°方向に配置すると，位相差に応じた特定の波長が強め合って色が付く．セロハンテープを重ね貼りしていくと，位相差が足されて大きくなり，色が変化していく．

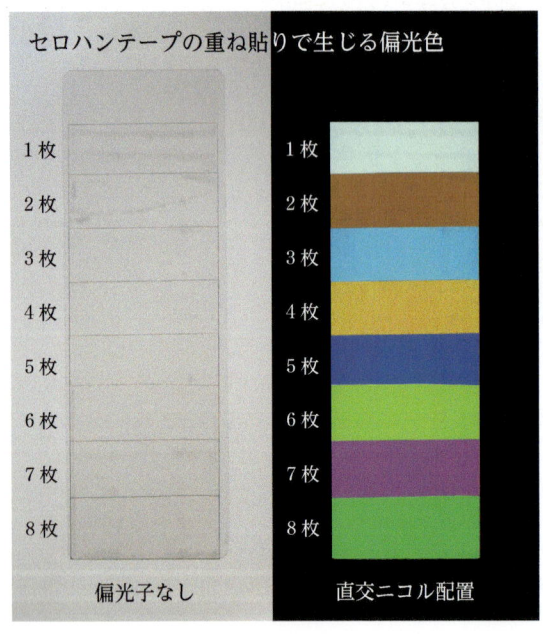

セロハンテープの重ね貼りで生じる偏光色

偏光子なし　　　　直交ニコル配置

セロハンテープのステンドグラス

カラフルな偏光アート

偏光の位相差による発色を積極的に利用した偏光アートの例を示す．様々な模様に切り抜いた黒色の画用紙に，位相差の異なるフィルムを，モザイク状に貼り合わせて作製する．偏光子と検光子の間に位相差の異なるフィルムを挿入すると，位相差によって透過できる波長が異なるため，カラフルで鮮やかな偏光アートになる．貼り付ける位相差フィルムは透明なので，偏光子と検光子を使用しなければ，着色されることはない．色彩は直交ニコル配置において最も鮮やかで，偏光子と検光子をそれぞれ回転させると，発色のようすが変化していく．

偏光色を用いた高彩度カラーチャート

偏光を利用した高彩度なカラーチャートの作製例を紹介しよう．偏光色は，全ての色を表現できるわけではない．特に鮮やかな赤色の表示が難しい．しかし，理想的な位相差フィルムの重ね合わせを，コンピュータ計算により求めることで，赤色を含めた綺麗なカラーチャートの作製が可能である．この偏光色技術は，教材，アート，広告，セキュリティーなどの用途への応用が期待されている．

偏光アート

偏光子なし　　　偏光子あり

偏光を用いた高彩度カラーチャート
　偏光色で鮮やかな赤を表示することは難しい．しかし，理想的な位相差フィルムの重ね合わせをコンピューターで求めることで，赤色を含めた綺麗なカラーチャートの作製が可能になった．

提供：原田建治准教授（北見工業大学）

COLUMN

セロハンテープのステンドグラスを作ろう

偏光フィルムを用意すれば，セロハンテープのステンドグラスを簡単に楽しむことができます．

1）厚手の紙を用意し，カッターで好きな図形，文字などを切り抜く．
2）セロハンテープ（注：同種の透明粘着テープには複屈折性が低く，偏光で呈色しないものがある）を，おおよその貼り付け方向を決めて，2層から8層程度に重ね貼りする．その際，適当に角度や重なり幅を変えると色調に変化が出て面白い．
3）偏光フィルムは2枚必要だが，白を表示したLCDを偏光光源にすれば，偏光フィルムは1枚で済む（注：LCDの動作モードによっては，出射光が直線偏光ではないものもある）．2）で作製した「ひかり」をLCDパネルの透過軸に対して約45°に配置する．
4）カメラと「ひかり」の間に偏光フィルムを挿入して回転させると，ステンドグラスの色が変化する．

好きな形を切り抜いた厚紙にセロハンテープを貼る．

セロハンテープの貼り付け方向

LCDパネル

セロハンテープの貼り付け方向をLCDの透過軸に対して斜め45°にする．

偏光フィルム

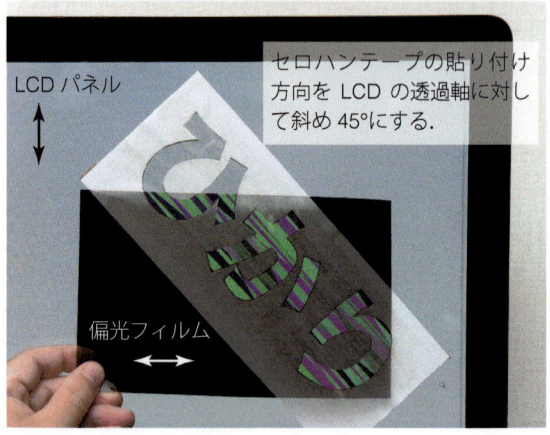

光の一方通行路

デジタルカメラで偏光写真を撮影する場合，サーキュラーPL（C-PL）と呼ばれる偏光フィルターを使用します．C-PLは，ガラス基板表面外側に偏光フィルム，裏面レンズ側に1/4波長の位相差フィルムが貼られていて，偏光フィルムで入射光を直線偏光にした後，1/4波長の位相差フィルムで円偏光に変換しています．円偏光にする理由は，デジタルカメラに使用されるCMOSセンサー，ハーフミラー，ローパスフィルターなどの偏光特性が，画像やオートフォーカスに影響するのを避けるためです．

レンズ先端にC-PLを装着すると，レンズの表面反射が戻ってこないという面白い現象が起きます．これは，C-PLが，たまたま，光の一方通行路になっているためです．入射光は，C-PLを通過して円偏光になり，レンズ表面で反射して戻ってきた円偏光が，1/4波長の位相差フィルムによって偏光フィルムの透過軸と直交する直線偏光に変換されるため，反射光はほとんど透過することができません．

サーキュラーPL

デジタル一眼レフカメラ

出射光
（円偏光）

入射光
（自然光）

λ/4膜
ガラス基板
直線偏光子

レンズの反射光
（円偏光）

λ/4膜を2回通るため，偏光子の透過軸と直交する直線偏光に変換される．

キーワード解説

異常光
　方解石のような複屈折物質に光を入れると，ある偏光は屈折の法則に従うが，それと直交する偏光は屈折の法則に反した方向に屈折し，2方向に分かれて進む．屈折の法則に従う方の光線を常光，従わない方の光線を異常光という．異常光の屈折率は，光の進行方向によって変化する．

位相
　波が1周期の中でどの状態にあるかを示す量．例えば，$y = \cos\varphi$ では，φ が位相であり，位相が 2π 増すと波は一周期進む．p.12 に示した「ストップウォッチの矢印」では，波の位相の進み／遅れを矢印の回転で表している．干渉や回折で二つ以上の波（成分波）が重ね合わせられる場面では，各成分波間の位相のずれ（位相差）が問題となる．

位相差板
　複屈折性のある物質の薄板で作られた光学素子．屈折率の高い軸方向に振動面を持つ光と，それと直交する屈折率の低い軸方向に振動面を持つ光は，位相差板を通過する間に特定の位相差が生じる．

色座標・色度図
　多くの人間が識別できる色調を2次元平面座標で示したものを色座標という．そのなかで見える色の範囲を示した図を色度図と呼ぶ．基準となる軸の取り方により p.79 に示した xy 色度図以外に複数の色度図があり，相互に変換可能である．

エアリーディスク
　エアリーパターンの中心から最初の暗線までの明るい円形の領域．回折光全体の約84%の光が，エアリーディスク内に集中している．

エアリーパターン
　円形開口のフラウンホーファー回折で，投影スクリーン上に形成される同心円状の回折パターンの名称．式を導出したイギリスの天文学者エアリーにちなんで名付けられた．

液晶
　結晶中で分子は3次元の周期構造を持ち，分子の方向にも規則性がある．液体では分子の方向性にも重心位置にも規則性はなく，ランダムに動き回っている．
　多くの物質では結晶から液体に直接変化するが，物質の中には融解過程で結晶とも液体とも異なる中間状態を経るものがある．液晶は，それらの中間状態の一種で，さらにネマチック，コレステリック，スメクチック液晶といった副分類がある．

・**ネマチック液晶**：　ネマチック液晶は，分子の方向が揃った液体で，通常の液体と同様の流動性がある一方で光学的異方性を有した状態である．液晶ディスプレイのほとんどすべてにはネマチック液晶が使われている．

・**コレステリック液晶**：　コレステリック液晶は掌性を持つ分子からなるネマチック液晶で，分子の方向がある周期で連続変化している．周期長さが光の波長程度だと構造色が発現する．

・**スメクチック液晶**：　スメクチック液晶は，層構造を持った液晶相で流動性はほとんどない．シャボン膜などの脂質2分子膜もスメクチック液晶の一種として考えることができる．

液晶ディスプレイ
　棒状の液晶分子が並んだ向きが外からの電場により変化することと，液晶が光学的異方性を有する物質であることを組み合わせて，液晶パネルを通過する光の偏光状態を電場により制御して明暗変化を作る表示装置．カラーフィルターを使って赤，緑，青の三原色画素を作りカラー表示を行っている．

エバネッセント波（エバネッセント場）
　高屈折率媒質から低屈折率媒質に光を入射すると，臨界角以上の入射角では光が完全に反射される全反射が起きる．光は波動性を持つため，全反射時も界面を越えた瞬間に振幅が完全に0にはならず，界面から指数関数的に減衰する成分が存在する．これをエバネッセント波（エバネッセント場）と呼ぶ．ATR法（ATR: Attenuated Total Reflection, 全反射測定法）は，エバネッセント波の染み出す深さが光の波長程度であることを利用して，反射界面付近にある物質の性質を調べる分光分析法である．

開口数
　凸レンズで平行な光束を集光するとき，レンズ最外周部からの光と光軸がなす角度を θ として，$NA = \sin\theta$ で定義される値を開口数（NA）と呼ぶ．同じ焦点距離のレンズなら，開口数が大きいほど，光学分解能が高く，大きな立体角で光を集めることができるために明るい．p.72 参照．

回折
　波が障害物と出会った後，波が直進したのでは到達できないはずの障害物背後の影となる領域に回り込んでいく現象．p.66 では，障害物に開口がある場合について説明したが，逆に，波長に近いサイズの障害物がある場合には，水面波が杭に当たって円形波が広がるように，回折を起こす．

回折限界
　理想的なレンズで光を集光しても，焦点には，レンズの開口数と波長で決まる波長程度の大きさの回折像ができ，決して1点に集光することはない（p.70–73参照）．焦点面に二つの回折像がある場合，2点間の距離が光の波長程度より近くなると，回折像が重なり合って，やがて分離することができなくなる．この光の回折による光学分解能の制約を回折限界と呼ぶ．

回折格子
　光の回折を利用して，光を波長順に並んだスペクトルに分ける光学素子．等間隔で平行に刻まれた多数の溝からの回折光が重ね合わされて，反射/透過した光が波長ごとに異なる特定の角度（回折角という）で強められる結果，光はスペクトルに分解される（p.98–99参照）．

重ね合わせの原理
　二つ以上の波（成分波）が，ある時刻ある場所で出会うとき，合成される波（合成波）の振幅は，成分波の振幅を全て足し合わせたものになるという原理．p.14参照．

加算混合
　ディスプレイのように，光を重ねて色を作るときの色の生じ方．赤，緑，青を三原色（光の三原色）とし，二つ以上の色が重なって作られた色のスペクトルは，それぞれの色のスペクトルの和になる．光が全くない状態が黒，三原色を重ね合わせた状態が白になる．

干渉
　二つ以上の波の重ね合わせにより空間的/時間的に波の強弱の分布が生じる現象．p.62の薄膜の着色や，p.96の周期構造による呈色は干渉によって生じている．

幾何光学
　光の波動性や量子性を無視し，反射の法則，屈折の法則（スネルの法則）のみで光線の進み方を幾何学的に議論する光学の分野．光学系のサイズに比べて光の波長が無視できる場合の光学現象を取り扱い，カメラレンズなど光学機器の設計に用いられる．

共鳴
　振動子系に，様々な周波数の外力が加わったき，ある周波数を持つ外力のエネルギーが振動子系に移動して，振幅が増加すること．共鳴が生じる機構の例としては，振り子の固有振動や，気管における定常波の発生などが挙げられる．

共鳴吸収
　振動子系がその共鳴周波数付近の周波数を持つ外力を受けたとき，エネルギーを強く吸収する現象である．光の場合には，物質に照射された光の電場に物質内の電荷が振動応答する際，その共鳴周波数を中心とした周波数帯で光が強く吸収される．吸収された光のエネルギーは，例えば，熱に変換されて物質温度を上昇させたり，電子を励起して電流を発生させたりする．

共鳴周波数
　重りが吊されたバネなどの振動子系では，重りの重さとバネの強さ（バネ定数）で決まる固有振動数がある．固有振動数は，外場の周波数と共鳴することから，共鳴周波数とも呼ばれる．

屈折
　光が，屈折率の異なる二つの物質の境界面を通過する時に，光の進行方向が変化する現象．屈折は，二つの物質間で光の伝搬速度が異なることによって生じる（p.54参照）．

屈折の法則
　波動が媒質界面で屈折するとき，二つの媒質中での進行波の伝搬速度と，入射角・屈折角の関係を表した法則．発見者の名前から「スネルの法則」とも呼ばれる．

蛍光／りん光
　可視光より短波長の光を吸収して物質中の電子が励起され，それが基底状態に戻る際に，余分なエネルギーを光として放出する発光現象（フォトルミネッセンス）のうち，発光寿命の短いものを蛍光，長いものをりん光と呼ぶ．蛍光・りん光ともに，電子を励起する光の波長より長い波長帯で発光する．

検光子
　偏光顕微鏡や偏光を使った光学実験系において，偏光の有無や偏光面の方向を知る目的で，試料より後方に置かれる偏光子を検光子と呼ぶ．

減算混合
　絵の具などの吸収物質を混ぜ合わせて色を作るときの色の生じ方．シアン，マゼンタ，イエローを三原色（色の三原色）とし，二つ以上の色の混ぜ合わせで作られた色のスペクトルは，それぞれの色のスペクトルの積になる．色が全くない状態が白，三原色を重ね合わせた状態が黒になる．

顕微鏡
・光学顕微鏡：　レンズを使って物体の像を拡大して見られるようにする顕微鏡．現在では，対物レンズと接眼レンズで構成される複式顕微鏡が一般的．分解能は，観察波長と，対物レンズの開口角（NA）によって決まり，半波長から波長程度に制限される．

・走査型プローブ顕微鏡（走査型トンネル顕微鏡，原子間力顕微鏡，近接場光学顕微鏡）：　物体表面を探針でなぞって表面の凹凸画像を得る顕微鏡．なぞるときに用いる物体と針の相互作用によりトンネル顕微鏡（トンネル電流），原子間力顕微鏡（針と物質間の原子間力），近接場光学顕微鏡（針先の穴から浸み出る近接場と物質の相互作用）などがある．分解能は相互作用の種類により異なるが，最も分解能がよいトンネル顕微鏡では，原子1個を見ることができる．

・電子顕微鏡：　光の代わりに電子を用いる顕微鏡．電子

は波動性を有しており，電子の波長は**速度が速いほど短く**なる．電子の波長は可視光の波長に比べるとはるかに短いため，光学顕微鏡より高い分解能が得られる．**電子顕微鏡**には透過型と走査型がある．透過型は，光学顕微鏡のように物質を透過した後に結像した電子の強度分布を**観察する**．走査型は，試料表面を収束した電子線で走査し，それぞれの場所から放出される電子を観察して画像を作り出す．電子は大気中では長くは進行できないため，**測定系全体を減圧**して使用する．

・軟 X 線顕微鏡： 可視光よりも 3 桁程度波長が短い軟 X 線を使った顕微鏡．軟 X 線領域では，ほとんどの物質の屈折率が 1 程度で，通常のレンズが使用できず，**集光光学系**を工夫する必要がある．モリブデン/シリコンの交互積層膜ミラーや，回折光学素子であるフレネルゾーンプレートの X 線用レンズを使用する．

光学異方性
物質の屈折率が光の入射方向や偏光面の方向により異なる現象．本書で取り上げた複屈折性のほか円二色性などもある．

光合成
植物，植物プランクトン，藻類などが，光エネルギーを活用して二酸化炭素と水から有機化合物と**酸素**を作り出す生化学反応過程．

光子
量子力学の枠組みで光を取り扱う時に粒子としての性質を示す光に対して与えられた名称．

構造色
可視光を吸収せずそれ自身には色のない物質が，光の波長程度の微細構造を持つことにより発色する現象，またはその色．構造色は，微細構造により生じる光の干渉，回折，散乱などによって生み出される．構造色の例は，CD/DVD (p.96)，シャボン玉 (p.62)，モルフォ蝶や玉虫 (p.100)，螺鈿 (p.102)，オパール (p.103)，空の青 (p.36)，虹 (p.92) などが有名である．

黒体
外部から入射された全ての波長の電磁波を完全に吸収，また熱放射できる物体を黒体と呼ぶ．また，黒体から放出される熱放射を黒体放射という．完全な黒体は，現実には存在しないと言われている．現在，最も黒体に近い物質は，2008 年，米国ライス大学で発見されたカーボンナノチューブ黒体で，紫外から遠赤外の広い波長領域の光を 99％吸収する．

黒体放射
熱せられた黒体から放射される熱放射光を黒体放射と呼ぶ．黒体放射の輝度スペクトルは温度に依存し (p.79 図 9 参照)，そのスペクトル形状はプランクの公式から求められる．温度が低いときは赤っぽく，温度の上昇と共に黄色から白色，さらに高温になると青みがかる．放射される光の色に対応する黒体の温度を色温度といい，絶対温度（K：ケルビン）で表示される．私たちが通常目にする太陽光の色温度は，5000〜6000 K である．

コロイド
微粒子が分散した液体や気体の状態のこと．コロイド状態にレーザー光などの直進性の高い光を入射すると，コロイド粒子による散乱で光路が可視化される「チンダル現象」が生じる．

散乱
物質に入射した光によって誘起された電気双極子から放出される電気双極子放射（2 次波）を散乱または光散乱と呼ぶ．散乱には，散乱光の波長が入射光の波長に等しい弾性散乱，光と物質がエネルギー交換するために散乱光の波長が入射光の波長と異なる非弾性散乱がある．

・ミー散乱： 弾性散乱の一つ．粒子サイズが波長に対して無視できない場合の散乱．位相がずれた電気双極子振動の集合体として 2 次波を放射し，2 次波同士が干渉するために，粒子のサイズや形に依存する複雑な放射パターンになる．また，数〜数 10 μm の粒子が起こすミー散乱では，波長依存性が低下して，可視領域の光はほぼ同程度の強度で散乱される (p.31, p.36 参照)．雲が白く見えるのは，雲を構成する水滴によるミー散乱のためである．

・レイリー散乱： 弾性散乱の一つ．光の波長より十分に小さいサイズの粒子（波長の数十分の 1 以下）による散乱．電気双極子放射相互の干渉が無視できる程度に希薄な大気中の気体分子などによる電気双極子放射（2 次波）が，散乱として観測される (p.31, p.36 参照)．空が青く見えるのは，レイリー散乱のためである．

振動
平衡状態を中心とした往復運動を振動という．平衡状態（振動中心）からの変位量に比例した復元力によって生じる一定周期，一定振幅の振動運動を調和振動（単振動）と呼ぶ．バネに吊された重りや振り子の振動は，振幅が小さい場合，よい近似で調和振動と見なせる．

振幅
振動運動における振動中心から最大変位までの距離を振幅という．調和振動を $A\cos\varphi$ と表すと，式中の A が振幅である．

スペクトル
横軸に光の波長や周波数をとり，それぞれの波長や周波数における透過率／反射率／発光強度などを縦軸にとった図をスペクトルと呼ぶ．p.6 の光源のスペクトル，p.88 の各種照明の発光スペクトル，p.97 の透過率／反射率スペクトルなど，光強度の波長分布，周波数分布を問題にする場面では，非常によく使われる．p.6 の蛍光灯の発光スペクトル写真のような，縦軸が強度ではない分光画像もスペクト

ル（写真）と呼ばれる．

正弦波
三角関数の一つ，正弦関数（サイン）で表記される波動．

直交ニコル
二つの偏光子の透過軸を垂直に配置した状態．クロスニコルともいう．

電気双極子
大きさの等しい正電荷と負電荷が，微小な距離を隔てて，対を成して存在する状態．誘電体に外部電場をかけると，電気的に分極を起こし，電気双極子が生成される．p.24 の図2 を参照．

電気力線
電場の向きと強さを視覚的に表すために描かれる，正電荷から負電荷へと向かう仮想的な線．ある位置に置かれた試験電荷が受ける力の方向を示す．電気力線は，電荷のない場所で途切れる／湧き出すことはなく，電気力線同士が交わることはない．

電磁波
電場と磁場が同期した振動によって形成される波動の総称で，真空中を光速 c で伝搬する．ある特定の周波数帯における電磁波は，可視光，X線，マイクロ波などの名称で呼ばれる．p.6–9参照．

粘性流体
水や油などの身の回りにある液体中を物質が運動する時，物質の速度に比例した粘性抵抗が発生する．流体力学などの科学分野で，液体の粘性を考慮しなければならないときに，粘性抵抗を有する普通の液体を粘性流体と呼ぶ．

波動光学
光を光線ではなく波（電磁波）として扱う光学の分野．幾何光学では取り扱えない光の干渉，回折，偏光などを取り扱うことができる．本書で取り扱っている光学現象は波動光学で説明できる．

反射
光学定数の異なる二つの物質の境界面を光が通過する時，光の一部が界面を通過せずに入射側の物質に戻る現象．

・鏡面反射： 光が透過する媒質境界面が，光の波長に比べて十分に平坦でなめらかな場合，反射角は入射角と等しくなる．このような反射を，鏡面反射，または正反射と呼ぶ（p.50, p.84 参照）．

・全反射： 屈折率が大きい媒質から小さい媒質に光が入射するとき，入射角がある角度（臨界角）を越えると，境界面を透過せず，全ての光が反射する現象を全反射と呼ぶ．

・乱反射： 光が透過する媒質境界面が凸凹している場合には，反射光は鏡面反射とは異なり，拡がった反射角を持つようになる．反射角の分布は界面の凹凸の大きさや細かさに依存する．入射角とは異なる角度にも無視できない反射光が生じる場合を乱反射と呼ぶ（p.84 参照）．

光ディスク（CD/DVD/Blu–ray）
デジタル情報をプラスチック円板上にドット列として記録した可搬メディア．記録に用いる光の波長，記録密度によって CD（$\lambda = 780$ nm，700 MB），DVD（$\lambda = 650$ nm，片面1層 4.7 GB），Blu–ray（$\lambda = 405$ nm，1層 25 GB）と呼ばれる．光ディスクには，生産時にあらかじめ情報が書き込まれた読み込み専用（ROM），ユーザーによる追記が可能なライトワンス（R），複数回にわたって書き換え可能なリライタブル（RAM, RW）があり，ディスクの構造が異なる．

フェルマーの原理
幾何光学における基本原理の一つ．フランスの数学者フェルマーが 1661 年に発見した．光がある点を出て別の点に向かって進むとき，光が実際にたどる経路は最小時間で到達できる経路であるというもので，最小時間原理とも呼ばれる．

複屈折
媒質の光学異方性の一つ．方向によって屈折率が異なる性質を複屈折という．3次元の屈折率がいずれも互いに異なる媒質を2軸性媒質，3次元の屈折率のうち二つが等しく，残りの一つが異なる媒質を1軸性媒質と呼ぶ．1軸性媒質に光を入射すると，一般に，偏光の方向が異なる二つの屈折光に分かれる．一方が常光と呼ばれる屈折の法則に従う光，他方が異常光と呼ばれる屈折の法則に反した挙動をする光である．方解石の結晶に光を通すと，物が2重に見えるのは，このためである．

フラウンホーファー回折
光源，開口スクリーンなどの回折源，投影スクリーンの相互距離が無限遠と見なせる場合の回折（p.66 参照）．無限遠と見なせる距離とは，光源から飛来する光が，平面波として回折源に当たり，回折源が放射する微小球面2次波が平面波になって投影スクリーンに到達する程度の距離である．言い換えると，平面波の重ね合わせによる回折がフラウンホーファー回折である．レンズなどの光学分解能は，フラウンホーファー回折によって決まる（p.70 参照）．

分解能
理想的なレンズで光を集光しても，完全な1点にはならず，焦点付近には有限の大きさを持つエアリーパターンが形成される．そのため，スクリーン上の二つの像（エアリーパターン）が，ある距離以下に近づくと，二つの像を分離して識別することができなくなる．二つの像を分離・識別できる最短距離を，分解能という．分解能には，レイリーの分解能，スパローの分解能など，いくつかの定義が存在する（p.72 参照）．

分極
誘電体に外部から電場をかけると，物質内に電荷の偏りが生じ，電気双極子が形成される現象．誘電分極ともいう．

原子核に対する電子の変位によって生じる分極を電子分極(p.24), NaClのようなイオン状態の原子が変位して生じる分極をイオン分極(原子分極). 水のように極性を持った粒子の方向変化により生じる分極を配向分極と呼ぶ.

平行ニコル
二つの偏光子の透過軸を平行に配置した状態. パラレルニコルともいう.

偏光
光の電場の振動方向が空間的に偏った状態の光を偏光と呼ぶ. 光の電場が一つの平面内で振動する偏光を直線偏光, 光の電場の振動が伝搬に伴って円を描く偏光を円偏光, 円偏光と直線偏光の混じり合った偏光を楕円偏光という. 円偏光や楕円偏光は, 直線偏光子と位相差板の組み合わせで作り出すことができる.

・p偏光／s偏光: 異なる媒質間の界面で光が反射されるとき, 入射光, 界面法線, 反射光を含む面を入射面と呼び, 光の電場振動が入射面に平行な偏光をp偏光, 入射面に垂直な偏光をs偏光と定義する.

偏光子
特定の電場振動面を持つ光のみを透過する光学素子. 通常は直線偏光のみを透過する直線偏光子を意味する. p.18で紹介した偏光フィルムの他に, 方解石を用いたニコルプリズム, グラントムソンプリズム, 透明な板上に波長程度の間隔で金属ワイヤーが並べられたワイヤグリッド偏光子などがある.

放射
・電気双極子放射: 回転や振動運動する電気双極子は, 連続した電荷の加速度運動をしており, 回転や振動と同じ周波数の電磁波を放出する. これを電気双極子放射と呼ぶ(p.28参照). 電気双極子放射の波長は, 入射光の波長に等しい.

・熱放射: 有限の絶対温度をもつ物体から放出される電磁波を熱放射と呼ぶ. 室温程度の物体からも, 遠赤外線領域にピークを持つ熱放射が出ている. 物体の温度が上がるとピーク波長は短波長にシフトし, やがて可視領域に達するようになる.

マクスウェルの方程式
電場と磁場に関する四つの基本方程式. 1864年, イギリスの物理学者マクスウェルが数式として導き四つの方程式に整理した. 光を含む電磁波の挙動は, マクスウェルの方程式によって理論的に説明される.

余弦波
三角関数の一つ, 余弦関数(コサイン)で表記される波動.

量子光学
量子力学を基礎として, 光を電磁波ではなく光子として扱い, 光の振る舞いや光と物質の相互作用を研究する光学の分野.

臨界角
屈折率が大きい媒質から小さい媒質に光が入射するとき, ある角度以上の入射角において, 光は境界面で全反射される. 全反射が起こる限界の入射角を, 臨界角 θ_c と呼ぶ. 臨界角より大きな入射角では, 屈折の法則(スネルの法則)から屈折角は解を持たない. つまり, 透過媒質中で光が伝搬できる屈折角が存在しないため, 全ての光は界面で反射される(p.58参照).

ルミネッセンス
物質からの発光の総称. 蛍光色素のように光を吸収して発光する現象はフォトルミネッセンス, 電圧をかけると発光する現象をエレクトロルミネッセンスという. これ以外にも, ケミルミネッセンス(化学発光), 熱ルミネッセンス, 摩擦ルミネッセンスなどがある.

レーザー
光励起状態にある物質に光が入射した時に, 入射光と同じ波長・位相の光が物質から放出されて光強度が増す現象, すなわち誘導放出を利用して, 単一波長で位相の揃った光を作り出す光源装置. Light Amplification by Stimulated Emission of Radiation(輻射の誘導放出による光増幅)の頭字語から命名された.

・気体レーザー: レーザーの中で光励起状態としてガスを用いるもの. 主な気体レーザーにHe–Neレーザー, アルゴンイオンレーザー, 窒素レーザーなどがある. 気体を励起するのには放電を用いる.

・固体レーザー: レーザー媒質として固体を用いるもの. レーザー媒質には, 蛍光性のあるルビー, ガーネット, サファイヤなどが用いられる. これらの材料を励起するのには, キセノンランプや他のレーザーを用いる.

・色素レーザー: レーザー媒質として蛍光色素の溶液を用いるもの. レーザー発振をある波長範囲で調整することができる.

・半導体レーザー: 発光ダイオードの光を共振器に閉じ込めてレーザー発振するようにしたレーザー. 電流の注入によりレーザー発振するようになる.

あとがき

　インターネットの発達により，多くの情報を容易に入手できるようになりました．この本で取り上げた光学現象の多くについても，ネット検索で説明を見つけることができるでしょう．実際，「虹　原因」でネット検索すると，虹がどのような現象であるかを説明したサイトが見つかります．それらを見れば，虹がどのような現象であるかを一応は分かった気になれます．確かに，分かった気にはなれるのですが，個人的にいろいろなサイトや，そして光の解説書をあたってみた限りでは，昭和21年に中谷宇吉郎が子供向けの科学雑誌『にじ』(実業之日本社) の創刊号に書き下した解説に匹敵するものはありませんでした．『にじ』の想定読者は小学校高学年から中学生程度だったようですが，中谷は解説の中で，主虹や副虹が見える角度は反射・屈折作用で説明可能だが，過剰虹の存在や虹の色調が一定ではないことは反射・屈折の作用では説明できないことを明らかにした上で，これらの現象をも説明するためには，干渉の効果を考える必要があることを，順をおって説明しています．

　中谷が干渉まで踏み込んだ虹の説明をした背景には，この雑誌の編集者である藤田圭雄(たまお)の意図があったように思います．創刊号の後書きの中に藤田は「科学的な真理を，やさしく面白く解説する――ということがよく言われる．しかしそんなことは出来ることではない．ルールを知らないで野球を見ているようなもので，いつまでたっても本当の面白さもたのしさもわいては来ない．まず諸君はルールを覚える努力をすべきである．ルールをしっかりと覚え込めば，それから先のたのしみは無限に広い．この雑誌は諸君にはむずかしく感じられるかもしれない．しかしこれは科学への道に入って行くためのルールである．日本を代表する世界的にも立派な科学者の方々が，誰にでもよくわかる言葉で諸君に話しかけている．しかし決して面白おかしくしようとしたり，むずかしい点をぼやかしたりはしていない．」と記しています．

　藤田はこの後書きの中で2つの大事なことを指摘しています．一つ目は学ぶ側にかかわることで，科学的知識のつまみ食いでは，決して科学を理解して楽しめるようにはならず，努力して科学的な考え方を身につけることによって本当に科学を理解し楽しめるようになるということです．二つ目は説明する側にかかわることで，「誰にでもよくわかる言葉で」「面白おかしくしようとしたり，むずかしい点をぼやかしたり」しないで解説することが可能なのだということです．

　学ぶ側にかかわることは，この本を手にとってくださった皆様にお任せするとして，書き手にかかわることについては，読み手が分かった気になるような不正確さが紛れ込まないよう努力を行いました．とはいえ，誰にでもよく分かる言葉で，むずかしい点をぼやかしたりしないで説明するためには，説明する事柄だけでなく関連する事柄も含めた深い知識が必要です．藤田が『にじ』の書き手に「日本を代表する世界的にも立派な科学者の方々」を選んだのは理由のあることなのです．浅学非才の身としては努力が実を結んでいるかに心許ないところもあります．とはいえ，巷に溢れる多くの解説より踏み込んだ内容を入れていますので，それらが，本を手にとってくださった方々のより深い知識＝知恵へとつながっていくことを心から願っています．

　この本の写真を揃えるのには多くの方にご協力をいただきました．写真以外にも，この本が形になるために多くの方のお力をお借りしました．これらの方々のご協力がなければ，この本は成立いたしませんでした．心から感謝しています．もちろん，写真や資料をお願いするだけでなく，私たち自身も写真やデータを自分の手で用意し，その一部のやり方をコラムに記しました．自分たちで撮影した写真はプロの写真家によるものではありませんから，ビジュアルな科学雑誌でプロが撮影した画像に比べると見劣りするとは思います．それにもかかわらず，部分的にでも自分たちで写真撮影や実験を行ったのは，この本を手に取った方が同じようなことを自らの手でも行えるようにしたいと考えたためです．自分の手で実験をし，写真撮影を試みることにより，現象に対する理解は深まります．読者の方がそれを行えるようにするためには，家庭や高等学校の物理・化学準備室にある機材で実験や撮影が行え

あとがき

る必要があります．ですから，ほとんどの写真はホームセンターや電気店，ネット通販で購入できる物品を使って行うようにしました．

撮影にはレンズ交換ができるデジタルカメラを使いました．LED懐中電灯やレーザーポインターも光源として用いています．レーザーポインターは緑色のものを使えば蛍光色素を光らせることができるので，牛乳のような散乱体を使わなくても光路の可視化が可能です．デジタルカメラやLED，レーザーポインターが身近になったためかつてに比べて容易に科学写真が撮影できるようになっています．

撮影方法の一部はコラムで紹介しました．しかし，コラムになったのはごく一部で，それ以外にも撮影にはいろいろな工夫があります．それらの工夫もお伝えできれば，読者の方が自ら実験をする上で何らかのヒントになると思います．この本の企画当初には，実験方法の部分をWebで公開しようというアイデアもありました．申し訳ないことに，現時点では力尽きかけた状態になっています．しかし，読者の方からのご要望があれば，コラムで紹介できなかった事柄を，Webを使って公開することも考えたいと思っています．ネットの発達により読者と著者の関係は動的なものになっています．それを有効に活用しない理由はありません．もちろん，それ以外の本の内容に関するご意見もいただければありがたく思っています．いただいたご意見を印刷物にすぐに反映させることは難しいのですが，それなしには，決してより先には進むことができませんので．

2014年8月

石川　謙

索　引

AM ラジオ放送　7, 8, 29
AR コーティング　63
Blu-ray　5, 7
CD　5, 7, 96
CMOS センサー　108
CO_2 レーザー　7
DVD　5, 7, 96
FM ラジオ放送　7, 8
He–Ne レーザー　7
LED　→発光ダイオード
L 錐体　78
LCD　→液晶ディスプレイ
NA　→開口数
p 偏光　52, 113
S 錐体　78
s 偏光　52, 58, 113
X 線　7, 9, 11
　　——の位相速度　43
YAG レーザー　7

あ

青色発光ダイオード（青色 LED）
　　88, 91
青空　3
　　——の電気双極子放射　30
　　——の偏光　18
　　レイリー散乱が作る——　36, 38
アルガンランプ　90
アルゴン　91
アレキサンダーの暗帯　93
暗視野照明　100
アンテナ　8, 21, 29

イオン分極　43
異常光　20, 109
位相　10, 16, 109
　　回折光の——　99
　　水滴からの出射光の——　94
　　透過波の——　40
　　——のずれ　37
　　2 次波の——　33
　　反射光の——　52, 62
　　ランダムな——　18
位相遅れ　27
　　合成 2 次波の——　34
　　透過波の——　42
　　2 次波の——　40
位相差　67, 104, 106

位相差板　109
位相差フィルム　107, 108
色　4
色座標　78, 83, 109

ウェーブ　12, 13
ウォーターオパール　103

エアリー, ジョージ・ビドル　70
エアリーディスク　70, 72, 109
エアリーパターン　70, 109
液晶　109
液晶温度計　97
液晶ディスプレイ（LCD）　22, 108, 109
　　——の偏光　18
　　——の色　75, 80
エジソン, トーマス　90
エバネッセント波　58, 109
円形開口　70
演色性　88

黄斑　76
大青蜂　102
オパール　103

か

開口　66, 68　→円形開口, スリット開口
開口数（NA）　70, 72, 109
回折　5, 66, 70, 109
　　3 次元構造による——　103
　　——による制約　72
回折限界　72, 110
回折光　99
回折格子　97–99, 101, 110
回折色　100
回折像　67, 68, 70, 97
鏡　3, 51, 84, 97
角膜　76
重ね合わせの原理　14, 32, 110
加算混合　80, 82, 110
可視光（領域）　7, 8
　　ガラスの平均分子間距離と——の
　　　波長の比較　32
　　——の吸収　86
　　——の屈折率　43, 56
　　——の透過　21

　　——の波長と周波数の関係　11
過剰虹　94
ガス灯　90
カメラレンズ　63, 108
カラーチャート　88, 107
カルサイト　106
カルダーノランプ　90
カワセミ　101
干渉　15, 110
　　散乱光（2 次波）の——　32, 50
　　——しない　16, 30
　　シャボン膜の——　62
　　周期構造による——　101, 102
　　——するのに十分な密度　36
　　多層膜による——　97
　　強め合う——　15, 62, 65
　　2 次波同士の——　67
　　入射光と散乱光（2 次波）の——
　　　42, 53, 54, 56, 58
　　薄膜の——　64
　　弱め合う——　15, 62, 65
　　——を考慮した出射光強度分布
　　　95
干渉色　63, 100, 105
干渉色図表　105
干渉フィルター　73
桿体　76
γ 線　7, 8
顔料　85

幾何光学　12, 110
キセノン　91
逆位相　15, 17, 63
　　加振と——の振動　27
吸収　1, 2
　　——が色を決める　84, 86
　　ガラスによる光の——　42
　　電波の——　21
　　偏光の——　18
吸収スペクトル　22
球面波　10, 48, 68　→微小球面波
　　——の表現法　12
キュービック・ジルコニア　60
強制振動　27
共鳴　110
共鳴吸収　43, 110
共鳴周波数　27, 42, 110
　　——に一致する 2 次波　41
鏡面反射　84, 112

116

索引

魚眼レンズ 59

クジャク 5, 101
屈折 2, 52, 54, 110
    シャボン膜による—— 62
    水滴による—— 5, 92
    大気による—— 57
    ——の法則 20, 54, 58, 110
屈折率 5, 42, 54, 58, 62
    ——がだんだん低くなる構造 74
    眼球の—— 76
    ダイヤモンドの—— 60
    ——の起源 56
    薄膜の—— 64
    方向によって異なる—— 104, 106
    誘電体多層膜ミラーの—— 97
屈折率分布 46, 48
屈折率分布レンズ 49
雲 3, 31, 37
    電子の—— 24
クラッド（光ファイバー） 61
クーリッジ, ウィリアム 91
クリプトン 91
グリンレンズ 49
クロード, アンドレ 91
クロロフィル 87

蛍光 110
蛍光体 88, 91
蛍光灯 6, 78, 91
    ——の発光スペクトル 88
珪藻 73, 100
携帯電話 7, 8, 29
ゲシャー・ベノット・ヤーコヴ遺跡 90
月食 57
検光子 18, 105, 106, 110
減算混合 81, 82, 110
原子 24, 58
    ——の密度 32
    媒質中の——による散乱 40, 50, 54
原子核 24, 26
原子面 34, 42
減衰振動 26, 27
顕微鏡 110 →偏光顕微鏡, 走査型電子顕微鏡, 走査型原子間力顕微鏡
顕微鏡写真
    回折格子の—— 99
    下層鱗断面の—— 101
    球状シリカ微粒子の—— 31
    白蝶貝の真珠層の—— 102
    千代紙表面の—— 85
    ナマコの—— 106
    ヒシガタケイソウの—— 73

鱗粉の—— 100

コア（光ファイバー） 61
光学異方性 20, 104, 106, 111
光学分解能 70, 72
光源 22, 64, 70 →点光源
    ——から出た球面波 48
    ——で変わる色の見え方 88
    ——と目を結ぶ経路 51, 46
光合成 4, 87, 111
虹彩 76
光子 8, 111
高次反射光 65
合成波 14, 16
光線 12, 38, 92
光線追跡計算 60
構造色 5, 96, 100, 111
光速 6, 10, 24
    真空中の—— 42
    媒質中の—— 54, 56
交流電場 →電場
光路 74, 94
黒体 111
黒体放射 111
コレステリック液晶 97
コロイド 44, 111

さ

サーキュラーPL 108
三原色 78, 80–83
サンマ 102
散乱 2, 30, 111 →弾性散乱, ミー散乱, レイリー散乱
    界面での—— 58
    気体分子による—— 30
    媒質中の原子による—— 32, 40, 50, 54
    反射光を形成する—— 53
散乱スペクトル 31

紫外 43, 77
時間反転不変 52
色度図 78, 109
視細胞 75, 76
自然光 18, 84 →太陽光
磁場 6, 10
シャボン玉 4, 62
シャボン膜 4, 62
周期構造 5, 96, 100, 103
周波数 6, 8
    2次波の—— 40
    波長と——の関係 11
    バネ振動の—— 26
主虹 92
常光 20

硝子体 76
焦点 10, 12, 70
    ——のずれ 49
照明 4, 88, 90
植物栽培用LED 87
シリカ 100
シリカ微粒子 31, 38, 44, 103
シリコン 62
シリコン酸化膜 62
白蝶貝 102
蜃気楼 47
シングルモードファイバー 61
真珠層 102
振動 111
振動方向 10
    電気双極子の—— 38
    電波（偏波）の—— 21
    反射光の—— 53
    偏光の—— 18
振幅 12, 111
    合成波の—— 14, 16
    成分波の—— 14, 16
    透過波の—— 40, 42
    2次波の—— 34
    バネ振動の—— 26
    反射による——の減少 52

水銀灯 88, 91
水銀ランプ（g線/i線） 7
水晶 20
水晶体 76
錐体 76, 78
水滴 36, 44, 92
ステンドグラス 86, 106, 108
ストークスの関係式 52
スネルの法則 →屈折の法則
スパーローの分解能 72
スペクトル 6, 22, 40, 82, 111 → 吸収スペクトル, 散乱スペクトル, 線スペクトル, 透過(率)スペクトル, 発光スペクトル, 反射(率)スペクトル, 連続スペクトル
    白色光を——に分解する 99
スペクトル純色 79, 82
スリット開口 67, 68

正弦波 6, 10, 18, 112
正反射 84
成分波 14, 16, 63
石英 56, 60
赤外 7, 8, 43
セリウム 90
セロハンテープ 20, 106, 108
セロハンテープケース 104
前眼房 76
線スペクトル 88

全反射　43,58,60,112
前方散乱　33,36,50

走査型原子間力顕微鏡　99,110
走査型電子顕微鏡　31,100,102,110

た

ダイクロイックミラー　97
松明　90
ダイヤモンド　3,56,60
太陽光　6,38
　　——による電気双極子　30
　　——の屈折　57
　　——のもとで見た色　88
太陽光栽培　87
多層膜　63,97,101
玉虫　5,101
タングステンフィラメント電球　91
炭酸カルシウム　20,102,106
単振動　26
弾性散乱　30
炭素フィラメント電球　90

超短波　7,8
調和振動　26
千代紙　85
直線偏光　18,108
直交ニコル　18,106,112

ツブラー，エドワード　91

ディディウスモルフォ　100
デジタルカメラ　78,108
電気双極子　24,28,34,112
　　p偏光の作り出す——　53
　　位相のずれた——　37
　　ガラス中の——　26
　　——の振動方向　30
電気双極子振動　27,28,30
　　ガラス中の——　32
　　——の軸　53
電気双極子放射　28,113
　　——と入射光の干渉　56
　　——の強度分布　30
　　——の偏光方向　38
電気力線　24,28,112
点光源　10,68,72
　　開口上の——　67
　　波面上の——　66
　　無限小の——　71
電子　23,24,27
電子顕微鏡　→走査型電子顕微鏡
電磁波　6,8,10,112
　　電気双極子から放出される——
　　28

電子分極　24,43,56
電子レンジ　7,21
電波　21,29
電場（交流電場）　6,8,10
　　振動する電荷対の間に生じた——
　　28
　　——に応答する結晶中のイオン
　　43
　　入射光（1次波）の——　34,35,51
　　——による電気双極子（振動，放射）
　　24–26,32,56
　　——による水分子の散乱　55
　　——の向きと大きさ　24

同位相　15,17,63
　　1次波と——の透過波　41
　　1次波と——の2次波　33
　　加振と——の振動　27
　　——の後方散乱の2次波　50
透過　18,23,104
　　空気／ガラス界面の——　64
　　高屈折率媒質から低屈折率媒質へ
　　の——　58
　　シャボン膜の——　62
　　ステンドグラスの——　86
　　大気を——する光　57
　　ダイヤモンドの——画像　60
透過光強度　18
透過軸　18,21,38,104,108
透過（率）スペクトル　22,31,82,
　　86,97
透過波・透過光　36,40,42,52
　　空気中の——　58
　　——の伝搬速度　54
　　誘電体多層膜ミラーの——　97
透過率　22,86
瞳孔　76

な

中谷宇吉郎　95
ナトリウムD線　7
ナトリウムランプ　91
軟X線顕微鏡　7,9,111

逃げ水　3,46
ニコルプリズム　18
虹　5,92,94
2次元回折像　97
入射角　51,54
　　高屈折率媒質から低屈折率媒質へ
　　の——　58
　　ダイヤモンドへの——　60
　　——と等しい反射角　84
　　——によって変わる反射のようす
　　52

ニュートン，アイザック　6

ネオン管　88
ネオンテトラ　102
熱放射　91,113
粘性抵抗　27
粘性流体　27,112

のぼり旗　97

は

白虹　94
白色発光ダイオード（白色LED）
　　31,38,44,73,91
　　——の発光スペクトル　22,88
白熱ガス灯　90
白熱電球　87,88,91
波長　6,8,10
　　シャボン膜中での——　62
　　透過波の——　42
　　——の大きさ　12
発光スペクトル　6,22,87,88
発光ダイオード（LED）　4,87　→白
　　色発光ダイオード，青色発光ダイ
　　オード
発振波長　6
波動光学　112
波動性　1,8
バネ　25,26
バネ振動　26,27
ハーフミラー　108
波面　10
　　1次波の——　33
　　透過波の——　58
　　入射波の——　54
　　——の表現法　12
　　反射光となる——　50
ハロゲン化タングステン　91
ハロゲンサイクル現象　91
ハロリン酸カルシウム　91
反射　2,50,52,112
　　ガラス／空気界面の——　58
　　空気／シャボン膜界面での——
　　62
　　水滴での——　5,92
　　通常の——　84
　　——の法則　51
反射型回折格子　99
反射（率）スペクトル　22,52,86,97
反射防止コーティング　63
反射率　22,53,64
バンドパスフィルター　97

光強度　88
　　水滴からの出射光の——　93

索　引

　　電気双極子放射の――　30
　　――と錐体の感度　78
　　波の振幅と――　16
　　――の波長分布　6,22
　　反射光の――　64
　　偏光反射の――　52
光通信　7,61
光ディスク　112
光ファイバー　22,61
微小球面波　66,68,70
表面波　58

フェルマーの原理　55,112
フォトニック結晶　96,101
複屈折　20,104,106,112
複屈折性　5,108
副虹　92
部分偏光　18
フラウンホーファー回折　67,68,70, 112
プリズム　6,18,20,40
ブリュスター角　53,58
ブリリアントカット　3,60
ブレーズ角　99
分解能　70,72,112
分極　24,43,112
分光器　22,83,99

平均分子間距離　30,32,36
平行ニコル　18,106,113
平面波　10,68,70
　　――の入射光　33,54,62
　　――の表現法　12
偏光　5,18,113
　　――による着色　104
　　――の振動方向　30,38
　　半月の――写真　44
　　――を用いた光学機器　20
偏光アート　107
偏光顕微鏡　20,106
偏光光源　108

偏光子　18,20,106,113
偏光色　105,106
偏光フィルム　18,20,38,104,108
偏波　21

放射　113
ホイヘンス，クリスティアーン　66
ホイヘンスの原理　66
方解石　18,20

ま

マイクロカプセル　97
マイクロ波　7,8,21
マクスウェルの方程式　8,113
マードック，ウィリアム　90
マナマコ　106
マルチモードファイバー　61
マントル　90

三浦順一　91
ミー散乱　31,37,103,111
　　シリカ微粒子の――　44,103
ミリ波　11

虫眼鏡　49

盲斑　76
網膜　76
モズビー，フレデリック　91
モルフォ蝶　5,100

や

遊色　44,103
誘電体多層膜　97
誘電体多層膜ミラー　97
夕焼け　31,36
ユークリッド　51
ユニバーサルデザイン　77

ヨウ素　18,21
余弦波　113

ら

ラインマーカー　86
ラジオ波　8,29
螺鈿（らでん）　102
ランダム偏光　18,38
ランド，エドウィン　20
乱反射　84,86,88,112
ランプ　90

量子光学　113
臨界角　58,60
りん光　110
鱗粉　100

ルミネッセンス　91,113

レイリー散乱　30,111
　　――が干渉しあう密度　36
　　シリカ微粒子の――　38,44,103
　　太陽光の――　57
　　――の偏光特性　38
レイリーの分解能　72
レーザー　6,10,48,56,61,74,113
レンズ　10,12,70
　　――の語源　49
　　――の性能　72
レンズ豆　49
連続スペクトル　88
レントゲン写真　7,9

ロウソク　90
ローパスフィルター　108

わ

ワイヤーグリッド偏光子　21

監修者略歴

大津元一
1950 年　神奈川県に生まれる
1978 年　東京工業大学大学院理工学研究科博士課程修了
現　在　東京大学大学院工学系研究科教授・ナノフォトニクス研究センター長
　　　　工学博士

著者略歴

田所利康
1957 年　東京都に生まれる
1981 年　立教大学理学部卒業
現　在　有限会社テクノ・シナジー
　　　　代表取締役
　　　　博士（工学）

石川　謙
1958 年　東京都に生まれる
1985 年　東京工業大学大学院理工学研究科
　　　　博士課程中退
現　在　東京工業大学大学院理工学研究科
　　　　准教授
　　　　工学博士

イラストレイテッド　光の科学　　　　　　　　定価はカバーに表示

2014 年 10 月 20 日　初版第 1 刷
2024 年 4 月 5 日　　　第 7 刷

　　　　　　　　　　　監修者　大　津　元　一
　　　　　　　　　　　著　者　田　所　利　康
　　　　　　　　　　　　　　　石　川　　　謙
　　　　　　　　　　　発行者　朝　倉　誠　造
　　　　　　　　　　　発行所　株式会社　朝倉書店
　　　　　　　　　　　　　　東京都新宿区新小川町 6-29
　　　　　　　　　　　　　　郵便番号　１６２-８７０７
　　　　　　　　　　　　　　電　話　０３（３２６０）０１４１
　　　　　　　　　　　　　　ＦＡＸ　０３（３２６０）０１８０
　　　　　　　　　　　　　　https://www.asakura.co.jp

〈検印省略〉

© 2014〈無断複写・転載を禁ず〉　印刷・製本　ウイル・コーポレーション

ISBN 978-4-254-13113-0　C 3042　　　　　　　Printed in Japan

JCOPY ＜出版者著作権管理機構　委託出版物＞

本書の無断複写は著作権法上での例外を除き禁じられています．複写される場合は，
そのつど事前に，出版者著作権管理機構（電話 03-5244-5088, FAX 03-5244-5089,
e-mail: info@jcopy.or.jp）の許諾を得てください．